猪繁殖实用指导

章红兵　编著

ZHEJIANG UNIVERSITY PRESS
浙江大学出版社

图书在版编目(CIP)数据

猪繁殖实用指导/章红兵编著. —杭州：浙江大学出版社，2010.12(2012.2 重印)

ISBN 978-7-308-07868-9

Ⅰ.①猪… Ⅱ.①章… Ⅲ.①猪—繁殖 Ⅳ.①S828.3

中国版本图书馆 CIP 数据核字（2010）第 151731 号

猪繁殖实用指导

章红兵　编著

责任编辑　杜玲玲

封面设计　姚燕鸣

出版发行　浙江大学出版社

（杭州市天目山路 148 号　邮政编码 310007）

（网址：http://www.zjupress.com）

排　　版　杭州大漠照排印刷有限公司

印　　刷　德清县第二印刷厂

开　　本　889mm×1194mm　1/32

印　　张　9.5

字　　数　246

版 印 次　2010 年 12 月第 1 版　2012 年 2 月第 2 次印刷

书　　号　ISBN 978-7-308-07868-9

定　　价　15.00 元

浙江大学出版社发行部邮购电话（0571）88925591

作者简介

章红兵，1966年9月出生，浙江兰溪人，副教授/兽医师/动物疫病防制高级技师，浙江大学硕士。大学毕业后曾任金华石门农垦场畜禽水产养殖场兽医、副场长、场长，金华市家畜良种推广站站长助理，金华职业技术学院畜牧兽医系副主任。现任中国兽医协会会员、浙江省畜牧兽医学会会员、金华市养猪行业协会理事。曾编写《养猪学》，公开发表论文30余篇，多篇论文在中国机械化养猪协会和金华市畜牧兽医学会上获奖。主持或参与省、市多项课题。近五年来，深入浙江省各地200多个猪场，给养猪场(户)作实践指导，为猪场解决了一个又一个的实际问题，挽回直接经济损失800多万元；受当地畜牧兽医局、科技局、工会、妇联、养猪协会及规模猪场、饲料兽药企业的邀请，为猪场技术员、农村养殖户和畜牧兽医部门举办养猪与猪病防制技术讲座近100场(次)，培训人员5000多人次，多次在金华电视台新农村频道《农民讲堂》栏目中作猪病防制电视讲座。

前　言

我国近年来由国外引进了大量的种猪，这些种猪大多都是经过高强度选育的品种，具有较高的市场经济价值；在过去30年中对基因的筛选，使母猪的体脂下降了50%，使现在的母猪与其祖先相比对营养变得更加敏感。所以，如果母猪营养供给模式不精准，饲养管理不到位，母猪的繁殖性能就不能充分发挥；加之近年来我国诸如猪繁殖与呼吸综合征等繁殖障碍性疾病的暴发和流行，使我国猪场的生产水平不尽如人意。从我国生猪统计资料数显示，2009年我国能繁母猪存栏量为5010万头，但2009年生猪出栏只有6.4亿头，平均每头能繁母猪年提供生猪出栏数为12.77头。而加拿大GENESUS的成员企业大多数已达到25头以上。

笔者近几年走访了国内很多猪场，母猪繁殖障碍是猪场生产中经常遇到的问题。导致繁殖问题的因素很多，涉及母猪和公猪整个生命期管理的方方面面，从后备种猪的引进和饲养管理、母猪的发情鉴定和配种、妊娠母猪的饲养管理、母猪的分娩接产、哺乳母猪的饲养管理，到哺乳仔猪的饲养管理以及猪场繁殖障碍疾病的防控，每一个细节的错误都会对最后结果构成影响，从而影响猪场的繁殖成绩。再加上一些不良的习惯性的操作规程，设计不合理的猪舍建筑，工作人员人数不足、年龄偏高、培训不足，使得这个问题更加复杂。随着养猪业的发展和猪群的扩大，提高母猪的繁殖性能是获得更大经济效益的一项重要措施。

本书通过猪的品种与繁殖、饲养管理与繁殖、营养与繁殖、环境与繁殖四章内容的分析，提出提高猪繁殖力的措施；书中还介绍了培育高繁殖力的种猪、繁殖新技术与人工授精技术，并根据作者多年临床实际，介绍了“猪繁殖障碍疾病”的诊断与防制。

本书紧密结合养猪生产实际，根据作者多年科学研究和生产实践经验总结而写就，全书图文并茂，内容通俗易懂，所介绍的技术之实用性、可操作性强，希望为我国猪场猪繁殖力的提高和经济效益的提高提供理论指导。

本书参考了大量文献，并引入了其中的新理念和技术内容。这些文献有的已在书后列出，有的则限于多种原因及疏漏，未能一一标注，在此深表歉意，并对上述已列和未列出文献的原作者表示崇高的敬意和衷心的感谢！

由于编者的知识水平有限，书中不足和错误之处在所难免，恳切希望广大读者批评指正并提出宝贵意见，以便今后加以改进。

作　者

2010年5月

目录 Contents

第一章　猪品种与繁殖　/ 1

第一节　猪的繁殖特性　/ 1

一、繁殖力高，世代间隔短　/ 1

二、性行为　/ 2

三、母性行为　/ 3

第二节　我国地方猪种的繁殖性能　/ 4

一、太湖猪　/ 5

二、民猪　/ 7

三、金华猪　/ 8

四、荣昌猪　/ 9

五、两广小花猪　/ 10

六、香猪　/ 11

第三节　引入的国外猪种的繁殖性能　/ 13

一、大约克夏猪　/ 13

二、长白猪　/ 14

三、杜洛克猪　/ 15

四、汉普夏猪　/ 16

五、皮特兰猪　/ 16

六、斯格猪　/ 17

七、PIC猪 / 18
第四节 我国培育猪种的繁殖性能 / 19
一、新淮猪 / 20
二、湖北白猪 / 21
三、汉中白猪 / 22
四、浙江中白猪 / 23
五、上海白猪 / 23
六、三江白猪 / 24

第二章 种猪生殖解剖生理 / 26

第一节 公猪生殖系统解剖特点 / 26
一、睾丸 / 26
二、输精管道 / 27
三、副性腺 / 27
四、外生殖器 / 28
第二节 母猪生殖系统解剖特点 / 28
一、卵巢 / 29
二、输卵管 / 29
三、子宫 / 29
四、阴道 / 30
五、阴门 / 30
第三节 公猪生殖生理 / 30
一、性行为及射精 / 30
二、精子的发生 / 31
三、精液的组成和生理特性 / 32
第四节 母猪生殖生理 / 33
一、初情期 / 33
二、发情周期 / 34
三、受精和妊娠 / 39

四、分娩　/ 43
五、哺乳　/ 46
六、断奶和再配　/ 48

第三章　饲养管理与繁殖　/ 51

第一节　后备种猪的饲养管理　/ 51
一、后备种猪的选择　/ 51
二、后备种猪的引进　/ 55
三、后备种猪的隔离观察　/ 56
四、后备母猪的饲养管理　/ 58
五、后备公猪的饲养管理　/ 64
第二节　种公猪的饲养管理与利用　/ 65
一、种公猪的饲养　/ 66
二、种公猪的管理　/ 67
三、公猪的合理利用　/ 69
第三节　妊娠母猪饲养管理　/ 71
一、妊娠过程及影响因素　/ 71
二、妊娠母猪的饲养管理　/ 75
三、妊娠鉴定　/ 85
第四节　哺乳母猪的饲养管理　/ 90
一、保证母猪安全分娩的技术措施　/ 90
二、影响哺乳母猪采食的因素　/ 97
三、提高母猪泌乳量的饲养方法　/ 100
四、母猪产后拒食的原因及防制　/ 104
第五节　哺乳仔猪的饲养管理　/ 105
一、哺乳仔猪的生理特点　/ 105
二、养好哺乳仔猪的关键时期　/ 107
三、初生仔猪的护理措施　/ 107
四、仔猪补饲方法　/ 112

五、仔猪寄养技术 / 117
六、断奶前仔猪死亡的原因分析及对策 / 120
七、哺乳仔猪安全断奶技术措施 / 129
第五节 空怀母猪的饲养管理 / 136
一、空怀母猪的饲养 / 136
二、空怀母猪的管理 / 138
三、影响母猪发情配种的因素 / 139
四、控制母猪正常发情的方法 / 140
五、掌握母猪的发情规律适时配种 / 142
六、母猪配种时的注意事项 / 145

第四章 营养与繁殖 / 148

第一节 能量与蛋白质对母猪繁殖性能的影响 / 148
一、后备母猪的能量与蛋白质营养 / 149
二、妊娠母猪的能量与蛋白质营养 / 149
三、哺乳母猪的能量与蛋白质营养 / 151
四、氨基酸对母猪繁殖性能的影响 / 152
五、多不饱和脂肪酸对猪繁殖性能的影响 / 154
第二节 维生素对猪繁殖性能的影响 / 155
一、脂溶性维生素对猪繁殖性能的影响 / 155
二、水溶性维生素对猪繁殖性能的影响 / 160
第三节 矿物质对猪繁殖性能的影响 / 162
一、微量元素对猪繁殖性能的影响 / 163
二、常量元素对猪繁殖性能的影响 / 167
第四节 日粮纤维对母猪繁殖性能的影响 / 168
一、日粮纤维对妊娠期增重的影响 / 169
二、日粮纤维对母猪围产期行为和产程的影响 / 169
三、日粮纤维对泌乳期采食量和泌乳失重的影响 / 169
四、日粮纤维对窝产仔数和断奶窝仔数的影响 / 170

五、日粮纤维对仔猪初生重、断奶重及成活率的影响　/ 170
第五节　中草药添加剂对母猪繁殖的影响　/ 171

第五章　环境与繁殖　/ 172

第一节　环境与养猪生产　/ 172
第二节　猪的适应与应激　/ 173
一、适应　/ 173
二、应激　/ 174
三、猪场应激因素　/ 175
四、防止猪应激的措施　/ 179
五、应激对猪繁殖能力的影响　/ 182
第三节　环境温度对猪繁殖力的影响　/ 182
一、猪的体热平衡及其调节　/ 182
二、温度对猪繁殖力的影响　/ 183
三、高温和低温情况下的饲养管理措施　/ 184
第四节　湿度对猪繁殖力的影响　/ 186
一、空气湿度对猪体热调节的影响　/ 186
二、空气湿度对猪健康和生产的影响　/ 186
三、造成猪舍湿度过大的因素　/ 187
四、猪舍防湿措施　/ 188
第五节　猪舍内有毒有害气体、尘埃及微生物对猪繁殖力的影响　/ 189
一、有毒有害气体对猪的影响　/ 189
二、空气中尘埃和微生物对猪的影响　/ 191
第六节　光、声、海拔等环境因素对猪繁殖力的影响　/ 192
一、光照对猪繁殖力的影响　/ 192
二、噪声对猪繁殖力的影响　/ 196
三、海拔对猪繁殖力的影响　/ 196
第七节　饲养密度对猪繁殖力的影响　/ 196

一、饲养密度对猪的影响 / 197
二、适宜的饲养密度 / 197
第八节 猪舍结构对猪繁殖力的影响 / 199
一、猪舍地面对猪繁殖力的影响 / 199
二、门与窗对猪繁殖力的影响 / 199
三、限位栏对猪繁殖力的影响 / 200
四、屋顶对猪繁殖力的影响 / 200
五、排污沟对猪繁殖力的影响 / 200
第九节 种猪舍的通风设计 / 200
一、自然通风 / 201
二、机械通风 / 204
第十节 鼠、蝇、蚊对猪繁殖力的影响 / 206
一、老鼠对猪繁殖力的影响 / 206
二、蚊子和苍蝇对猪繁殖力的影响 / 207

第六章 培育高繁殖力的种猪 / 208

第一节 猪繁殖力的表示方法 / 208
一、受胎率 / 208
二、配种指数 / 209
三、繁殖率 / 209
四、成活率 / 209
五、产仔窝数 / 209
六、窝产仔数 / 209
第二节 猪繁殖性状的遗传与选择 / 210
一、繁殖性状的遗传力 / 210
二、繁殖性状与其他性状间的遗传相关 / 211
三、繁殖性状的选择 / 211
第三节 猪的杂交繁育 / 212
一、杂交与杂种优势 / 212

二、商品猪生产的杂交模式　/ 213
第四节　种猪生产指标的确定及淘汰标准　/ 217
一、母猪生产指标的确定　/ 217
二、母猪淘汰标准　/ 217
三、种公猪淘汰标准　/ 218

第七章　繁殖新技术与人工授精技术　/ 221

第一节　繁殖新技术　/ 221
一、繁殖控制技术　/ 221
二、胚胎生物技术　/ 222
第二节　人工授精技术　/ 225
一、现代猪人工授精的优越性　/ 225
二、公猪的调教与采精　/ 226
第三节　精液品质检查　/ 229
一、精液品质检查的目的及步骤　/ 229
二、精液质量的仪器检查　/ 231
三、精子的活力检查与表示方法　/ 231
四、用显微镜血球计数板测定精子密度的方法　/ 232
五、精子的形态学检查　/ 232
六、猪的稀释精液配制技术　/ 233

第八章　繁殖障碍疾病　/ 237

第一节　繁殖障碍的临床表现　/ 237
一、不发情　/ 237
二、死胎　/ 238
三、胎儿干尸化　/ 241
四、弱仔　/ 242
五、产仔不足　/ 244
六、流产　/ 244

七、畸形胎儿 / 244
八、不孕 / 245
九、母猪产后缺奶 / 245
十、阴道垂脱 / 245
十一、公猪精液稀薄、质量差 / 245
第二节 引起繁殖障碍的原因 / 246
一、遗传因素 / 246
二、先天性不育 / 246
三、传染病 / 247
四、寄生虫病 / 247
五、产科病 / 248
六、内科病 / 248
七、环境因素 / 249
第三节 引起繁殖障碍主要疫病 / 249
一、猪繁殖与呼吸综合征 / 249
二、伪狂犬病 / 254
三、繁殖障碍型猪瘟 / 256
四、猪弓形虫病 / 258
五、细小病毒病 / 260
六、日本乙型脑炎 / 262
七、猪衣原体病 / 264
八、布鲁氏菌病 / 266
九、猪钩端螺旋体病 / 267
十、附红细胞体病 / 270
十一、口蹄疫 / 271
十二、猪流行性感冒 / 275
十三、猪肠病毒感染症 / 276
十四、猪脑心肌炎 / 278
十五、其他可引起繁殖障碍的传染病 / 279

十六、乳房炎-子宫炎-无乳综合征　/ 279
第四节　防制猪繁殖障碍的综合措施　/ 282
一、繁殖障碍病的防制原则　/ 282
二、遗传因素造成猪繁殖性能障碍的防制措施　/ 282
三、疾病造成猪繁殖性能障碍的防制措施　/ 282
四、营养缺乏造成猪繁殖性能障碍的防制措施　/ 283
五、热应激造成猪繁殖性能障碍的防制措施　/ 283
主要参考文献　/ 284

第一章　猪品种与繁殖

猪在进化过程中形成了应有的繁殖特性，不同的猪种或不同类型，既有其种属的共性，又有它们各自的特性。在生产实践中，要不断地认识和掌握猪的繁殖特性，并按适当的条件加以充分利用和改造，以便获得较好的饲养和繁育效果，达到高产、高效、优质的目的。

第一节　猪的繁殖特性

一、繁殖力高，世代间隔短

猪一般于 4～5 月龄达到性成熟，6～8 月龄就可以初次配种。妊娠期短，只有 114 天，1 岁时或更早的时间可以第一次产仔。据报道，我国优良地方猪种，公猪 3 月龄开始产生精子，母猪开始发情排卵，比国外品种早 3 个月，太湖猪 7 月龄即有分娩的。

猪是常年发情的多胎高产动物，一年能分娩两胎，若缩短哺乳期，母猪进行激素处理，可以达到两年五胎。经产母猪平均一胎产仔 10 头左右，比其他家畜要高产。我国太湖猪的产仔数高于其他地方猪种和外国猪种，窝产活仔数平均超过 14 头，个别高产母猪一胎产仔超过 22 头，最高纪录窝产仔数达 42 头。

在生产实践中，猪的实际繁殖效率并不算高，母猪卵巢中有卵原细胞 11 万个，但在它一生的繁殖利用年限内只排卵 400 个左右。母猪一个发情周期内可排卵 12～20 个。而产仔只有 8～12 头；公猪一次射精量 200～400mL，含精子数约 200 亿～800 亿个，可见，猪的繁殖效率潜力很大。试验证明，通过外激素处理，可使母猪在一个发情期内排卵 30～40 个，个别的可达 80 个，高产母猪一胎可产 15 头以上。这就说明，只要我们采取适当繁殖措施，改善营养和饲养管理条件，以及采用先进的选育方法，就可以进一步提高猪的繁殖效率。

二、性行为

性行为包括发情、求偶和交配行为，母猪在发情期，可以见到特异的求偶表现，公、母猪都表现一些交配前的行为。

发情母猪主要表现卧立不安，食欲忽高忽低，发出特有的音调柔和而有节律的哼哼声，爬跨其他母猪，或等待其他母猪爬跨，频频排尿，尤其是公猪在场时排尿更为频繁，沿着猪栏乱跑，有的甚至跳出栏外。发情中期，在性欲高度强烈时期的母猪，当公猪接近时，调其臀部靠近公猪，嗅公猪的头、肛门和阴茎包皮，紧贴公猪不走，甚至爬跨公猪，最后站立不动，接受公猪爬跨。管理人员压母猪背部时，立即出现呆立反射，这种呆立反射是母猪发情的一个关键表现。

公猪一旦接触母猪，会追逐它，嗅其体侧肋部和外阴部，把嘴插到母猪两腿之间，突然往上拱母猪的臀部，口吐白沫，往往发出连续的、柔和而有节律的喉音哼声，有人把这种特有的叫声称为“求偶歌声”，当公猪性兴奋时，还出现有节奏的排尿。

有些母猪表现明显的配偶选择，对个别公猪表现强烈的厌恶，有的母猪由于内激素分泌失调，表现性行为亢进，或不发情和发情不明显。

公猪由于营养和运动关系，常出现性欲低下，或公猪发生自淫现象。群养公猪，常造成稳固的同性性行为的习性，群内地位低的公猪多被其他公猪爬跨。

三、母性行为

母性行为是指母猪做窝、哺乳及其他抚育仔猪活动等分娩前后的一系列行为，是对后代的生存和成长有利的本能反应。

母猪在分娩前1～3小时前开始做窝，通常以衔草、铺垫猪床絮窝的形式表现出来，如果栏内是水泥地而无垫草，则只好用蹄子抓地或用鼻拱地来表示。一般保持做窝地方的清洁、干燥，而不在窝里排粪排尿。分娩前24小时，母猪表现神情不安，频频排尿，磨牙，摇尾，拱地，时起时卧，不断改变姿势，阴户松弛肿胀，乳腺也有明显增大。通常在乳房第一次出乳的24小时内分娩。

分娩时多采用侧卧，选择最安静时间分娩，一般多在下午4时以后，特别是在夜间产仔多见。当第一头仔猪产出后，有时母猪还会发出尖叫声，当小猪吸吮时，母猪四肢伸直亮开乳头，让初生仔猪吃乳。母猪在生出最后一个胎儿以前，多半不去注意已产出的仔猪。在分娩中间如果受到干扰，则站立在已产的仔猪中间，张口发出急促的"呼呼"声，表示防护性的威吓。母猪整个分娩过程中，自始至终都处在放奶状态，并不停地发出哼哼的声音，母猪乳头饱满，甚至奶水流出，容易使仔猪吸吮到。母猪分娩后以充分暴露乳房的姿势躺卧，形成一热源，引诱仔猪挨着母猪乳房躺下。授乳时，常采取左倒卧或右倒卧姿势，一次哺乳中间不转身。分娩后大约30～40分钟哺乳一次。哺乳时间间隔白天稍长于夜间，窝产仔数少的比多的哺乳的频率大。随着仔猪的年龄增长，哺乳次数和每次哺乳的持续时间都逐渐减少。

母仔双方都能主动引起哺乳行为，母猪以低度有节奏的哼叫声呼唤仔猪哺乳，有时是仔猪以它的召唤声和持续地轻触母猪乳房来发动哺乳。一头母猪授乳时母、仔猪的叫声，常会引起同舍内其他母猪也哺乳。如果母猪泌乳性能差，或营养不良，或是在泌乳后期，即使仔猪发出尖叫声要求哺乳，母猪也不理睬，扒卧地上，将乳头藏在腹下，仔猪无法哺乳。

仔猪吮乳过程可分为四个阶段，开始仔猪聚集乳房处，各自占据一定位置，以鼻端拱摩乳房，吸吮时，仔猪耳向后，尾紧卷，前腿直向前伸，此时母猪哼叫达高峰，最后当排乳完毕，仔猪又重新拱摩乳房，哺乳停止。

母仔之间是通过嗅觉、听觉和视觉来相互识别和相互联系的。猪的叫声是一种联络信息，猪的不同叫声有其特殊的意义。哺乳母猪和仔猪的叫声，根据其发声的部位（喉音或鼻音）和声音的不同可分为嗯嗯之声（母仔亲热时母猪叫声）、尖叫声（仔猪的惊恐声）和鼻喉混声（母猪护仔的警告声和攻击声）三种类型，以此不同的叫声，母仔互相传递信息。

母猪非常注意保护自己的仔猪，在行走、躺卧时十分谨慎，不踩伤、压伤仔猪，当母猪躺卧时，选择靠栏三角地不断用嘴将其仔猪拱出卧位慢慢地依栏躺下，以防压住仔猪，一旦遇到仔猪被压，只要听到仔猪的尖叫声，马上站起，防压动作再重复一遍，直到不压住仔猪为止。

带仔母猪对外来的侵犯，先发出报警的吼声，仔猪闻声逃窜或伏地不动，母猪会张合上下颌对侵犯者发出威吓，甚至进行攻击。刚分娩的母猪即使对饲养人员捉拿仔猪也会表现出强烈的攻击行为。

随着时间的推移，母猪的母性冲动随着产后时间延长而自然减弱，仔猪也随日龄增长而趋向独立，愈临近断乳时期，母仔关系愈趋于松弛。

以上这些母性行为，地方猪种表现尤为明显；现代培育品种，尤其是高度选育的瘦肉猪种，母性行为有所减弱。

第二节　我国地方猪种的繁殖性能

我国地方猪种与国外猪种相比，除华南型和高原型的部分品种外，其余普遍具有性成熟早、产仔数多、母性强的特点。母猪3～4月龄开始发情，4～5月龄就能配种。以繁殖力高著称于世界的梅山猪，初产母猪窝平均产仔 14 头左右，三胎以上母猪平均产仔 18 头，断奶存活数高达 16 头。太湖猪产仔数多的原因首先是排卵多。太湖猪成年母猪的平均排卵数为 28.16 个，比我国其他地方猪种的平均排卵数 21.58 个多 6.58 个，比国外猪种平均排卵数 21.10 个多 7.06 个。其次是我国地方猪种的胚胎死亡率低。许多学者对太湖猪和欧洲猪的胚胎存活率和死亡率的比较研究表明，太湖猪早期胚胎死亡率平均为 19.99%，国外猪种则为 28.40%～30.07%，可见太湖猪的早期胚胎死亡率比国外猪种要低8.41%～10.08%，这预示着太湖猪具有高的活产仔数。另外，我国地方猪种的性成熟早，初情期平均为 98 日龄，范围在 64 日龄（二花脸）至 142 日龄（民猪），平均体重 24kg，范围在 12kg（金华猪）至 40kg（内江猪），而国外主要猪种在 200 日龄左右，几乎是中国猪的 2 倍。

一、太湖猪

太湖猪是世界上产仔数最多的猪种，享有“国宝”之誉，苏州地区是太湖猪的重点产区。太湖猪属于江海型猪种，产于江浙地区太湖流域，是我国猪种繁殖力强、产仔数多的著名地方品种。太湖猪体型中等，被毛稀疏，黑或青灰色，四肢、鼻均为白色，腹部紫红，头大额宽，额部和后驱皱褶深密，耳大下垂，形如烤烟叶。四肢粗壮，腹大下垂，臀部稍高，乳头 8～9 对，最多 12.5 对。依产地不同分为二花脸、梅山、枫泾、嘉兴黑和横泾等类型。

太湖猪特性之一是繁殖性能高。太湖猪高产性能蜚声世界，是我国乃至全世界猪种中繁殖力最强，产仔数量最多的优良品种之一，尤以二花脸、梅山猪最高。初产平均 12 头，经产母猪平均 16 头以上，三胎以上，每胎可产 20 头，优秀母猪窝产仔数达 26 头，最高纪录产过 42 头。太湖猪性成熟早，公猪 4～5 月龄精子的品质即达成年猪水平。母猪两月龄即出现发情。据报道 75 日龄母猪即可受胎产下正常仔猪。太湖猪护仔性强，泌乳力高，起卧谨慎，能减少仔猪被压。仔猪哺育率及育成率较高。

特性之二是杂交优势强。太湖猪遗传性能较稳定，与瘦肉型猪种结合杂交优势强，最宜作杂交母体。目前太湖猪常用作长太母本（长白公猪与太湖母猪杂交的第一代母猪）开展三元杂交。实践证明，在杂交过程中，杜长太或约长太等三元杂交组合类型保持了亲本产仔数多、瘦肉率高、生长速度快等特点。由于太湖猪具有高繁殖力，世界许多国家都引入太湖猪与其本国猪种进行杂交，以提高其本国猪种的繁殖力。

特性之三是肉质鲜美独特。太湖猪早熟易肥，胴体瘦肉率38.8%～45%，肌肉pH值为6.55，肉色评分接近3分。肌蛋白含量23%左右，氨基酸含量中天门冬氨酸、谷氨酸、丝氨酸、蛋氨酸及苏氨酸比其他品种高，肌间脂肪含量为1.37%左右，肌肉大理石纹评分3分。

（一）体型外貌

太湖猪体型较大，体质疏松，头大额宽，面部微凹，额部有皱纹。如焦溪猪按皱纹多少、深浅可分为大花脸和二花脸。耳大皮厚，耳根软而下垂。背腰宽而微凹，胸较深，腹大下垂，臀宽而倾斜，大腿欠丰满，后躯皮肤有皱褶，全身被毛稀松，毛色全黑或浅灰色，或六白不全。梅山猪、枫泾猪和嘉兴黑猪具有“四白脚”，也有尾尖为白色。乳头数8～9对。

（二）生产性能

繁殖能力强，3月龄即可达性成熟，泌乳力强、哺育率高。一般初产母猪每窝产活仔10头以上；经产母猪产活仔14头以上，断奶育成12头以上，初生重0.7kg，仔猪45日龄断奶窝重在100kg左右，2月龄断奶重9kg左右。生长速度较慢，6～9月龄体重65～90kg，屠宰率67%左右，瘦肉率39.9%～45.08%，成年公猪体重140kg，母猪体重114kg。6月龄体重约为65～70kg。适宜屠宰体重为75kg左右，屠宰率为67%。

图 1-1 太湖猪

图 1-2 民猪

二、民猪

民猪是东北地区一个古老的地方猪种，有大(大民猪)、中(二民猪)、小(荷包猪)种类型。目前除少数边远地区农村养有少量大型和小型民猪外，群众主要饲养中型民猪。民猪具有抗寒力强、体质强健、产仔数多、脂肪沉积能力强和肉质好的特点，适于放牧和较粗放的管理，与其他品种猪进行二品种和三品种杂交，所得杂种后代在繁殖和肥育性能上均表现出显著的杂种优势。民猪与其他猪正反交都表现较强的杂种优势。以民猪为基础培育成的哈白猪、新金猪、三江白猪和天津白猪均能保留民猪的优点。用杜洛克公猪作父本与民猪杂交，其一代杂种猪 205 日龄体重达 90kg，料肉比为 3.81∶1，瘦肉率为 56.19%；用长白猪作父本与民猪杂种猪，饲养 127 天体重可达 90kg，料肉比为3.22∶1，瘦肉率 53.47%；用汉普夏公猪作父本与民猪杂交其杂种猪，179 日龄体重可达 90kg，料肉比为 3.78∶1，瘦肉率为 56.65%。

(一) 体型外貌

全身被毛为黑色。体质强健，头中等大。面直长，耳大下垂。背腰较平，单脊，乳头 7 对以上。四肢粗壮，后躯斜窄，猪鬃良好，冬季密生棕红色绒毛。8 月龄，公猪体重 79.5kg，体长 105cm，母猪体重 90.3kg，体长 112cm。

(二) 生产性能

3～4 月龄即有发情表现。母猪发情周期为 18～24 天，持续期3～7天。在农村,公母猪6～8月龄,体重50～60kg即开始配种,成年母猪受胎率一般为98%,窝产仔数14.7头,活产仔13.19头,60日龄成活11～12头。

三、金华猪

(一) 体型外貌

金华猪又称两头乌,产于浙江省的东阳、义乌、金华等地。金华猪的毛色遗传性比较稳定,以中间白、两头乌为特征,纯正的毛色在头顶部和臀部为黑皮黑毛,其余多处均为白皮白毛,在黑白交界中,有黑皮白毛呈带状的晕。体型中等,耳下垂,颈短粗,背微凹,腹下垂,臀宽而斜,蹄质坚实,成年公猪体重140kg,成年母猪体重110kg,乳头8对左右。全身被毛中间白,头颈、臀尾黑。以早熟易肥 、皮薄骨细、肉质优良、适于腌制火腿著称。7～8月龄体重70～75kg时为屠宰适期,胴体瘦肉率40%～45%。以金华猪为母本与外来品种猪杂交所得杂种猪,瘦肉率明显提高。

(二) 生产性能

产仔数平均13.78头,8～9月龄肉猪体重为63～76kg,屠宰率72%,10月龄瘦肉率43.46%。

金华猪的主要优点:肉脂品质好,肌肉颜色鲜红,系水力强,细嫩多汁,富含肌间脂肪。皮薄骨细,头小肢细,胴体中皮骨比例低,可食部分多。繁殖力高,平均每胎产仔可达14头以上,繁殖年限长,优良母猪高产性能可持续8～9年,终生产仔20胎左右,乳头数多,泌乳力强,母性好,仔猪哺育率高。性成熟早,小母猪在70～80日龄开始发情,105日龄左右达性成熟。公、母猪一般5月龄左右即可配种生产。适应性好,耐寒耐热能力强,耐粗饲,能适应我国大部分地区的气候环境,多次出口到日本、法国、加拿大、泰国等国家。

金华猪的缺点是体格不大,初生重小,生长较慢,后腿不够丰满。

金华猪早熟易肥,具板油较多、皮下脂肪较少的特征,适于腌制火腿。

金华猪的饲养管理，要求做到栏干食饱，少喂多餐。并采用“一条龙”的育肥法，以缩短饲养周期，提高出栏率。夏天气温超过 35℃时，要采取降温措施，冬天猪舍内温度在 10℃以下时要做好保暖工作。金华猪生长适宜温度为 15～27℃。

图 1-3　金华猪

图 1-4　荣昌猪

四、荣昌猪

（一）体型外貌

荣昌猪体型较大，除两眼四周或头部有大小不等的黑斑外，其余皮毛均为白色。也有少数在尾根及体躯出现黑斑全身纯白的。群众按毛色特征分别称为“金架眼”、“黑眼膛”、“黑头”、“两头黑”、“飞花”和“洋眼”等。其中“黑眼膛”和“黑头”约占一半以上。荣昌猪头大小适中，面微凹，耳中等大、下垂，额面皱纹横行、有漩毛；体躯较长，发育匀称，背腰微凹，腹大而深，臀部稍倾斜，四肢细致、结实；鬃毛洁白、刚韧。乳头 6～7 对。

（二）生产性能

每胎平均产仔 11.7 头；成年公猪平均体重 158.0kg，成年母猪平均体重 144.2kg；在较好的饲养条件下不限量饲养肥育期平均日增重 623g，中等饲养条件下，肥育期平均日增重 488g。87kg 体重屠宰时屠宰率 69%，胴体瘦肉率 42%～46%。

公猪的初情期为 62～66 日龄，4 月龄已进入性成熟期，5～6 月龄时可开始配种。成年公猪的射精量为 210mL 左右，精子密度为 0.8 亿/mL。母猪初情期平均为 85.7(71～113)日龄，发情周期 20.5(17～25)天，发情持续期 4.4(3～7)天。初产母猪产仔数(6.7 ± 0.1)头，断奶成活数(6.4 ± 0.1)头，窝重(60.7 ±0.4)kg；3 胎以上经产母猪产仔数为(10.2±0.1)头，断奶成活数(9.7±0.2)头，窝重(102.2±0.6)kg。

荣昌猪有适应性强、瘦肉率较高、杂交配合力好和鬃质优良等特点。用国外瘦肉型猪作父本与荣昌猪母本杂交，有一定的杂种优势，尤其是与长白猪的配合力较好。另外，以荣昌猪作父本，其杂交效果也较明显。

五、两广小花猪

陆川猪、福绵猪、公馆猪、黄塘猪、塘缀猪、中垌猪、桂墟猪归并，统称两广小花猪。分布于广东广西省(区)相邻的浔江、西江流域的南部，中心产区有陆川、玉林、合浦、高州、化州、吴川、郁南等地。

(一) 体型外貌

两广小花猪体短和腿矮为其特征，体型较小，表现为头短、颈短、耳短、身短、脚短、尾短，故又称为六短猪，额较宽，有“Y”形皱纹，中有白斑三角星，耳小向外平伸，背腰宽而凹下，腹大多拖地，体长与胸围几乎相等，被毛稀疏，毛色均为黑白花，除头、耳、背腰、臀为黑色外，其余均为白色，黑白交界处有 4～5cm 宽的晕带，乳头 6～7 对。

(二) 生产性能

性成熟较早，小母猪 4～5 月龄体重不到 30kg 即开始发情，多在 6～7 月龄、体重 40kg 时初配，初产平均产仔 8 头，三产以上平均产仔 10 头。性成熟早。平均每胎产仔数 12.48 头；成年公猪平均体重 130.96kg，成年母猪平均体重 112.12kg；75kg 屠宰时屠宰率为 67.59%～70.14%，胴体瘦肉率 37.2%。肥育期平均日增重 328g。

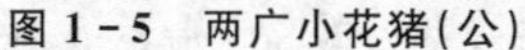

图 1－5　两广小花猪(公)

图 1－6　两广小花猪(母)

六、香猪

香猪又名“迷你猪”，其中以来自国家农业部门授予“中国香猪之乡”贵州黔东南地区的剑白香猪、从江香猪和靠近贵州黔东南地区广西的巴马香猪最为著名，另外还有环江香猪、藏香猪等品种都属矮小猪种。

(一) 剑白香猪

世界上著名的微型猪，是国家二级稀有保护动物，主要产于贵州省黔东南州剑河县的丛林山寨中，主食为野生植物，以其猪肉特有香味、嫩度、纯天然、无污染而引起科学家们的高度关注。经专家鉴定，剑白香猪富含人体必需的氨基酸和微量元素。

剑白香猪，在剑河称之为“两头乌”，因为这种猪品种的头部和尾部是黑色，中间为白色。耳长宽几乎相等，并向两侧平伸，耳尖下垂，颈短，背微凹，四肢短小，后肢欠丰满。腹大下垂不拖地，乳头排列整齐，多为 6 对，额平有旋毛，后肢多踏系。这种猪体形矮小，基因纯，无污染，抗病力强，耐粗饲，当地群众称为“萝卜猪”，在剑河县太拥、南哨、磻溪、岑松、柳川、革东等乡镇都有饲养。

剑白香猪生长缓慢，但繁殖性能强、稳定。母猪窝产仔平均 6.8 头，繁殖年限一般为 7～8 年，长的可达 10 年。

(二) 巴马香猪

巴马香猪,民间美其名曰“七里香”、“十里香”。香猪原产地为我国贵州省、广西山区,中心产区在贵州省从江县,属微型猪种。其肉嫩味香,无膻无腥,故名香猪,是一个生产优质猪肉的良种。

香猪体躯短而矮小,被毛全黑,个别有唇白和肢端白。颈部短而细,头长额平,额部皱纹纵横,耳朵较小、薄且向两侧平伸,耳根硬,眼周围有一粉红色眼圈。背腰宽而微凹,腹较大下垂,四肢细短,尾巴细长似鼠尾。品种较纯的香猪眉心有明显白斑,黑色部分仅存在于头部和尾部,背部无黑斑。母猪乳头多为5对,少数6对。后躯丰满,四肢短细,前肢姿势端正,后肢多卧系。

香猪性成熟早,母猪初情期4月龄体重约8kg,4～6个月即可发情配种;公猪65～75日龄出现爬跨行为,体重4～8kg。公猪在170日龄可初配。母猪头胎窝均产仔4.5～6头,经产母猪产仔数为5.7～8头。

香猪的饲料以粗料为主,粉碎后的秸秆、花生壳、花生秧、干红薯秧等都可作为主料,菜藤、胡萝卜、嫩草、树叶等都可作为青绿饲料。香猪的精饲料为玉米、糠、麸皮等,无需再用添加剂。香猪一日喂两次,以粗料、青绿料为主。香猪性成熟早,4～6个月即可发情配种,3～4天内配种2～3次为好。纯繁是保证香猪遗传稳定的关键。

图1-7　巴马香猪

图1-8　环江香猪

第三节　引入的国外猪种的繁殖性能

我国自19世纪末期以来，从国外引入的猪种有十多个，其中对我国猪种改良影响较大的有中约克夏、巴克夏、大约克夏猪、苏白猪、克米洛夫猪、长白猪等。20世纪80年代，又陆续引进了杜洛克猪、汉普夏猪和皮特兰猪。目前，在我国影响大的瘦肉型猪种有大约克夏猪、长白猪、杜洛克猪、汉普夏猪和皮特兰猪。

一、大约克夏猪

大约克夏猪又称大白猪，于18世纪育成于英国，是世界上著名的品种，因其体形大、增重快而被引至很多国家。

（一）体型外貌

体大，毛色全白，少数额角皮上有小暗斑，额面微凹，耳大直立，背腰多微弓，四肢较长。平均乳头数7对。

（二）生产性能

该猪种具有增重快、饲料利用率高、繁殖性能较高、肉质好的优点。在我国饲养的大约克夏猪母猪初情期5月龄左右，一般于8月龄体重达120kg以上配种，经产母猪平均产仔12头以上，产活仔数10头。在我国猪杂交繁育体系中一般作父本，或在引入品种三元杂交中常用作母本或第一父本。

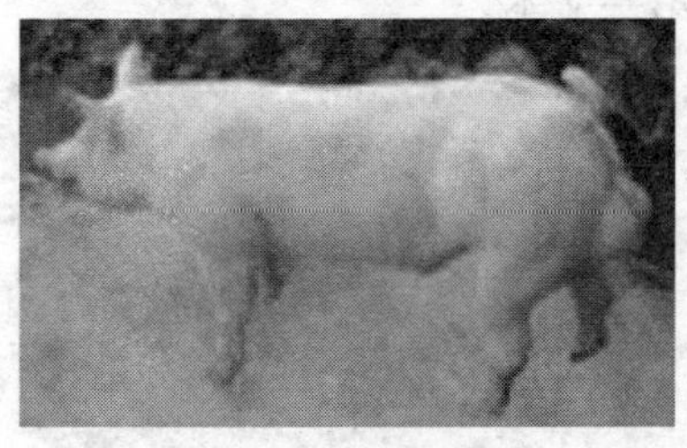
图1-9　大约克夏猪(公)

图1-10　大约克夏猪(母)

二、长白猪

长白猪又称为兰德瑞斯猪，原产于丹麦，目前世界上养猪业发达的国家均有饲养，是世界上最著名、分布最广的主导瘦肉型猪种，是养猪生产不可或缺的优良猪种。

由于长白猪在世界的分布广泛，各国根据各自的需要开展选育，在总体保留长白猪特点的同时，又各具一定特色，我国通常就按照引种国家或地区，分别将其冠名为×系长白猪，如丹系长白猪、法系长白猪、瑞系长白猪、美系长白猪、加(加拿大)系长白猪、台系长白猪等。其实这种命名法也不尽科学，尽管来自同一国家，但是来自不同的育种公司(场)，在体质外貌、生产性能方面各具特点和差别，不能用×系一概而论，因此在引进猪种时，不仅要关注种猪来自什么国家，也要了解来自什么公司(场)，如果无法了解，需要对种猪进行现场考察。

(一) 体形外貌

全身白色，体躯呈流线形，两耳向前下平行直伸，背腰特长，体躯丰满，乳头数 7～8 对。

(二) 生产性能

长白猪具有生长快、饲料利用率高、瘦肉率高、母猪产仔多、泌乳性能较好等优点。据湖北省农业科学院报道，23kg 到 6 月龄的 96kg 阶段的平均日增重 607g，料肉比为 2.95∶1。成年公猪体重 246kg，母猪体重 218kg。在较好的饲养条件下与我国地方猪杂交效果显著。在我国杂交繁育体系中一般作为父本，或在引入品种三元杂交中常用作母本或第一父本。

图 1-11　长白猪(公)

图 1-12　长白猪(母)

三、杜洛克猪

杜洛克猪原产美国。由产于新泽西州的泽西红猪和纽约州的杜洛克猪杂交选育而成。现居美国纯种猪登记总头数中的首位，广泛分布于世界各国，并已成为中国杂交组合中的主要父本品种之一，用以生产商品瘦肉猪。

（一）体形外貌

毛色红棕，可由金黄到暗棕色，樱桃红色最受欢迎，皮肤上可能出现黑色斑点，但不允许身上有黑毛或白毛。耳中等大，向前稍下垂，四肢粗壮。

（二）生产性能

杜洛克猪具有生长快、饲料转化率高、抗逆性强的优点，但它又具有产仔少、泌乳力稍差的缺点。1997 年北京市杜洛克原种猪场测定，平均窝产仔 10.60 头，产活仔 9.62 头；测定公猪 60 日龄个体重 20.05kg，达 90kg 体重日龄为 151.8 天，平均日增重 799g，料肉比为 2.54∶1，平均背膘厚（活体）1.51cm；90kg 屠宰，腿臀比例 33.72%，眼肌面积 35.75cm^2，瘦肉率 65.81%。

杜洛克猪能较好地适应我国的条件。以杜洛克猪为父本与我国地方品种猪杂交后代比地方品种猪显著提高生长速度、饲料转化效率及瘦肉率。在生产商品猪的杂交中多用三元杂交的终端父本，或二元杂交中的父本。

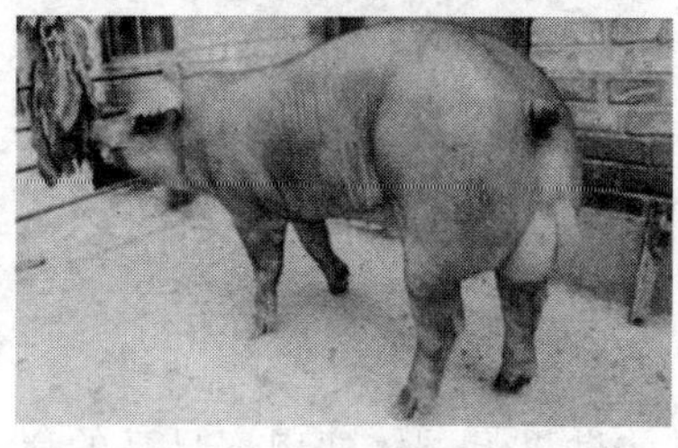

图 1－13　杜洛克猪（公）

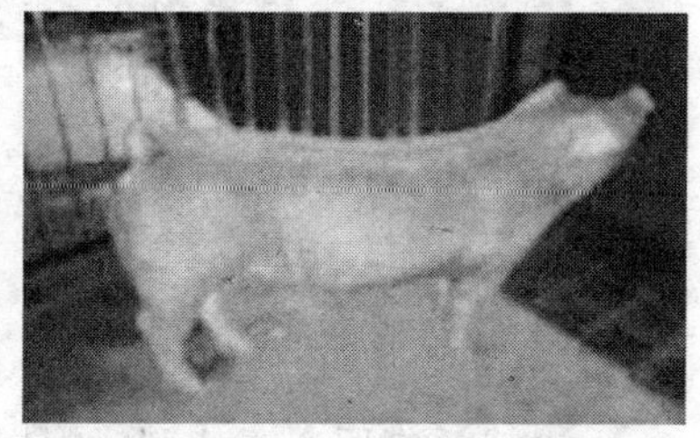

图 1－14　杜洛克猪（母）

四、汉普夏猪

汉普夏猪原产英国南部，由美国选育而成。

（一）体形外貌

被毛黑色，在肩和前肢有一条白带，故称为“银带猪”。嘴较长直，耳中等大而直立，体躯较长，肌肉发达。

（二）生产性能

汉普夏猪具有瘦肉率高、眼肌面积大、胴体品质好等优点。成年公猪体重 315～410kg，成年母猪体重 250～340kg。一般窝产仔数 10 头左右。据 1994 年丹麦测定站的测定，公猪平均日增重 845g，饲料转化率 2.53，瘦肉率 61.5%。农场大群测试，公猪平均日增重 781g，母猪平均日增重 731g，瘦肉率 60.8%。丹麦利用汉普夏公猪与杜洛克母猪杂交生产的汉杜杂优公猪为父本，与长大或大长二元母猪为母本获得的四元杂交猪生产效果最好，产品质量最佳。每窝产活仔数 11.7 头，达 25kg 活重为 67 天，达 100kg 体重日龄 162 天，25～100kg 阶段平均日增重 823g，料肉比 2.70∶1，每头母猪年产仔数 24.7 头，胴体瘦肉率 61%。

图 1-15　汉普夏猪(公)

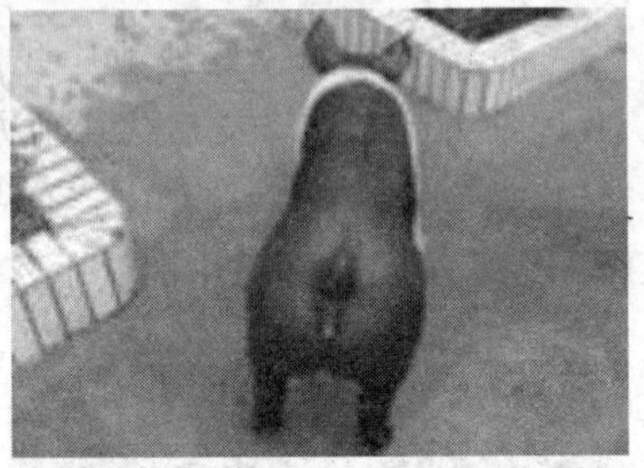

图 1-16　汉普夏猪(母)

五、皮特兰猪

皮特兰猪原产于比利时，是目前世界上胴体瘦肉率最高的猪种。皮特兰猪因瘦肉率特别高，在国外主要用于商品猪生产，作为父本与抗应激品种杂交,生产商品猪。

(一) 体形外貌

体躯呈方形,体宽而短,四肢短而骨骼细,肌肉特别发达。被毛灰白,夹有黑色斑块,还杂有部分红毛。耳中等大小向前倾。

(二) 生产性能

平均窝产仔数9.7头,背膘薄,90kg活重胴体瘦肉率达66.9%。

瘦肉率高,90kg以后生长速度显著减慢,耗料多,属于应激敏感型猪。在杂交体系中是很好的终端父本猪。最好利用它与杜洛克猪或汉普夏猪杂交,杂交 F_1 代公猪作为终端父本,这样既可提高瘦肉率,又可防止白肌肉(PSE猪肉)的出现。

图1-17　皮特兰猪(公)

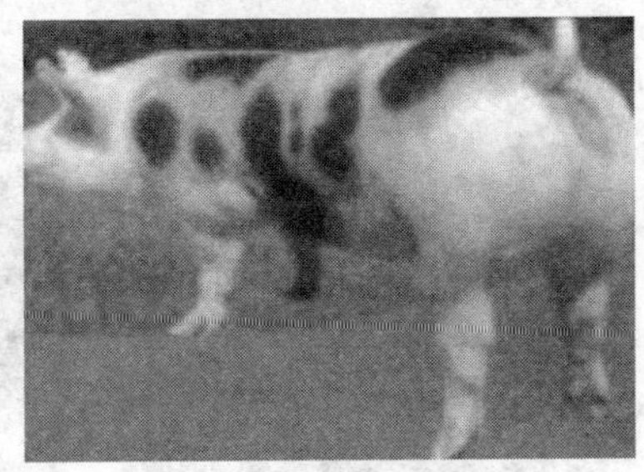

图1-18　皮特兰猪(母)

六、斯格猪

斯格猪是专门化品系杂交育成的超级瘦肉型猪。该品种早在20世纪80年代初期引入我国,目前主要分布在湖北、江苏、广西、广东、福建、贵州、北京、辽宁和黑龙江等省市区。

(一) 体形外貌

斯格猪外貌与长白猪近似,后腿和臀部十分发达,四肢比长白猪粗短,嘴筒也比长白猪短些。

(二) 生产性能

生长肥育性能　仔猪10周龄体重达27kg,170～180日龄体重达100kg,平均日增重700g以上,料肉比为2.85～3.0。

繁殖性能　初产母猪平均产活仔数 8.7 头，初生仔重 1.34kg，成年母猪产活仔数平均 10.2 头，仔猪成活率达 90%以上。

主要优缺点　生长发育较快，饲料报酬很高，尤其是胴体性状极佳。屠宰率 77%，肥膘薄，眼肌面积特别大（达 45.28cm^2），后腿比例很大（达 33.22%），瘦肉率达 65%以上。缺点是个别瘦肉率过高的猪携带应激综合征（PSS）基因，比较容易发生应激综合征，由于驱赶、运输、惊吓等原因，可出现肌肉僵直、后躯肌肉震颤、呼吸困难、口吐白沫，最后因心脏衰竭而死亡。由于应激屠宰容易出现白肌肉（PSE 肉）。

图 1－19　斯格猪（公）

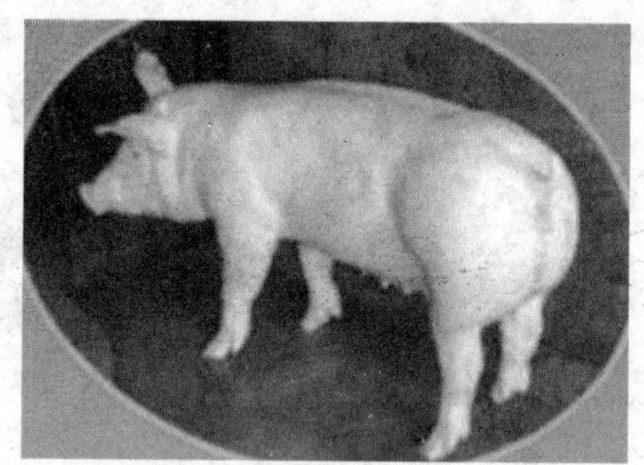

图 1－20　斯格猪（母）

七、PIC 猪

PIC 种猪是 PIC 国际种猪集团公司选择遗传性能各异，利用母体和个体杂交优势，推行五元杂交制种系统，把五个品系的特点巧妙地组合，对繁殖力、生长性能、抗病性能、瘦肉率、肉品质等生产性能进行改良的五元杂交配套系。20 世纪 90 年代，PIC 公司在上海建立，第一批 PIC 种猪进入国内市场。

主要生产性能指标有：每头母猪年产 2.2～2.3 胎，每头母猪年产仔数 22～23 头，育肥猪达 100kg 活重 145～150 天，料肉比为（2.6～2.8）：1，平均日增重 900g 以上，商品猪瘦肉率 65%～

67%,屠宰率为78%以上,背膘厚2.03cm。

图1-21 PIC猪(公)

图1-22 PIC猪(母)

第四节 我国培育猪种的繁殖性能

培育猪种是指将我国具有某些特点的优良地方猪种通过与国外优良品种猪杂交,克服其缺点获得较满意的目标后,经过长时间的培育而形成的新品种。培育猪种不仅具有地方品种适应性强、耐粗放管理、繁殖率高、肉质好等特点,而且在肥育性状和胴体瘦肉率等方面也达到相应的水平。充分利用培育猪种的优良特性,通过杂交获得产仔多、育成率高、生长快、耗料少、胴体品质高的产品,是提高养猪经济效益的重要途径之一。我国主要的培育猪种有浙江中白猪、三江白猪、新淮猪、上海白猪、哈尔滨白猪、北京黑猪和新金猪等。

培育新品种和新品系的目的,是保留我国地方品种猪母性强、发情明显、繁殖力高、肉质好、适应本地条件、抗逆性强、能利用大量青粗饲料等优点,改进其增重慢、体形结构不良、屠宰率低、胴体中肥肉多瘦肉少等缺点。新培育的品种猪其繁殖力保持了多产性,平均窝产仔9~12头;仔猪初生重接近引入品种,平均1kg以上;性成熟较迟,一般4~5月龄开始发情,有的是7月龄开始发情。与引入品种比较,我国培育的新品种猪发情明显,繁殖力高,抗逆性强,肉质鲜嫩。

一、新淮猪

新淮猪育成于江苏省淮阴地区,主要分布在江苏省淮阳和淮河下游地区。它具有适应性强、产仔数较多、生长发育较快、杂交效果较好等特点,以青绿饲料为主,搭配少量配合饲料的饲养条件下,饲料利用率较高。

1. 外貌特征　头稍长,嘴平直微凹,耳中等大小,向前下方倾垂,背腰平直,腹稍大但不下垂,臀略斜,四肢健壮,被毛除体躯末端有少量白斑外,其他均呈黑色。成年公猪体重230～250kg,体长150～160cm;成年母猪体重180～190kg,体长140～145cm。

2. 生长肥育性能　从2月龄到8月龄,肥育猪日增重490g,每千克增重消耗配合饲料3.65kg、青饲料2.47kg。肥育猪体重90kg时屠宰,屠宰率71%,背膘厚3.5cm,眼肌面积25cm^2,腿臀占体重25%,胴体瘦肉率45%左右。

3. 繁殖性能　性成熟较早。公猪于103日龄、体重24kg时即开始有性行为,母猪于93日龄、体重21kg时初次发情。初产仔数10.5头以上,成活仔数10头;3胎以上经产母猪产仔数13头以上,成活仔数11头以上。

4. 杂交利用　在中等饲养水平下,用内江猪与新淮猪进行两品种杂交,其杂种猪180日龄体重达90kg,60～180日龄日增重560g。用杜×二(杜洛克公猪配二花脸母猪)杂种公猪配新淮母猪,其三品种杂种猪日增重590～700g,屠宰率72%以上,腿臀比例27%,胴体瘦肉率50%以上。

图1-23　新淮猪(母)

图1-24　新淮猪(公)

二、湖北白猪

湖北白猪分布于湖北省武昌、汉口一带。为适应国内市场和外贸需要，于 1978 年开始培育，1986 年基本育成。

1. 外貌特征　被毛白色，头稍轻直、两耳前倾稍下垂，背腰平直，体躯较长。腿臀丰满，肢蹄结实，乳头 6 对。成年公猪体重 250～300kg，母猪体重 200～250kg。

2. 生长肥育性能　在良好饲养条件下，6 月龄体重达 90kg，20～90kg 阶段日增 600～650g，料肉比为 3.5 以下，90kg 屠宰率为 75%。眼肌面积为 30～34cm^2，腿臀比例为 33%，胴体瘦肉率 55%～62%。

3. 繁殖性能　3 月龄小公猪体重 40kg 时出现性行为。母猪初情期在 3～3.5 月龄，4～4.5 月龄性成熟，7.5～8 月龄适宜配种，发情周期 20 天，发情持续期为 3～5 天。初产仔猪平均9.5～10.5 头、经产在 12 头以上。

4. 主要优缺点　该猪含大白猪血统 1/2，长白猪血统 1/4，所以具有大白、长白猪品种特性，生长发育快，饲料省，胴体品质好，瘦肉率高。其繁殖性能好于大白猪和长白猪，发情明显，不易漏配。湖北白猪是在夏季炎热地区培育而成的，具有耐热性，夏季容易饲养。

5. 杂交利用　用湖北白猪作母本，以杜洛克、汉普夏为父本，杂种猪 20～90kg 阶段日增重分别为 600g、605g，料肉比分别为 3.41 和 3.45，胴体瘦肉率为 64%和 63%。

图 1-25　湖北白猪(公)

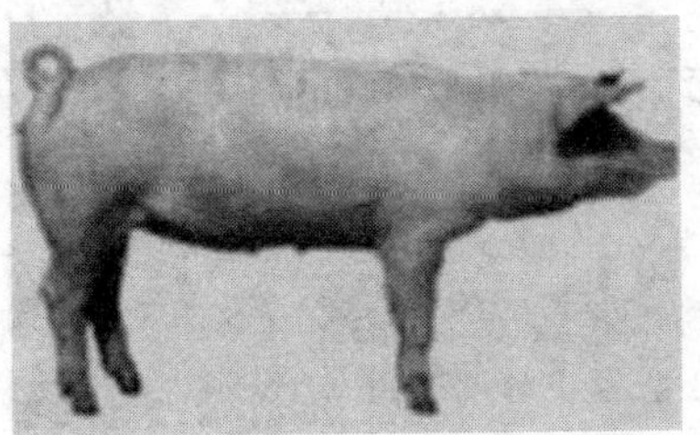

图 1-26　湖北白猪(母)

三、汉中白猪

培育于陕西省汉中地区，主要用苏白猪、巴克夏猪和汉江黑猪培育而成。主要分布于汉中市、汉中县、南郑县和城固县等地。汉中白猪具有适应性强、生长较快、耐粗饲和胴体品质好等特点。

1. 外貌特征　头中等大，面微凹，耳中等大小，向上向外伸展。背腰平直，腿臀较丰满，四肢健壮。体质结实，体形匀称，被毛全白。成年公猪体重 210～220kg，体长 145～165cm；成年母猪体重 145～190kg，体长 140～150cm。

2. 生长肥育性能　体重 20～90kg 阶段，日增重 520g，每千克增重消耗配合饲料 3.6kg。体重 90kg 屠宰，屠宰率 71%～73%，胴体瘦肉率 47%。

3. 繁殖性能　小公猪体重 40kg 左右时出现性行为，小母猪体重 35～40kg 时出现初情。公猪 10 月龄、体重 100kg，母猪 8 月龄、体重 90kg 时开始配种。母猪发情周期一般为 21 天，发情持续期初产母猪 4～5 天，经产母猪 2～3 天。初产仔数平均 9.8 头，经产仔数 11.4 头。

4. 杂交利用　汉中白猪与荣昌猪进行正反杂交，其杂种猪日增重 610～690g，每千克增重消耗配合饲料 3.12kg。体重 90kg 屠宰，屠宰率 70%以上。用杜洛克猪作父本与汉中白猪杂交，其杂种猪日增重 642g，瘦肉率 55%左右。

图 1－27　汉中白猪(公)

图 1－28　汉中白猪(母)

四、浙江中白猪

该猪种主要分布于浙江省。

1. 外貌特征　全身白色，体形中等，头颈较轻，面部平直或微凹，耳中等大小呈前倾和稍下垂，背腰较长，腹线较平直，臀部肌肉丰满。

2. 生产肥育性能　190 日龄体重达 90kg，生长肥育期日增重 520～600g，料肉比 3.5∶1。90kg 屠宰时，屠宰率为 73%，胴体瘦肉率为 57%。

3. 繁殖性能　初情期在 5.5～6 月龄，8 月龄适于配种，初产仔猪 9 头，经产 12 头左右。

4. 主要优缺点　浙江中白猪是由长白猪、大约克猪和金华猪杂交培育而成，具有长白猪和大约克猪的某些优良特性，胴体瘦肉率高，胴体品质好。体格健壮，繁殖力高，这些又优于长白猪和大约克猪。该猪在气候炎热的浙江省培育而成，又含有金华猪血统，因此表现出耐高温、高湿气侯环境的性能。

5. 杂交利用　浙江中白猪是生产瘦肉猪的优良母本，与杜洛克公猪交配，其杂交后代生长快，175 日龄达 90kg，体重在 20～90kg 阶段，平均日增重达 700g，料肉比 3.3∶1。90kg 时屠宰，其胴体瘦肉率为 61.5%。

图 1－29　浙江中白猪(公)

图 1－30　浙江中白猪(母)

五、上海白猪

主要由大约克猪、苏白猪和太湖猪培育而成，主要分布在上海市郊。特点是生长较快，产仔较多，适应性强，胴体瘦肉率较高。

1. 外貌特征　体形中等偏大，体质结实。头面平直或微凹，耳中等大小略向前倾。背宽，腹稍大，腿臀较丰满。全身被毛为白色。成年公猪体重 250kg 左右，体长 167cm 左右；成年母猪体重 177kg 左右，体长 150cm 左右。

2. 生长肥育性能　体重 20～90kg 阶段日增重 615.30g 左右，每千克增重消耗配合饲料 3.62kg。体重 90kg 屠宰，平均屠宰率 70%，眼肌面积 26cm^2，腿臀比例 27%，胴体瘦肉率 52.5%。

3. 繁殖性能　公猪多在 8～9 月龄，体重 100kg 以上开始配种。母猪初情期为 6～7 月龄，发情周期 19～23 天，发情持续期 2～3天。母猪多在 8～9 月龄配种。初产仔数 9 头左右，3 胎以上产仔数 11～13 头。

4. 杂交利用　用杜洛克猪或大约克猪作父本与上海白猪杂交，杂种猪体重 20～90kg 阶段，日增重 700～750g，每千克增重消耗配合饲料 3.1～3.5kg。杂种猪体重 90kg 屠宰，胴体瘦肉率 60%以上。

图 1－31　上海白猪(母)

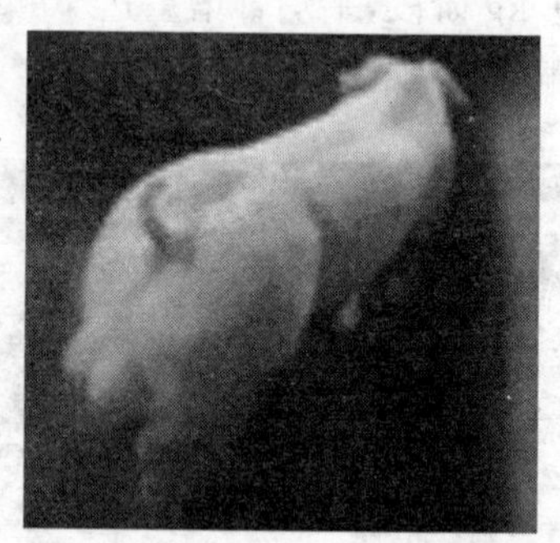

图 1－32　上海白猪(公)

六、三江白猪

三江白猪是我国培育的第一个瘦肉型品种。1973 年由红兴隆农管局农科所、东北农学院等单位，在黑龙江省红兴隆农场开始育种，1983 年由农业部验收，现在主要分布在东北三江平原地区。

1. 外貌特征　全身被毛白色，头轻嘴直，耳下垂，背腰平宽，腿臀丰满，四肢结实，蹄质坚实，具有瘦肉型的体质结构，乳头 7 对，排列整齐，大小适中。成年公猪体重 250～300kg，母猪体重 200～250kg。

2. 生长肥育性能　生后 6 个月龄体重达 90kg，平均日增重 500g 以上，料肉比为 3.5∶1。90kg 体重屠宰，背膘厚 3.25cm，腿臀比例为 29.5%，胴体瘦肉率为 58.6%，眼肌面积为 $29cm^2$。

3. 繁殖性能　三江白猪性成熟早，4 月龄时开始发情，发情明显，受胎率高。极少发生繁殖疾患。初产仔猪平均 10.2 头，经产一般 13 头。

4. 主要优缺点　三江白猪是我国高寒地区培育的品种，含有东北民猪血缘，比一般猪耐寒，胴体瘦肉率高。

5. 杂交利用　因为三江白猪是长白猪和东北民猪杂交后培育成的品种，所以应尽量不再与长白猪和东北民猪杂交，以免影响杂交效果。可与苏白、哈白和大约克等猪进行正交或反交，效果都较好，呈现出杂种优势。以三江白猪为母本与杜洛克杂交，一代杂种日增重 650g，料肉比 3.28∶1。

图 1-33　三江白猪(公)

图 1-34　三江白猪(母)

第二章　种猪生殖解剖生理

第一节　公猪生殖系统解剖特点

产生有生殖能力的精子并把它们正确地输入母猪生殖道内是公猪的本能。公猪的生殖器官包括性腺(睾丸)、副性腺、输精管道及外生殖器(图 2－1)。

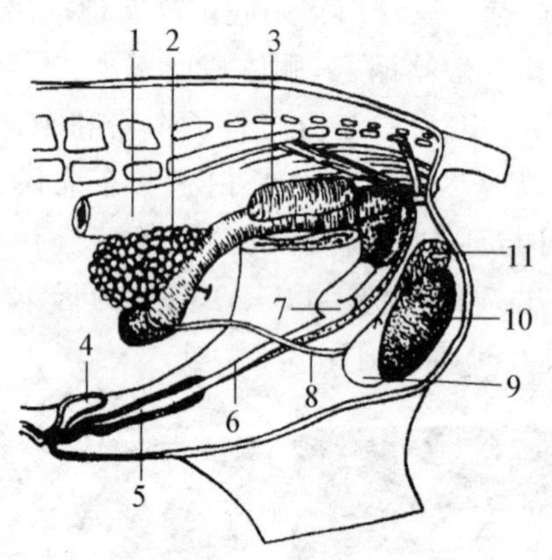

图 2－1　公猪生殖系统

1. 直肠　2. 精囊腺　3. 尿道球腺　4. 包皮憩室
5. 阴茎游离端　6. 阴茎　7. S状弯曲　8. 输精管
9. 附睾头　10. 睾丸　11. 附睾尾

(引自王爱国《现代实用养猪技术》2001)

一、睾丸

睾丸是公猪的主要生殖器官,其主要机能是产生精子和雄激素。公猪的睾丸一对，重 900～1000g，占体重的 0.34%～0.38%。阴囊是维持精子正常生成的温度调节器官，由一纵隔分为两腔，两个睾丸分别位于一个鞘膜腔中，使睾丸免受物理损伤和不良温度的影响。对正常精子的生成，睾丸应当保持低于体温6℃。如果睾丸没有下降到阴囊中(隐睾)，则较高的内部体温将阻止睾丸产生精子。

二、输精管道

包括附睾、输精管和尿生殖道三部分。

(一) 附睾

附睾是睾丸的输出管，同时也是精子成熟发育和储存的地方。附睾分为头、体、尾三部分，附睾头及附睾体具有吸收液体的作用，而尾部则无此作用。附睾管由附睾尾过渡为输精管，精子在附睾管内的酸性环境中(pH6.2～6.8)缺少果糖，所以，精子不活动，消耗的能量很少。另外，精子通过附睾尾的时间一般为 10天(9～14 天)，在这段时间里精子不仅在附睾中被吸水、浓缩和贮藏，而且只有通过此过程才能最后发育成熟。

(二) 输精管

附睾管在附睾尾端延续为输精管，其末端变细与精囊腺的排泄管共同开口于尿生殖道背侧壁上。交配射精时，输精管收缩将精子送入尿生殖道内。

(三) 雄性尿生殖道

雄性尿生殖道是尿液和精液共同经过的管道。

三、副性腺

(一) 精囊腺

公猪的精囊腺和尿道球腺都很发达，这就决定了公猪的射精量较大。据统计，精液体积有 2%～5%来自睾丸及附睾，55%～75%来自前列腺，12%～20%来自精囊腺，10%～25%来自尿道球腺。

（二）前列腺

前列腺分泌稀薄、淡白色、稍具腥味的弱碱性液体，可以中和进入尿生殖道中液体的酸性，改变精子的休眠状态，使其活动能力加强。

（三）尿道球腺

尿道球腺位于精囊腺之后，其分泌黏稠胶状物，呈淡白色。

四、外生殖器

公猪阴茎为纤维型，细，海绵体不发达，不勃起时也是硬的；有S状弯曲，勃起时伸直。阴茎前端呈螺旋状，勃起时尤其显著，阴茎头不明显，没有尿道突，在不交配时，一般阴茎保持于包皮内。包皮腔前端背侧有一圆孔，向上和包皮盲囊相通，囊中常含有刺激性气味的分泌物。

第二节　母猪生殖系统解剖特点

母猪的生殖器官主要由卵巢、生殖道和外生殖器组成(图 2－2)。

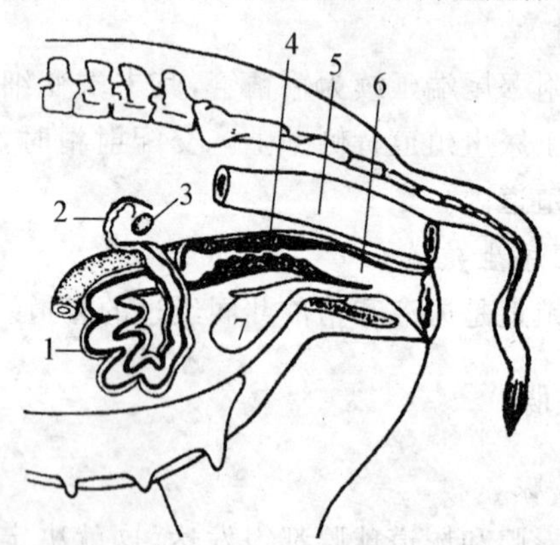

图 2－2　母猪生殖系统

1. 子宫角　2. 输卵管　3. 卵巢　4. 子宫颈　5. 直肠　6. 阴道　7. 膀胱

（引自王爱国《现代实用养猪技术》2001）

一、卵巢

卵巢是母猪的主要生殖器官。卵巢的作用有三：生产卵子、分泌雌激素及形成黄体分泌孕激素。卵巢是成对的，位于每一侧肾后方。卵巢呈浆果形，大小在直径25～35mm之间。中央部分被称为卵巢髓质，富含血液。卵巢的外面部分称为皮质，它被单层生殖上皮所覆盖，生殖上皮含有产生卵子的初级卵母细胞。

二、输卵管

输卵管是成对的弯曲的管道，长 25～30cm，输导卵子从每一侧卵巢到对应的子宫角。每一卵巢连接一条输卵管，输卵管壁内层黏膜细胞具有纤毛，输卵管能蠕动及逆蠕动。输卵管通常还是卵子和精子受精的场所。输卵管邻近卵巢的部分膨大形成漏斗状结构，称为输卵管喇叭口。输卵管喇叭口花边状的边缘被称为输卵管伞，它几乎完全包围着卵巢。输卵管伞通过将卵子引导到输卵管的腹部开张处而积极参与排卵活动。输卵管的内层是高度重叠的黏膜，它主要由纤毛细胞所覆盖，纤毛将卵子送到输卵管壶腹部。发情期间和排卵前产生黏液的分泌细胞帮助精子向输卵管方向移动以接近卵子。纤毛和肌肉在卵子和精子的移动中起主导作用，从而使受精容易发生。

三、子宫

猪的子宫由一长约 5cm 的子宫体及两个共长达 120～150cm 发育良好的子宫角和长达 10cm 的子宫颈组成。

像大多数其他的内部中空的器官一样，子宫壁由一个黏膜内层、一个中等光滑的肌肉层和一个浆膜层组成。子宫的黏膜内层是一个高度发达的腺结构，其厚度和血管分布随着激素水平的变化而变化。子宫平滑肌的蠕动收缩在运送精子至受精部位以及在分娩期间胎儿的排出方面起重要作用。受精卵由胎盘组织附着在子宫角的壁上，在多数情形下平均分布在每一子宫角。

子宫颈是从阴道进入子宫的入口，是一种坚实的、平滑的括约肌，除在发情和分娩期间外其他时间都是牢固关闭的。子宫颈的内层在妊娠期间产生黏液。黏液形成栓以阻止感染性物质从阴道进入子宫。子宫颈的内表布满了一系列的螺旋脊，有时也称为环形褶。正是在这些褶中，公猪阴茎的前端或在人工授精时输精管螺旋体的尖端在交配期间被固定住。

四、阴道

阴道是子宫颈头部（前面）和阴门尾部（后面）之间的骨盆内产道的一部分。阴道长 10～15cm。阴道还起着在交配时接受公猪阴茎的一种鞘状物以及分娩期间产道的作用。它的壁薄但有弹性、坚韧，这对适应分娩应激是必要的。阴道内层的黏膜有一些腺体。

五、阴门

阴门由两片阴唇组成，是母猪的外生殖器官，尿道及生殖道均开口于此，当发情时阴门红肿。前庭是阴道和阴门的接合点。其标志是外部的尿道口，经常还有尿道口前部的脊，称为阴道瓣。阴道瓣偶尔长得太完整，足以妨碍交配。

前庭较低的侧面部分隐藏着阴蒂，阴蒂与公猪的阴茎具有相同的胚胎组织来源。它由勃起组织组成，富含感觉神经末梢。发情期间阴蒂的刺激引起了子宫的收缩，这有助于将精子运送至受精部位。

第三节　公猪生殖生理

一、性行为及射精

公猪发育到初情期时，随着性器官和性机能的发育，能在生殖激素的作用下，通过神经(嗅、视、触、听)接受刺激，而对母猪发生性反射，并以一定的性行为表现出来。

性行为包括性兴奋(除精神兴奋外，还有诱情或称求偶，触弄等表现)和性交两个方面。公猪求偶的表现主要是嗅闻母猪阴门和阴道分泌物，如果这时母猪排尿，那么公猪对此也有兴趣。由于母猪发情后的外激素的刺激使公猪兴奋，唾液腺大量分泌出泡沫状的唾液，并用鼻唇顶触母猪肋腹下部，同时发出特有的声音，调整母猪的位置，而后出现性交。公猪阴茎勃起并爬跨母猪后躯，将阴茎插入母猪阴道，螺旋状阴茎旋转向前。公猪前冲时间较长，当阴茎进入子宫皱褶中去，并固定在此，阴茎向前转动停止，接着出现射精。射精的完整波可能要花 3～5 分钟，而整个过程可能会重复 2 或 3 次，每个过程可能会重复插入和子宫颈固定的过程。公猪精液几乎全部排入母猪子宫内，所以，猪是子宫射精型动物，这与牛、羊有所不同。当公猪射精结束后，收回阴茎，并从母猪后躯爬下。一般母猪配种后往往通过子宫颈向后主动排出一些精液，这可能是由于射精的精液量比此时向前流入子宫的量要大，使精液不能马上全部进入子宫。此外，由于子宫角的收缩，或交配时的紧张，或交配后过度运动，这些都会导致精液的倒流损失。因此，交配时应避免应激。

多数公猪的精液分三阶段射出。通常第一阶段射出的为水样液；第二阶段的精液富含精子和微量凝胶，是一种稠厚而呈乳白色的液体，亦即富含精子部分；第三阶段所射的精液，以胶状凝块为主。

二、精子的发生

精子的发生是在睾丸曲精管中经过一系列的特化细胞分裂而完成的。曲精管中各处精子发生的过程是呈周期性的、连续不断的。从 A 型精原细胞到形成精子，公猪需要 44～45 天的时间。

另外，正常精子的发生和成熟，需要在比体温低的环境中完成，公猪睾丸和附睾的温度为35～36.5℃，低于直肠温度大约2.5℃。这也就是猪睾丸和附睾位于体壁阴囊中的原因。当环境温度高时，公猪睾丸提肌放松，增加阴囊褶折以加大散热面积，降低睾丸和附睾温度；而当温度下降时，睾丸提肌收缩，使睾丸及附睾更贴近身体，以提高睾丸温度。此外，睾丸血管网在睾丸表面经过降温后回到体壁时，与动脉接触，也降低了动脉血温，这种温度的调节保证了生产正常精子所需要的温度条件。

三、精液的组成和生理特性

(一) 组成

公猪的精液主要由精子和精清组成，其一次射精量一般为200～400mL(150～500mL)，精子的密度为250×10^6～350×10^6个/mL，每次射精总精子数平均为40×10^9～50×10^9个。

正常公猪的射出精液应为乳白色或灰白色，有较强的气味。在显微镜下观察刚射出的浓份新鲜精液为云雾状。

公猪的射精量与体重没有明显相关，但公猪的总精子数与睾丸大小有关，睾丸大则总精子数一般也较多。

公猪精液数量和品质受很多因素的影响，如品种、年龄、气候、采精方法、营养、体况及采精或交配频率等。交配或采精频率高，则精液量下降，未成熟的精子的比率上升，精液品质下降。高温季节公猪的精液量及品质下降较寒冷季节快，说明公猪对高温更敏感。

(二) 精液的生理特性

1. 渗透压：精液在一定条件下保持其一定的渗透压，一般以冰点下降度表示。猪精液渗透压一般为0.59～0.63。目前常用每公斤溶液中所含溶质的量(毫摩尔)表示，即mmol/kg。

2. pH：猪新采出的精液是偏碱性的。当有微生物污染或有大量死精子时，由于氨的浓度增加而使pH上升。

3. 比重：精液的比重决定于精子密度，精子比重通常高于精清，精子密度越大，精液的比重也越大。

4. 透光性：精液的透光性与精子密度和活动力有关，一般用光电比色计测定。

5. 导电性：由于精液中溶有各种盐类或离子，如果其含量较大，精液的导电性也较强，同时可利用导电性的高低，以测定所含电解质的多少及其性质，一般以25℃时的 $\Omega\times10^{-4}$ 表示。

6. 黏度：精液的黏度与精液的浓度、精清中黏蛋白唾液酸的多少以及精子密度有关。黏度一般以帕秒(Pa·s)表示。

表 2－1　猪精液的主要生物物理学特性

项　目	参考数值
冰点下降度(－℃)	0.62(0.59～0.63)
pH	7.5(7.3～7.9)
比重	1.023
导电性($\Omega\times10^{-4}$)	129(129～135)
黏度(Pa·s)	1.18×10^{-3}

第四节　母猪生殖生理

一、初情期

初情期是指正常的青年母猪达到第一次发情排卵时的月龄。初情期是生殖器官首次变得有功能的时期，青年母猪的初情期可通过第一次发情期的出现来识别。

母猪的初情期一般为5～8月龄，平均为7月龄，但我国的一些地方品种可以早到3月龄。母猪到达初情期时已经初步具备了繁殖能力，但由于下丘脑—垂体—性腺轴的反馈系统不够稳定，生殖器官发育不完善，性机能常未完全成熟，表现为初情期后的几个发情周期往往时间变化较大，同时母猪身体发育还未成熟，体重约为成年体重的60%～70%，如果此时配种，可能会导致母体负担加重，不仅窝产仔少，初生重低，而且还可能影响母猪今后的繁殖。因此，不应在此时配种。

影响猪初情期到来的因素有很多，但最主要的有两个：一个是遗传因素，主要表现在品种上，一般体形较小的品种较体形大的品种到达初情期的年龄早，近交推迟初情期，而杂交则提早初情期；二是管理方式，如果一群母猪在接近初情期与一头性成熟的公猪接触，则可以使初情期提早。此外，营养状况、舍饲、猪群大小和季节都对初情期有影响，例如：一般春季和夏季比秋季或冬季母猪初情期来得早。我国的地方品种初情期普遍早于引进品种，因此，在管理上要有所区别。

如何在保证不影响猪正常身体发育的前提下，获得初配后较高的妊娠率及产仔数，这就必须要选择好初次配种年龄。由于初情期受品种、管理方式等诸多因素影响而出现较大的差异，因此一般以初情期后隔一个或两个情期配种为宜，即初情期后1.5～2个月时的年龄称为适配年龄。猪的适配年龄一般为8～10月龄。

二、发情周期

青年母猪初情期后未配种则会表现出特有的性周期活动，这种特有的性周期活动称为发情周期。一般把第一次排卵至下一次排卵的间隔时间称为一个发情周期。母猪的一个正常发情周期为18～23天，平均为21天，但有些特殊品种又有些差异，如我国的小香猪一个发情周期仅为19天。猪是一年内多周期发情的动物，全年均可发情配种，这是家猪长期人工驯养的结果，而野猪则仍然保持着明显的季节性繁殖的特征。发情周期是由来自卵巢的激素（雌激素和孕酮）直接控制以及由来自垂体前叶的激素（促卵泡素、促黄体素和催乳素）间接控制。

（一）发情周期的四个阶段

发情周期分为几个非常明显的阶段，包括前情期（发情前期）、发情期（发情持续期）、后情期（发情后期）和休情期，见图2-3。

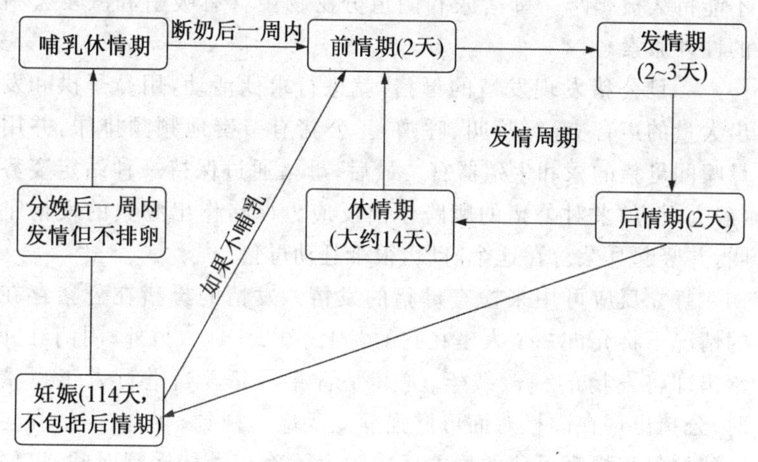

图 2－3　母猪发情和卵巢周期的交替

（引自刘海良主译《养猪生产》1998）

1．发情前期

在来自垂体前叶的促卵泡素和一些促黄体素的刺激下，卵泡开始在卵巢中生长。卵泡生长又导致较高产量的雌激素。这些雌激素被通过卵巢的血液吸收。雌激素促进管状生殖道的血液供应，造成从阴门到输卵管的水肿（肿胀），水肿过程在整个管道尤其在子宫中加快。阴门肿胀到一定程度，前庭变得充血（阴门变红），子宫颈和阴道的腺体分泌一种水样的薄的阴道分泌物。前情期持续大约 2 天。在这个阶段，母猪通常变得越来越不安定、失去食欲和好斗。如果公猪在邻近的圈中，母猪通常要寻找公猪。

2．发情期

前情期结束后，进入性要求的时期——发情期。这是雌激素对身体中枢神经系统起作用而引起发情心理表现的结果。母猪发情持续 40～70 小时，排卵发生在这个时期的最后 1/3 时间。排卵过程持续大约 6 小时。交配的母猪比未交配的母猪排卵大约要早 4 小时。前情期母猪试图爬跨并嗅闻同圈伙伴，但它本身不能持久被爬跨。母猪尿和阴道分泌物中含有吸引和激发公猪的性外激素。

一旦公猪发现发情的母猪,就进行求偶活动,用鼻子拱和发出大量的声音交流(吼叫、呼噜)。公猪有节奏地频频排尿,并用鼻嗅闻母猪的尿和生殖器官。最后,母猪通过保持一种站定姿势(静立反应)来对公猪的爬跨作出反应。母猪作出频繁的发情吼叫,并竖起耳朵。在这个阶段,很难赶动母猪。

静立反应可用来检查母猪的发情。发情的母猪在公猪存在的情况下将允许一个人坐在它的背上(图 2－4)。另外,阴门红肿给出即将发情的一般线索,尤其是青年母猪。当进行人工授精时,公猪出现在圈栏对面可增强静立反应。视觉、嗅觉、声音和与公猪接触将提高母猪的静立反应。为了确定最佳授精时间,以便能最成功地使母猪配上,识别静立发情的进程是重要的,尤其是对人工授精。

图 2－4 静立发情检查

(引自刘海良主译《养猪生产》1998)

3. 发情后期

后情期紧跟着静立发情之后。排卵通常发生在发情结束和后情期开始。一旦排卵,血块充满卵泡腔,黄体细胞开始快速生长。这是黄体细胞形成和发育的阶段。即使黄体没有完全形成,卵泡腔中的这些新细胞也已产生孕酮。FSH、LH 和雌激素返回到基础水平。管状生殖道的充血消失,来自管状生殖道的腺体分泌物变得有黏性,且数量有所降低。后情期大约持续 2 天。

还是在后情期,排出的卵被输卵管收起并被运送到子宫——

输卵管接合部(UTJ)。受精发生在输卵管的上部。如果没有受精,卵子就开始退化。受精的和未受精的卵在排卵后大约3～4天都进入子宫。

4. 休情期

母猪发情周期的一个最长的时期是休情期,也是黄体发挥功能的时期。黄体发育成一个有功能的器官,产生大量的孕酮(以及一些雌激素)进入身体的总循环并影响乳腺发育和子宫生长。子宫内层细胞生长,子宫内层的腺体细胞分泌一种薄的黏性物质滋养合子(受精卵)。如果合子到达子宫,黄体在整个妊娠期继续存在。如果卵子没有受精,黄体只保持功能大约16天,届时溶黄体素(一种前列腺素)造成黄体退化以准备新的发情周期。在第17天后,几个小的FSH和LH释放高峰就引起卵泡生长和雌激素水平上升。休情期大约持续14天。

母猪发情周期中,内分泌、卵巢及子宫的变化可参见图2-5。

(二) 发情表现

发情是母猪性成熟后周期性的性活动现象。卵巢上卵泡在发育过程中产生雌激素,随雌激素水平升高,导致母猪的精神状态、行为举止和生殖器官发生变化,表现出性行为特征和性欲等性活动现象叫发情。母猪表现兴奋不安、鸣叫,减食或停食,喜接近公猪或接受公猪爬跨,爬跨同圈母猪,频频排尿,外阴部松弛、红肿,阴道充血、分泌黏液等症状。这些性活动现象从出现到高潮到最后恢复正常,要持续一个过程,称为发情期或发情持续期。猪的发情期一般持续2～3天。

(三) 受精时间

据报道,在发情(静立发情)前一天配种的母猪只有10%受精;在发情第一天配种的母猪有70%受精;在发情第二天配种的母猪有98%受精;在第三天配种的母猪(那时大多数母猪处于后情期)只有15%受精。显然,应该在发情第2天给母猪配种,但因为这并不总是能做到,所以实际方法是在第一次观察到静立发情(在公猪存在的情况下)之后,延迟12～24小时进行第一次配种,

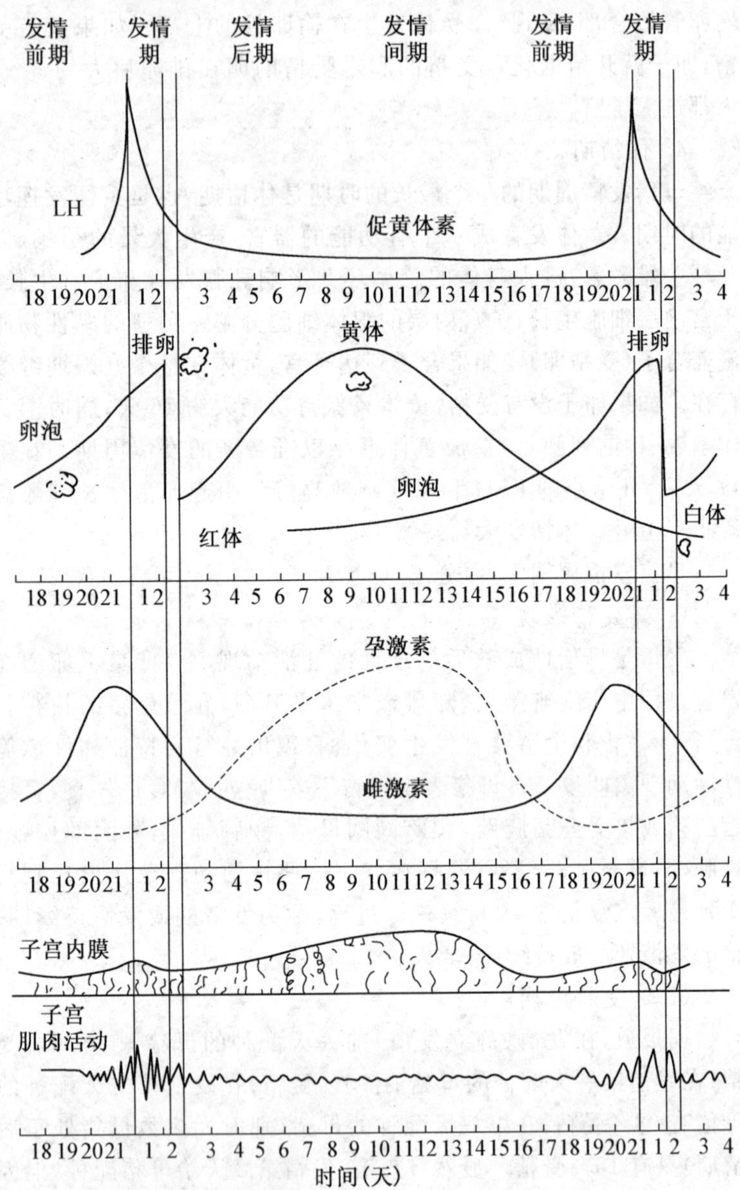

图 2-5　母猪发情周期中内分泌、卵巢及子宫的变化

(引自王爱国《现代实用养猪技术》2001)

在第一次交配之后8～12小时再进行第二次交配(图2-6)。应当注意,母猪应当每天至少两次检查静立发情,尤其是使用新鲜精液人工授精配种的母猪。用冷冻精液配种的母猪应当每8小时检查静立发情,到第一次观察到静立发情之后24小时才可配种。如果母猪仍然表现静立发情,建议在第一次配种之后8小时进行第二次配种。

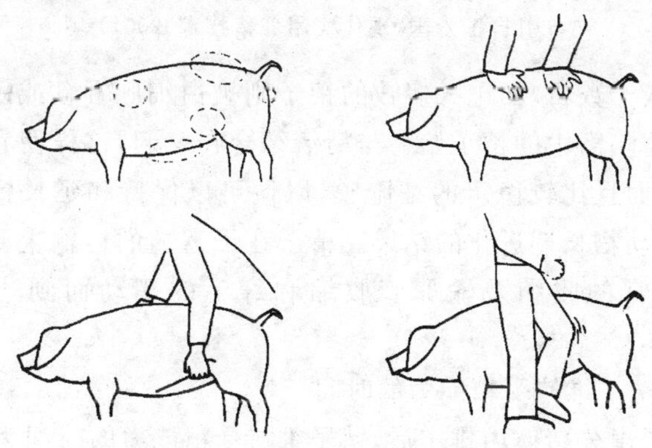

图2-6 发情检查时对刺激起反应的部位

(引自刘海良主译《养猪生产》1998)

三、受精和妊娠

(一) 受精

1. 精子的运输

猪精子进入母猪的生殖管道后,将开始“艰难地跋涉”(图2-7),它们一部分贮存在子宫内陷窝中形成若干个精子贮库,精子在这些贮库中不断释放,以保证受精部位总是不断有受精能力的精子出现,等待卵子的到来。精子沿着母猪的生殖管道向前行进,密度呈现一个梯度状的减少,在子宫颈部分精子密度最高,达10^7个以上,而到达输卵管的上段精子的密度仅为10^2个(受精部位)。猪精子的这种高选择性和运行期间的巨大损耗,使更有生命力、活性最好的精子才有可能到达受精部位,同时也限制了到达受精

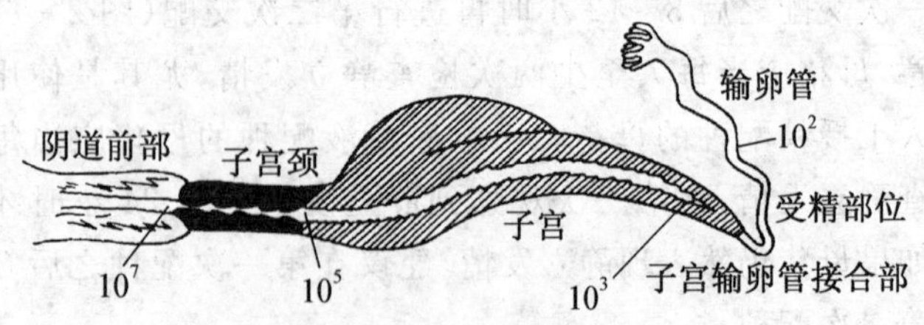

图 2-7　精子的运输

(引自王爱国《现代实用养猪技术》2001)

部位的精子数目,而绝大多数的精子则被白细胞吞食或杀死。而位于子宫陷窝中的精子始终与精清结合在一起,这样使它们具有可代谢,而且比较稳定的细胞膜,以便可以保持和延长精子的活力,这是动物长期进化的结果。精子在子宫内的运输主要是依靠外力、子宫的收缩及输卵管收缩和纤毛的摆动而到达受精部位的。

2. 精子维持受精能力的时间

精子由公猪体内排出后,精子维持受精能力的时间为 24～42 小时。母猪的卵子受精寿命很短,仅为 8～12 小时,只有当精子和卵子均处于其受精寿命时,精卵受精才有可能获得较好的受胎率。而当精子或卵子有一方老化,都会导致受胎率的下降,这说明正确的发情鉴定及适时输精对于提高受胎率至关重要。

3. 精子的损失

与其他家畜相比,公猪的精液损失极为严重。除受精时由于母猪子宫收缩,或者紧张导致子宫收缩加剧都会减少有效精子数,多态核型的白细胞的吞噬作用也是精子损失的一个重要原因。此外,由于游离的精子侵入子宫及输卵管上皮,有可能产生抗精子的抗体使受精力下降。

4. 卵子的排放

卵子自卵巢内放出叫排卵。卵子产生的数目有限,并且在发情周期的一特殊阶段产生,一般排卵数与每胎仔数有关。一头成熟母猪在每一发情周期,所排出的成熟卵子数目除了偶然有少数母猪只排出3～4个成熟的卵子外，通常在16～18个之间，多者可达20个以上。但有30%的受精卵死于胚胎发育的初期。

卵子通常在排卵后最初几小时内与精子结合，如果排卵后12小时内不能受精，则受胎及正常胚胎发育的机会就大为减少，因此于发情期间内及时配种，对发挥生产力至关重要。

母猪雌激素的水平不仅代表了卵泡的成熟性，而且也通过下丘脑来调节发情行为与排卵的时间。排卵前所出现的LH峰不仅与发情表现密切相关，而且与排卵时间有关。一般LH峰出现后40～42小时出现排卵。由于母猪是多胎动物，在一次发情中多次排卵，因此排卵最多时出现在母猪开始接受公猪交配后约30～36小时，如果从开始发情，即外阴唇红肿算起，约在发情38～40小时之后。

母猪的排卵数与品种有着密切的关系，一般在10～25个。我国的太湖猪是世界著名的多胎品种，平均窝产仔在15头，如果按排卵成活率为60%计算，则每次发情排卵在25个以上，而一般引进品种的窝产仔在9～12头。排卵数不仅与品种有关，而且还受胎次、营养状况、环境因素及产后哺乳时间长短等影响。

5. 卵子的运输

母猪的卵子可以由卵泡表面进入到输卵管的伞口部，并很快沿着薄壁的伞部进入到壶峡结合部的受精部位。这是因为：(1) 未受精卵被浓密的卵泡细胞包裹着，排卵前这些卵泡细胞重新分布，像手指一样包裹着卵母细胞；(2) 在排卵时，输卵管伞部像一张巨大的网，将整个卵巢完全包裹起来，这个伞内面有很多通向壶腹的纤毛，这些纤毛通过摆动保证了卵子在排卵后的30～45分钟内运输到壶峡结合部，并与等在那里的精子相遇。虽然在最初的约半小时，卵子处在输卵管的环境中，时间虽短，但这对于卵母细胞的成熟是极为重要的；同时包裹在卵母细胞外的卵泡细胞以及一些卵泡液进入输卵管，也刺激了精子从输卵管的峡部向受精部位运行，因而保证了卵子的迅速受精。

6. 卵子的老化

如果卵子排出后进入受精部位但未能及时与精子相遇并受精，那么卵子将很快老化。其表现为细胞核的固缩，细胞变形。这种变化在排卵后12小时十分明显，因此说明，配种或人工授精一定要在排卵前的适宜时间进行，否则卵子就有可能老化。根据精子在母猪生殖道中运行的速率及保持受精能力的时间推测，排卵前12～14小时输精或配种是比较理想的。

由于猪排卵数较多，同时有一定的时间间隔，因此卵母细胞的老化主要表现在：(1) 细胞质和核发生异常变化，不能继续受精，即使受精，也会因胚胎发育异常而引起胚胎的死亡；(2) 老化的卵母细胞阻止多精入卵的能力减弱，结果导致多精受精，引起胚胎的早期死亡；(3) 细胞质中的细胞器在老化过程中也会出现某些功能区的迁移以及核在减数分裂时出现一条或多条染色体的丢失，从而导致胚胎死亡。

7. 受精

射出的精子必须在母猪生殖道中经历最后的成熟过程才能具有受精能力，这个过程称为精子的获能。猪精子获能的时间大约2～3小时，经过获能，精子的游动能力和呼吸强度都提高，这是受精所必需的。

精子获能并发生顶体反应，这时精子可以穿过透明带并进入卵黄间隙。卵黄间隙是指透明带与卵母细胞膜之间的空间，精子的头部迅速与卵母细胞质膜发生融合，精子尾部的活动停止，且尾部大部分与卵母细胞结合。而精子头部与卵母细胞表面的膜融合激活次级卵母细胞，继续减数分裂的过程。雌、雄原核一边进行DNA复制，一方面向中部迁移，并最终相遇，染色体发生融合，成为一个受精卵，即二倍体。此后分裂将严格根据发育规律进行卵裂，从精子穿透进入次级卵母细胞后到第一次卵裂的时间大约15～20小时。

(二) 胚胎的早期发育

猪胚胎在输卵管内一般需要停留2天，然后进入子宫角，第

13 至 14 天胚胎开始着床，但着床很松散，直到大约第 18 天着床才完成。

从排卵至胚胎着床，对胚胎来说是一个重要时期，胚胎处于游离状态，同时又需要从外界获取营养。如果两方面不能同期的话，将导致胚胎的早期死亡，这个时期的胚胎死亡率可占到胎儿总损失的 30%。因此，减少这部分的死亡是提高窝产仔数的关键。

（三）妊娠

1. 妊娠的建立

要保证胚胎的维持，必须使周期黄体不退化来分泌孕酮，维持子宫内环境的基本稳定，虽然在妊娠建立中，神经传递可能是重要的，但目前认为胚胎本身是最重要的因素。当子宫中没有胚胎存在时，由于子宫分泌的前列腺素 $F_{2\alpha}$可以进入黄体，使黄体溶解，使母猪发情，而当子宫有多于 5 个胚胎存在时，则阻碍前列腺素 $F_{2\alpha}$释放到卵巢动脉中进而进入子宫腔中，由于前列腺素 $F_{2\alpha}$到达不了卵巢，黄体不发生溶解，因此妊娠得以维持，而胚胎在这里起到了一种抗溶黄体的作用。一般认为母猪的妊娠识别是在受精后的第 12 至 13 天。

2. 胚胎和胎儿的死亡

在养猪生产中，并不是所有卵子都能形成胚胎或胎儿而最终出生的，这种损失称为产前损失，这种损失一般要占到排出卵子总数的 30%～40%。在正确及时配种的前提下，受精率应接近 100%。胚胎附着开始之前是胚胎死亡的敏感期，胚胎死亡率占全部胚胎死亡的 60%以上。造成死亡的原因有遗传、营养应激（能量缺乏、矿物质不平衡或维生素缺乏症）、生殖系统疾病、内分泌紊乱以及管理不当，如配种不适宜、不良的环境应激（特别是热应激），都会导致胚胎的死亡。因此，减少胚胎的早期死亡是提高产仔数的关键。

四、分娩

发动分娩（出生过程）的激素是胎儿产生的前列腺素 $F_{2\alpha}$。这种激素导致黄体退化，并引起来自卵巢的松弛素和来自垂体腺的催产素的增加。松弛素促进子宫和腹部收缩，沿着产道推动胎儿，并且导致放乳。在分娩中起重要作用的各种激素和其他因素见图2-8。

图 2-8 导致分娩时子宫收缩各因素的顺序

（一）出生前的准备

母猪的妊娠期一般为111～119天，平均为114天，而不同的品种可能略有差异。一般一胎怀仔较多的母猪，妊娠期较短；反之较长。

分娩前的变化以及分娩的发动是由胎儿下丘脑分泌的肾上腺皮质激素释放激素控制的，它刺激胎儿垂体前叶分泌大量促肾上腺皮质激素（ACTH），作用于胎儿肾上腺使胎儿血液中肾上腺皮质激素分泌最多，并通过胎盘传递给母体，使子宫肌肉活性的抑制解除，孕酮水平下降，从而引起分娩的发动。分娩的发动主要决定于胎儿的成熟程度，而这种成熟度主要表现为胎儿下丘脑促肾上腺皮质激素释放激素分泌量，这种释放激素又刺激了胎儿垂体前叶大量分泌ACTH。它作用于肾上腺产生较多的肾上腺皮质激素，通过胎儿胎盘作用于母体子宫，并产生抑制孕酮分泌的一系列生理活动。因此，把胎儿下丘脑—垂体—肾上腺轴称为分娩发动的调节系统。

（二）分娩

分娩前母猪子宫发生很大变化，骨盆阔韧带以及产道、子宫颈松弛，使胎儿容易通过。猪的胎儿妊娠后期不发生转动，头向前和向后部的情况大致相同。分娩发动时主要分为三个阶段：

1. 开口期

以子宫收缩为主，压迫充满液体的胎膜，同时也机械刺激子宫颈内口，引起子宫颈口开张。

2. 胎儿排出期

胎膜破裂，腹壁肌肉收缩明显，即通过努责逐一排出胎儿。

3. 胎衣排出期

没有包裹胎儿的胎膜排出。

上述三个阶段组合在一起称为胎儿产出的三个阶段。

一旦胎儿头部进入产道，由于机械地牵拉子宫颈的肌肉，引起母猪垂体后叶分泌催产素的反射性释放。这种催产素的释放与子宫前列腺素共同作用，引起子宫肌肉强有力的阵缩，同时松弛素由母体卵巢及胎盘分泌，具有软化子宫颈口组织及提高子宫肌肉韧性和弹性的作用。另一个特点是分泌大量黏液，润滑产道，有利于胎儿的排出。猪是上皮绒毛膜胎盘，这种胎盘结构决定了胎儿胎盘比较容易从母体子宫内膜上脱离。因此，母猪的难产及胎盘滞留的情况极少，分娩时间也较短。胎盘排出后母猪子宫收缩往往还要持续一段时间，使子宫内容物排出。此时仔猪对母猪乳头的吸吮也会引起垂体后叶催产素的分泌，出现子宫收缩，此时，子宫颈逐渐闭合恢复以避免细菌对子宫的污染。

仔猪排出后，脐带断裂。由于子宫温度与环境温度的变化刺激，从而反射性刺激胎儿的心跳及呼吸作用加强，以适应新的环境。胎儿出生后肌肉与肝糖原贮备仅够仔猪几小时的营养需要，因此，要尽可能快地让仔猪吃上母奶，这不仅是营养的补充，更重要的是母猪初乳中含有大量可供仔猪肠壁吸收的免疫球蛋白，这样仔猪就可以从初乳中获取被动免疫保护的抗体，这对于保证仔猪的健康及成活率极为重要。初乳一般指母体产后24～48小时或者更长些时间所产生的乳汁。仔猪的初生重一般为0.9～1.5kg，平均为1.2kg，但一般窝产仔数多时仔猪个体初生重较小，反之则较大。一般引进品种体型较大，故仔猪初生重相对较大，而我国地方品种母猪体型较小，并往往产仔数较多，故初生重普遍较小。此外，初生重还与遗传及妊娠期营养水平有关。同窝初生的仔猪体重也常有较大的差异，因此，仔猪出生后，对初生重较轻的仔猪必须要给予特殊的照顾，固定产奶较多的乳头，或者寄养给带仔少、且奶水好的母猪。

（三）新生仔猪的损失

仔猪在初生前或出生不久常发生死亡，从而导致窝产活仔数的减少。这种死亡往往造成较大的经济损失，一般要占胎儿总死亡数的15%～20%。这种死亡是不可避免的，但可以通过加强管理来降低这种损失，如妊娠母猪在分娩前几天出现代谢紊乱，可以通过加强营养和锻炼来避免，同时保持产房的温度尽量恒定，干燥、清洁，尽量避免不良应激因素的影响而引起母猪的惊吓。母猪分娩时胎向并不重要，但实际上有7%左右的仔猪在产前还是活的，但产出时死亡，而活着产出的仔猪中有10%出生后48小时死亡。因此，出生时的死亡率是很高的，在断奶前可能还有一定的死亡率，这些死亡的原因有些还不清楚。

五、哺乳

分娩期间释放的催产素还有促进放乳的作用，以使初生仔猪可以获得充分的乳供应。分娩后头24小时期间分娩的乳(初乳)比以后提供的乳含有较高含量的抗体和蛋白质(表2-2)。因此，仔猪在出生后应尽早吃初乳(图2-9)。

表2-2 母猪初乳和常乳的成分

(IgG)(mg/mL)	总干物质(%)	蛋白质(%)	脂肪(%)	乳糖(%)	矿物质(%)	抗体
初乳	30	17.0	7	3	1	61.8
常乳(分娩后2天)	20	6.5	7	5	1	8.2

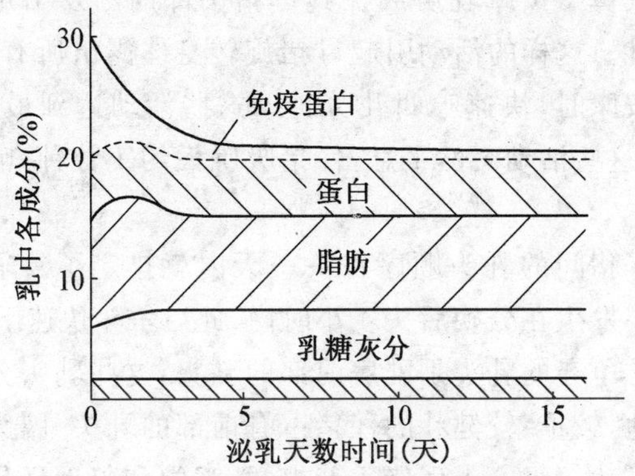

图 2-9　母猪初乳和常乳的组成

(引自刘海良主译《养猪生产》1998)

最初,母猪每天分泌大约 4kg 乳,到哺乳第 4 周,其乳量逐渐增加到 7kg 左右,然后下降(图 2-10)。

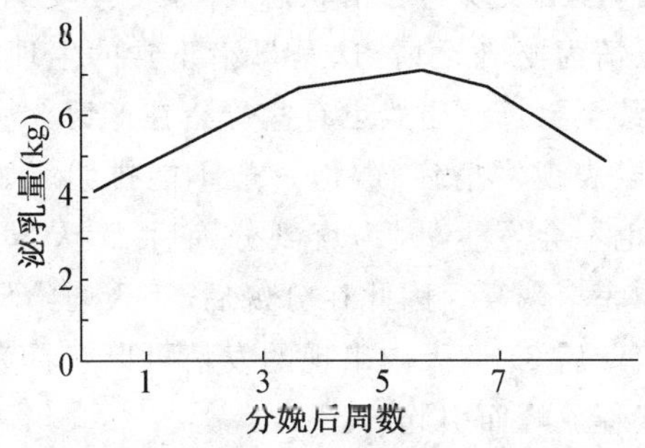

图 2-10　哺乳期间母猪的泌乳量

(引自刘海良主译《养猪生产》1998)

泌乳量随哺乳仔猪数的增加而增加。哺乳频率(放乳次数)在分娩后头 6 小时内是最大的,到哺乳第 3 天时逐渐下降到大约每小时一次的水平。

分娩后头 24 小时期间,母猪通过一系列柔和的叫声将仔猪吸引到乳房处,开始每一次哺乳。可是,到第 3 天结束时,则是仔猪通过用其鼻子按摩乳房或在其母猪头部周围发出声音来促使每一次哺乳。这样的活动引起母猪旋转身体露出所有乳头，当乳房被有力按摩时，快速哼叫几分钟。这些活动达到最高峰，随着放乳开始，这些活动突然平息，仔猪吸吮大约 1 分钟，哺乳过程就结束了。

同窝仔猪间的乳头顺序在头一天内就排定了。争夺乳头最激烈的争斗发生在分娩后头 4 小时内，此后争斗快速下降。

最经常争夺的乳头是乳房前部的乳头，这些乳头分泌较多的乳。一般地，较重、较健壮的仔猪占有前部的乳头，因为它们在争夺中容易成功。每一头仔猪凭着视觉、嗅觉和邻近仔猪的识别显然能够识别自己的乳头，结果形成同窝仔猪的"乳头次序"。

六、断奶和再配

母猪在泌乳期间血浆中促乳素的水平很高，从而抑制了促性腺激素的分泌，母猪表现为乏情状态，卵巢活动受到抑制。因此，我们称这种乏情为泌乳乏情，这是母猪正常的生理反应，一般可持续 4～8 周甚至更长。当然也有些母猪在产后 3～7 天，当有公猪出现时，可以表现发情症状，但一般不能排卵。如果排卵确实发生了，附着也不会发生，因为直到分娩后 21 天，母猪子宫才会从分娩过程中完全恢复。因此在分娩后 21 天内给母猪配种受胎率不高。母猪产后 3～7 天内出现的发情可以解释为是由于分娩时胎盘雌激素释放峰而引起的。

母猪分娩后 1 周还可排出一些子宫内的残留物，但子宫内膜并没有损伤，而正常的柱状上皮细胞的形成大约在第 21 天，子宫完全恢复原状则需 25～28 天，这可能是早配排卵少的原因。实践中，仔猪在 3～6 周龄断奶，断奶后 4～7 天内表现发情。初产母猪通常更晚一些，经常是由于体况较差。哺乳期长度明显影响断奶和再发情之间的间隔，如图 2－11 所示。少于 10 天和多于 35～40 天的哺乳将增加断奶至再发情之间的间隔。当哺乳期为 21～35 天时，这个间隔是最短的。

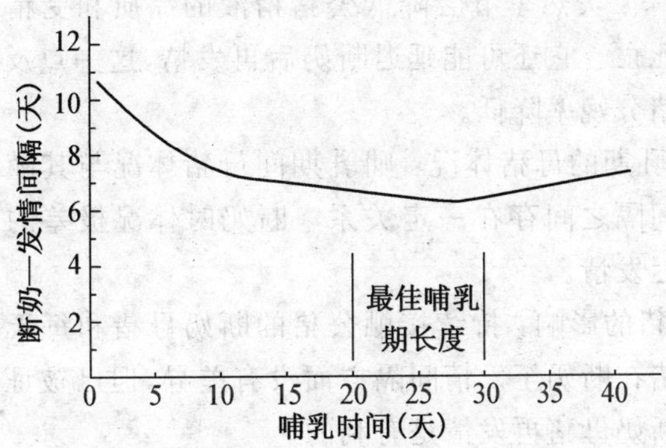

图 2-11 哺乳期长短对断奶—发情间隔的影响

(引自刘海良主译《养猪生产》1998)

哺乳期长短还影响早期胚胎死亡。早期断奶(3～4 周)比晚期断奶(4 周后)少产活仔猪 0.25 头。

影响断奶和再配的因素有以下几个方面:

1. 品种和胎次:一般母猪的品种不同,断奶至再发情之间的间隔也不同;随胎次的增加,断奶至再发情之间的间隔一般逐渐减少;而杂种母猪在所有胎次都具有相对较短的间隔。图 2-12 显示了约克夏、长白以及约克夏×长白杂种母猪的断奶—受胎间隔。

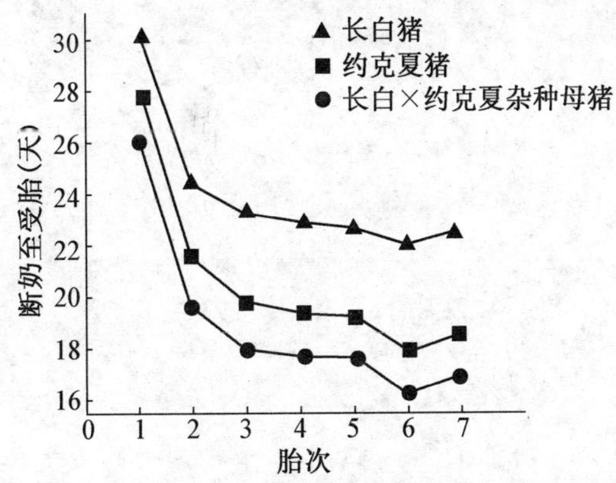

图 2-12 不同品种和胎次断奶至受胎间隔的变异

(引自刘海良主译《养猪生产》1998)

2. 季节：炎热季节会降低公猪精液的品质和受精力并增加早期胚胎死亡。它还可能延迟断奶后再发情，这一点反映在夏季配种的母猪分娩率降低。

3. 哺乳期的母猪体况：哺乳期间母猪体况与其随后断奶至再配种的间隔之间存在一定关系。断奶时体况极差的母猪经常表现出延迟发情。

4. 公猪的影响：持续接触公猪的断奶母猪和每天两次接触公猪的母猪在断奶至发情间隔方面没有差异，但已被证实接触公猪对促进断奶母猪再发情是有利的。

5. 应激：对不同应激因子诸如混群和扰乱对促进母猪发情具有积极的影响。

第三章　饲养管理与繁殖

第一节　后备种猪的饲养管理

种猪包括种公猪和种母猪，饲养种猪的目的是使种猪经常保持提供大量的断奶仔猪，进一步提供较多的商品肉猪，增加经济效益。无论是种猪场还是商品猪场，经济效益的高低首先取决于繁殖成绩的高低。集约化猪场把种猪视为生产和哺育仔猪的机器，通过不断改善饲养管理条件，尽量满足其生理需要，使其最大限度地发挥生产潜力。通过使用优良品种和对种猪的强度利用，以达到降低商品种猪和肉猪的生产成本。

一、后备种猪的选择

种猪的选育工作是很复杂的，猪场要想获得一头理想的优良种猪，就必须经过多次的选择和进行同胞测定才能实现。猪的杂种优势理论告诉我们，杂交一代 F1 母猪具有母本杂种优势，表现在 F1 母猪比纯种母猪的产仔数多，能产更多的奶，体质更强健，因而杂种一代母猪具有把更多的仔猪哺育到断奶的能力。同时，其母本杂种优势还表现在杂种母猪易于饲养、性成熟早、利用期延长等方面。

商品猪场在引进种猪时，一要认真查看供选猪的档案、系谱，二要从外观予以选择，然后把两者有机地结合起来，以确定对供选猪的取舍。否则，一旦把生产性能较差的猪引入猪场，则将造成重大损失。

（一）种猪选择原则

健康；适应性强；遗传性能稳定的瘦肉型猪；生产性能高；繁殖率高；早熟性好。

（二）选择方法

1. 外形选择

品种特征：选留纯种时，应严格注意是否具有该品种特征、毛色、头型、耳型及体型外貌等。

体形结构：种猪的整体结构要匀称，头与颈、颈与前躯、前躯与中躯、中躯与后躯，各部之间要结合自然良好，各部位结构也应良好。四肢健壮有力，尤其是公猪后肢软弱影响配种能力。

外貌性征：外生殖器官是种猪的主要特征。对公猪要求睾丸发育良好，轮廓明显，左右对称，大小一致，不能有单睾、隐睾或腹股沟阴囊疝，包皮不能有明显的积尿；头、颈和前胸是公猪第二性征的表现部位，因此，要求发育到一定阶段的公猪要比母猪粗重，前胸开阔。母猪要求清秀，体格匀称。乳房和乳头排列整齐均匀，有一定间距，没有无效乳头。尤其是要注意外阴的选择，应挑选阴户较大且下垂的个体，阴户发育过小而向上翘的母猪往往是生殖器官发育不良的个体。

2. 生产性能选择

通过测定生长肥育性能、胴体品质、产肉性能和繁殖性能，然后根据所获得的直接或间接成绩加以评定。由于购买的后备母猪，通过后裔测定而获得其生产性能没有时间，通过系谱选择对于国内的种猪公司也很难做到，所以一般的选择方法是通过其本身的测定成绩和同胞半同胞测定成绩来商定一个后备猪的潜能。如果该猪生产性能优良，综合指数高，则选作为后备母猪就有了科学的依据。

（三）选择步骤

1. 看系谱、档案记录

关于种公猪的生产性能，背膘厚度、生长速度和饲料转化率要求具有中等到高遗传力的性状。因此,被选为后备公猪的任何公猪都应当测定,以确定它在这些方面的性能。在引种时应从系谱档案中注意了解下列内容:

(1) 同窝仔猪出生头数在10头或10头以上;

(2) 同窝仔猪断奶头数不少于8头,且生长发育均匀,断奶窝重大;

(3) 4周龄断奶时,其体重不低于7kg;

(4) 达90kg体重所需时间在180天以内;

(5) 20～90kg之间的日增重平均在600g以上;

(6) 20～90kg之间的料肉比为(2.8～3.0):1;

(7) 背膘厚度在2.5cm以下;

(8) 检查精液品质:良好。

2. 看体质外形

根据猪的体质进行选种,实际上就是看猪的长相。在选种猪时,首先应看猪的整体,要求符合品种特征,结构匀称,体质健壮,骨架结实,然后看供选猪的各个部位。

(1) 先看猪的整体:在察看猪的整体时,需将被选猪赶到一个空场地上,引种人员应距猪体一定的距离,然后详细观察猪的整体状况。优良的猪种应该是:额顶清秀,肩部圆拱而轻,肋骨张开良好;下颚光滑整洁;体躯长、骨骼紧凑,腰背平直或略呈弓形,臀部宽长,腿臀肌肉发达,尾根着生高,飞节处附肉良好。四肢正直,骨骼结实,系短而有力,腹线平直;体躯各部位线条清楚,行动灵敏;公猪睾丸发育良好,大小一致,对称;母猪阴户发育良好;乳头无反转,无瞎、凹乳头等,哺乳期消瘦快(泌乳性能高),配种后复膘也快(饲料利用率高)。

(2) 再看关键部位:包括以下几个方面。

头和颈　不同品种的嘴形、颈的粗细有所不同,但总的来说,要求猪的鼻嘴应以稍弯、中等或长直为好,过于短而噘的猪嘴,易造成吃食不便或吃食困难;对于猪的颈,应以细长为好。同时,要求猪的鼻孔要大,头和颈连结自然,嘴头宽广而岔口深。

肩和胸　肩胛宽广连接好，胸部宽而深，发育良好。不能选择肩后下陷、胸部狭窄、肋骨扁平的猪留作种用。

背和腰　要求背腰长而宽，平直或微拱，绝不能有凹背或弓背等。

臀和大腿　臀部和大腿要长、宽，平伸而圆，丰满多肉。

肢和蹄　要求猪的四肢高而端正，粗壮结实有力，蹄部发育良好，坚壮。

乳头和母猪乳房　种公母猪均应有6对以上发育良好、分布均匀的乳头，不能有瞎乳头、内凹乳头、结疤乳头、副乳头。

公猪的生殖器　两个睾丸要发育良好，大小要一致且互相对称，阴茎包皮正常，有单睾、隐睾、疝气和包皮肥大的公猪均不适合做种用。

对于种母猪则要求体型结构紧凑，头清秀，体躯长，后躯发育宽、深，阴门发育良好。选择后备母猪时必须做到以下几点：

(1) 乳房发育：后备母猪最少须有沿着腹底线均匀分布且正常有效的乳头数本地猪8对以上，杂交种7对以上，外来品种6对以上。乳房大小均匀、排列整齐。后备母猪拥有的乳头数可在断奶前检查，但当其达到上市体重时，必须重新检查这些乳头的发育。在上市体重时怀疑有瞎乳头、翻转乳头或其他畸形的应当予以淘汰。后备母猪的无效乳头在产仔后将明显降低哺乳大窝仔猪的能力，从而大大降低断奶仔猪数。因此，乳房发育是种用后备母猪选择的一个主要关注点。

(2) 身体结实度：必须从遗传学和经得起环境应激的能力两方面来评价身体结实度。具有身体畸形的后备母猪可能传递这些畸形给它们的后代。肢蹄结构尤为重要，因为很多后备母猪必须长时间站立在水泥地面上，并且在配种时要支撑公猪的体重。通过淘汰具有劣质肢蹄的猪，就可以提高猪群肢蹄的结实度。

(3) 生产性能：后备母猪应当具有比猪群平均水平更好的胴体品质和生长速度。

对于种公猪的要求首先要符合品种特征，要有雄相，生猛，体躯长，四肢高而粗壮结实，骨架健壮，整体结构紧凑，乳头数在6对以上且分布均匀，臀和大腿要平伸而圆，睾丸发育良好，互相对称，阴茎包皮正常等。关于种公猪身体结实度是非常重要的。由于公猪用于配种，因而需要强壮的、端正的肢蹄。不能自由活动、具有直腿和高弓形背的公猪在圈养中经常不能持久站立。关于种公猪的乳房选择，没有后备母猪重要。但公猪可以遗传给其所生的小母猪。因此，如果要选留其后代小母猪，则公猪应当具有正常的腹底线。

二、后备种猪的引进

（一）引种计划的制订

猪场在引种时目的明确，根据猪场的建筑规模、猪场自身的定位及今后发展方向来制订引种计划。计划包括品种、数量、种猪级别。计划确定后立即考察能够满足自身需要的一些大型的种猪公司。

（二）引种前隔离舍的准备与消毒

准备一个隔离猪舍，以防新引入的种猪和猪舍原有种猪互相感染疾病。准备的隔离猪舍尽量远离有猪的猪舍而且必须经过全面彻底清理、消毒和隔离。

（三）设计一个装猪台

以方便运猪司机和外部运输人员不用入场即可把猪赶入场内，同时也可防止病原的带入。

（四）引种运输过程需注意的问题

由于运输中处理不当造成猪只死亡，到场后得病的现象很多，对于养猪来说损失很大，所以运输在引种进程中应特别注意。

1. 有证据可以充分证明运输车辆和司机都是非常危险的传染源，特别是将猪运往屠宰场的车辆更加危险。所以我们在选择运猪车辆时尽量选择没有拉过商品猪的车，而且车辆在出发前和到达拉猪点时都应充分清理，彻底消毒。有条件的猪场尽量用场内自己的运输车辆。

2. 应根据自己运猪的数量、体重来确定车辆的大小，太大一方面会增加运输费用，另外种猪在车厢内活动面积大，互相之间没有依靠，车辆在启动和刹车时来回晃动造成种猪四肢损伤；太小种猪密度高，会因为拥挤相互践踏，造成压死、窒息死亡的情况；尽量选择带有猪框且有小隔栏的车辆，且猪框的铁管光滑有弹性，每框可装5～6头猪的车辆最好。

3. 后备种猪在购买后的运输过程中应给予适当的照顾，以使其可能受到的应激、损伤和疾病的发生率减少到最低限度。高温应激或疾病能够显著降低受精力或产生持续6～8周的暂时不育。因此，如果是夏季运输，一定要预防高温和雨水。所以车辆在运输前必须准备好防雨帆布，以防猪只由于雨水淋湿而感冒或引发其他疾病。高温是夏季种猪运输中最麻烦的事情，所以运输前应做充分的准备工作。应选择带有敞开式车框的车辆，这样能增大通风面积而降温，另外应选择气温较低的时间装猪，如阴天或刚下完雨后的一两天内。装猪时最好选择晚上6～8点，采用夜间运输。长途运输时，车上最好准备一个水箱来保证猪只的充分饮水，或者准备一些西瓜等水果，每5～6小时喂一次。车辆在运输途中应尽量减少停车，即使停车，时间也不应太长，以防猪只起来活动互相拥挤而造成死亡。如果没有特殊情况则应尽量减少用冷水冲猪来降温。

4. 避免装运刚刚自由采食完的或者在前一两小时内饲喂过的种猪；拉猪时车内准备一些垫料（夏季用沙，冬季用稻草、麦秆或锯末、麸皮等），垫料的作用是防止车厢内太滑，而且起到保护猪只体表作用。如果是冬季运输还可起到保温的作用；在同一辆卡车上载运陌生公猪时，要施行间隔；押运人员途中应注意观察猪群。

三、后备种猪的隔离观察

（一）后备种猪到场后的护理工作

新购入的后备种猪在运抵猪场后常受到疲劳、饥饿、口渴以及温度、日粮和环境变化的应激，为确保猪只健康无病使之尽快适应新的环境，引种单位应想方设法减少这些应激，尽快帮助猪只恢复到调运前的状态。

1. 平缓、温和地迎接猪的到来。猪到来后的几天内环境温度保持在21～24℃之间。

2. 为每头母猪提供至少1m^2 的地面，并按体重分栏，每栏最多不超过10头，对公猪则应单栏饲养，这将减少应激反应，并容易进行观察。

3. 在猪到来之前，清扫和消毒猪栏。当猪从运输过程的应激到新的环境，脏的猪栏将导致严重问题，故应尽可能地使猪保持干净。

4. 将饲料和水放置在猪容易得到的地方。

5. 猪到达前可能几小时甚至几十小时没有进食，因此在猪到达后的几天内要限制饲喂量，以免食量过多诱发胃肠疾病；建议最好在种猪运到后头7天在饲料中添加广谱抗菌素。

6. 如果应激猪拒绝采食而又喜欢饮水，可用淡盐水给猪饮用，以尽快解除疲劳。要尽可能让猪早日进食，以便能够表现出好的生长潜力。如有条件，可给新购种猪专门配制日粮，于进场后一周内饲喂，该日粮应该比通常的日粮蛋白含量低、纤维含量高，日粮中有较高的纤维可降低死亡率而不影响生长，要求添加的维生素和矿物质含量必须是正常的两倍，以补偿因采食饲料量降低而引起的不足。

(二) 种猪到猪场后需注意的问题

1. 猪只到场后切记不要立即饲喂大量的饲料，否则会引起便秘或其他胃肠道疾病的发生。应该保证其充足的饮水，水中可加入口服补液盐或0.05%～0.1%高锰酸钾溶液，可调节胃肠道功能，防止疾病的发生。到场后一天至一天半给猪只少量饲料，以后逐渐增加，3～5天后达到正常喂量。

2. 为了减少由于应激而引发的疾病，猪只到场后的2周内，把后备种猪置于隔离区，即同猪场原有的猪群完全隔离。后备种猪需要时间安静下来和适应新的环境。在这2周内，有必要在饲料中添加广谱抗生素(如：利高霉素、强效缓释阿莫西林、氟苯尼考固体分散体等)以减少疾病的威胁，在饲料中添加电解多维以减少应激。

3. 猪只到场后第3至4周,使后备种猪接触一定数量的本场老母猪(感染过疾病的)和断奶仔猪的粪便,使后备种猪将建立对本猪场特定微生物群的免疫功能。这2周不要在饲料中添加抗生素,但可以加一些提高猪抵抗力的药物,如芪肽、人参茎叶皂苷、大方维宝、电解多维等。在此阶段也可以进行驱虫。驱虫药可选用伊维菌素和阿维菌素。

4. 后备母猪到场后在隔离舍饲养一个月,观察无病后,把小母猪置于“调情猪舍”中,即与种公猪和断奶后母猪相同的猪舍。期间要根据本场内的疫苗接种情况、当地疫病流行情况和抽血检疫情况给引入的种猪科学地进行预防接种。

(三)种猪的隔离

疾病常由未表现临床症状的隐性感染猪带进猪场,严格的隔离、检疫和生物安全措施将减少疾病带进猪场的危险。因此,每个猪场都应有隔离和检疫的设施,要求检疫猪舍与生产区间隔至少100米,在所引种猪入种猪群前至少隔离观察30天,最好60天。如果怀疑有繁殖与呼吸综合征,隔离时间还需延长。

在进入猪场前,对引进猪应进行疾病检测。检测项目根据种猪来源确定,最少应该检测萎缩性鼻炎、钩端螺旋体病、伪狂犬病和猪繁殖与呼吸综合征。如果种猪来自有猪瘟和猪流行性腹泻发生的地区,这些病也应该检测。根据生物安全措施的严格程序,某些猪场可能还需检测流感、支原体和胸膜肺炎放线杆菌。

饲养员确保在各自的隔离区内,使用各自的鞋、衣物和工具(最好各自保管)。

四、后备母猪的饲养管理

许多猪场每年要更换20%～30%的经产母猪。后备母猪的选留和管理是一项重要工作,目标是使猪群的繁殖性能达到最高。许多猪场由于初产母猪的饲养管理及其配种适龄方面掌握不当,导致初产母猪的生产力不及经产母猪,初产母猪断奶后发情延迟或不发情等等问题。那么,猪场后备母猪从种猪场引进后,如何加强饲养管理才能提高其生产性能呢?

(一)后备母猪的饲养

后备母猪不应生长过快,而应让其在一段时间内均衡发育,以期获得最长利用年限和最佳繁殖力。配种时,青年母猪表现体况良好,不仅体重而且背膘厚度都要求能在以后的生产中取得良好的生产效果。

交配时体重较重的母猪可取得较好的生产性能(窝产仔数高,产第一胎后淘汰率低,利用年限长)。研究表明,背膘薄体重轻的青年母猪在前5个生产周期比达最低要求的青年母猪产仔数少(表3-1)。绝大多数青年母猪在120~130kg时都可以安全配种生产,即使是早期选育时最瘦的青年母猪,保证供给充足的饲料,其背膘厚只有16~18mm时,也能安全配种生产。在妊娠期这些青年母猪将增加2~4mm的脂肪,增加25~30kg的体重,在145~150kg、背膘厚达20mm时产仔。若哺乳期间管理得当的话,断奶时可顺利发情。从表3-1也可以看出,后备母猪过肥也会影响产仔数。另外,一直到发育末期都采食太多会导致身体太肥和因腿病而淘汰率增高。在配种前约2周进行3~3.5kg料(根据体况而定)的催情补饲可刺激排卵。这意味着每天要额外补充0.5~1kg的料。配种后,采食量应立即减少以降低胚胎死亡率。

表3-1 初次配种时体重和背膘厚度对母猪前5个生产周期的影响

体重(kg)	背膘厚度(mm)	出生的仔猪数(只)
117	14.6	51.2
126	15.8	57.3
136	17.7	56.9
146	21.7	59.8
157	22.2	51.7
166	25.3	51.7

母猪体况差可导致以下后果：第一次发情周期延迟；返情率高；寒冷天气流产机会增加；利用年限变短；窝产仔数减少；泌乳准备的贮存降低。

瘦的青年母猪自由采食对淘汰率和胚胎成活率都没有负面影响，在母猪采食量非常高必须限饲的情况下，第一次配种前进行 10 天的催情补饲可避免限饲对排卵的负面影响。

生殖器官的发育发生于 4 月龄前，随后一直到第一次发情有一段时间的停滞期，因此，青年母猪在 4 月龄前应饲养充足。在发育的第一阶段限饲会延迟首次发情。一般长大或大长母猪体重在 60kg 左右开始就应按照后备母猪的饲养管理进行。饲喂方法要求限喂，以免过肥。日喂量应占其体重的 2.5%～3%，严寒的冬季应据其膘情适当增加饲喂量。适宜的饲喂量既可保证良好的生长发育，又可控制体重的高速增长，保证各器官系统的充分发育。

骨的矿物质化对母猪延长利用年限和提高产乳量是必不可少的，所以，对青年母猪供给充足的磷和相应数量的钙是很重要的。Dewilde 等(1996)证实发育期饲粮缺乏磷(总磷 0.35%)，母猪产 4～5 胎后，骨内的磷和钙水平很低。

因为我们不想迫使发育青年母猪每天增重很高，所以必需氨基酸的水平可适当降低。

后备母猪从 90kg 开始使用含粗蛋白 16%、赖氨酸 0.7%、钙 0.95%、磷 0.8%的育成母猪生长期日粮，自由采食直到配种时为止。因为在配种之前增加这些母猪的饲喂量不仅增加排卵数，而且也能使之达到自由采食育成母猪的水平，保证育成母猪在配种时有一个良好的体况。若育成母猪在第一次配种之前采用限制饲养，会减少日粮中钙磷的投入，对骨骼强度最大限度的生长需求只能达到一个较低水平，相伴随着会导致蹄病和腿病发生；同时限制饲料摄入将导致减少背膘，从而可引起繁殖上的问题。研究表明，如果背中部脂肪厚度少于 7mm 时，就会发生繁殖方面的问题。因为此时育成母猪正处于生长阶段，因营养不良而在妊娠泌乳期内难以负重，负重过大直接导致断奶后不发情。从 90kg 开始到配种,通过不限量饲养的方式,在青年母猪第一次配种之前,允许其积累脂肪储备,这样可以延长母猪使用的寿命。

(二)后备母猪的管理

对从外地引入的后备母猪应清洗猪体,全身消毒,集中隔离,并观察 30～60 天左右,确无病情时,方可转入本场母猪群中,以防将疫病带入。如果后备母猪经过长途运输抵场,至少应经过 8～12小时的休息才可适量饲喂,以适应环境,充分排泄自身原有的消化道内容物。

1. 分群管理:为使后备母猪生长发育均匀整齐,可按体重大小分成小群饲养,每栏可养 4～6 头,饲养密度适当(漏缝地板猪栏,每猪占 1.12m^2;实体猪栏,每猪占 1.40m^2)。饲养密度过高影响生长发育,出现咬尾咬耳等恶癖。小群饲养有两种饲喂方式,其一是小群合槽饲喂(可自由采食,也可限量饲喂),这种方法的优点是猪争抢吃食快,缺点是强弱吃食不均匀,容易出现弱猪;其二是单槽饲喂小群运动,优点是吃食均匀,生长发育整齐,但栏杆食槽设备投资较大。

2. 运动:为了促进后备母猪筋骨发达,体质健康,猪体发育匀称均衡,特别是四肢灵活坚实,就要有适度的运动,最好使用带运动场的半开放式猪舍,以使猪只能呼吸新鲜空气和接受日光浴,对促进生长发育和提高抗病力有良好的作用。

3. 调教:后备母猪从小要加强调教管理。首先要建立人与猪的和睦关系,从幼猪阶段开始,利用称重、喂食之便进行口令和触摸等亲和训练,严禁恶声恶气地打骂它们,这样猪愿意接近人,便于将来配种、接产、哺乳等繁殖时的操作管理。怕人的母猪常出现流产和难产现象。其次是要训练良好的生活规律。第三是对耳根、腹侧和乳房等敏感部位触摸训练,这样便于以后的管理、疫苗注射,还可以促进乳房的发育。

(三)初配月龄和体重

后备母猪达到性成熟时虽然具有繁殖能力,但身体各组织器官包括生殖器官在内，还处在进一步的生长发育中，各种功能还需要进一步完善。如果过早配种利用，不仅影响第一胎的繁殖成绩，还将影响身体的生长发育，常会降低成年体重和终身的繁殖力。

表 3－2　母猪生殖器官的发育

器官	第一次发情时	使用开始时	经产母猪
卵巢重(g)	3.8	5.0	9.5
输卵管长(cm)	23	25	30
子宫重(g)	150	240	450
阴道重(g)	35	45	65

从表 3－2 可以看出，青年母猪达到性成熟时，其生殖器官仍在生长发育时期，卵巢和子宫的重量仅有经产母猪的 1/3 左右。由于卵巢小没有发育完善，排卵数少，子宫小必然限制胚胎的着床和胎儿的生长发育，所以，过早配种会出现产仔头数少，初生体重小。另外，刚达到性成熟的青年母猪，乳腺发育不完善，泌乳量少，造成仔猪成活率低，断奶体重小等缺陷，进而可能影响成年母猪的繁殖力。

后备母猪配种过晚也不好。配种过晚会加大后备母猪的培育费用，造成经济损失。后备母猪如不适时繁殖利用，体内会沉积大量脂肪，身躯肥胖，体内及生殖器官周围蓄积脂肪过多，造成内分泌失调等一系列繁殖障碍，最终导致不育。因此，后备母猪的初配年龄为 7～8 月龄，体重在 120～130kg 为宜。对优良品种而言，初产母猪初情期平均为 7 月龄(区间为 5～9 月龄)。为尽快使之投入使用，常使用诱导发情可将其初情期降到 6 月龄(区间为 5～7 月龄)，即通过对 70kg 以上的青年母猪进行诱导使之在尽可能早的情况下发情。为此，应采取以下措施：

1. 将育成母猪运输或转移到一个新的猪栏或猪舍；断水断料 24 小时，并不断用成年公猪轮番试情。

2. 在陌生环境中与陌生的育成母猪混在一起。

3. 将青年母猪放入成年公猪栏中，令其接触一头成年公猪。

4. 允许每头育成母猪有 0.75m^2 的空间以及每栏不超过 8～10 头育成母猪。

将育成母猪运输或转移至新猪栏并与来自其他猪栏或猪舍的育成母猪重新分组的应激将引起很多育成母猪发情。

试验表明，后备母猪达 70kg 以上，每天一次与一头或几头公猪接触，可促进后备母猪提前达到初情期(图 3－1)。试验中，在接触公猪组中，在混群接触公猪的 10 天内，12 头育成母猪中有 11 头表现发情(显出第一次发情周期开始的表现)。而不接触公猪的组，到 220 日龄时，12 头后备母猪中只有 7 头表现发情。

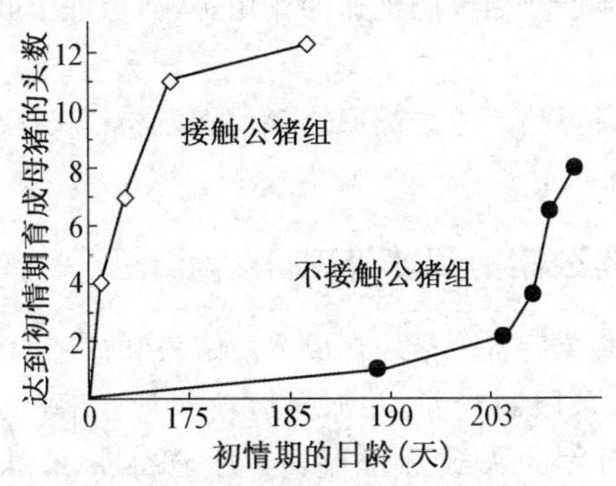

图 3－1　接触公猪对初情期年龄的影响

(引自：Brooks and Cole，1970)

直接接触公猪最大限度地刺激育成母猪是必需的。让成年公猪进入育成母猪栏中每天直接接触半小时到一小时直到观察到有反应为止。为了防止育成母猪被配种，监督是需要的。应当记录发情日期，育成母猪可以在第二或第三情期进行配种。试验证明，第一次发情排卵比以后发情排卵少得多。直接使用公猪暴露法去刺激育成母猪成熟或使用试情公猪去刺激育成母猪成熟，是最有效的方法。

应注意杂种育成母猪在 70kg 以前和纯种育成母猪在 77kg 之前不应当接触公猪。如果接触太早，育成母猪可能变得“习惯”

(习惯于公猪,因此不能刺激发情)。如果在与一头公猪接触的10天内,育成母猪仍不显示发情,则宜更换另一头公猪,最好是成年公猪。接触具有强烈气味的成年公猪对诱导育成母猪发情更有效。当育成母猪达到第二或第三个发情周期时,可用一头较年轻的公猪来配种。

通过上述措施,加强对后备母猪的管理,对提高生产性能会产生以下效果:

1. 母猪体重达到120kg左右时,就能发情和配种。

2. 第二胎后母猪的成熟体重,能控制在160～190kg之间,可节约因个体过大维持饲料过高的费用。

3. 能起到断奶后复膘迅速的作用,从而保证了断奶后的及时发情。

4. 使后备母猪有一个健康、强壮的躯体,为以后提高生产打下坚实的基础。

五、后备公猪的饲养管理

1. 为了避免后备公猪培育成体质疏松和过肥的体况,必须在其生长后期采取限制饲养,并加强运动和日光浴,以免过多体脂沉积。限制饲养的大致标准是:4月龄每头2.2kg/d;5月龄2.4kg/d;6月龄2.5kg/d;7月龄2.7kg/d左右。饲喂时应据其膘情予以酌情增减。

2. 公猪一般在4月龄开始有性行为,5月龄后有精子产生,因此,公母猪应在5月龄后分开饲养,以防偷配。此外,种公猪的群饲,到5月龄时即频频爬跨,由于其正处在生长发育阶段,致使被爬跨猪的腰、肢易受损;爬跨的小公猪阴茎也易受损伤,从而丧失以后的配种能力,故在5月龄后,后备公猪应单饲。

3. 后备公猪早期的配种经验对其将来的性行为和配种性能有着决定性的作用,因此应注意加强对后备公猪的配种调教。后备公猪一般在6月龄进入种群,此时虽然已经性成熟,但精子产量较低,在头几次配种中需要特别细心照料管理。如果采用在配种栏自然交配的形式，宜使后备公猪在回避母猪的条件下事先单身熟悉配种栏多次。在自然交配时需有配种员看护以确认公猪阴茎插入母猪阴道而不是直肠。选择什么样的母猪与初次配种的公猪交配非常重要，最好选用体格较小、产过多胎、站立稳定（呆立反射好）、无攻击性的母猪。

4. 配种调教要在早、晚空腹时进行，每次调教时间限 15～20 分钟。在调教过程中，要耐心细致训练，不可用粗暴的态度对待后备公猪，调教尽可能在固定地点进行，为防止交配进行时滑倒损伤肢蹄，地面应保持平坦、不光滑。通过调教，后备公猪能自行爬跨母猪并能进行交配，即可开始使用。

5. 7 月龄完成交配调教的公猪，到 8 月龄体重达 120kg 以上时，可正式开始配种，其间隔一般以每周使用 2 次左右为限。

第二节　种公猪的饲养管理与利用

常言说，“母猪好，好一窝；公猪好，好一坡”。就是说明种公猪在猪场生产中所起的重要作用。成年种公猪担负全场配种的主要任务，种公猪的好坏，直接影响着猪群的繁殖力和其后代的内在质量。因此，加强对种公猪的饲养管理和在生产中予以合理的利用，提高其种用价值，是猪场提高经济效益的重要保证。

在一些集约化猪场，加强对种公猪的管理并未得到应有的重视。由于饲养员的技术水平较差，再加上其责任心不强，故把公猪养得不是过肥就是过瘦，大大降低了生产性能，给猪场生产带来了重大的经济损失。综合起来看，造成种公猪利用率下降、淘汰率增高的原因主要有以下几点：

1. 饲养管理不当，公猪过肥或过瘦，使之性欲不强或减退，精液品质下降，故其配种、受胎和产仔率都不高。

2. 盲目选种，甚至自己留种公猪，无法保证公猪质量。

3. 在为种公猪制定饲料配方时，各种营养配比不当，特别是钙、磷失衡,致使其肢蹄发病率较高,造成了公猪过早的淘汰。

4. 种公猪使用不当。对性欲强和繁殖力高的公猪,饲养员偏爱使用,由于配种使用过度,不但导致其配种率降低,而且也缩短了使用年限。

5. 整个猪场公猪年龄结构不合理,后备猪和老龄猪过多,使中年公猪利用次数较多。就整个公猪群而言,也是降低公猪利用率的主要原因。

在集约化常年产仔的猪场,一头好的种公猪,一般可使用2~3年。为保证猪场配种工作的顺利进行,就必须加强对种公猪的饲养管理并在生产中予以合理使用,从而达到提高配种质量,为猪场带来更多效益之目的。那么如何加强对公猪的生产管理,提高种用价值呢?

一、种公猪的饲养

1. 满足种公猪的营养需要:种公猪的营养水平,是影响精液质量的重要因素之一。在公猪的各种营养中,首先是蛋白质,其次是磷、钙和维生素,因此,在为公猪制定饲料配方时,要求每千克日粮中消化能不低于12540kJ,同时必须满足其对蛋白质的需要量。要求在配种期,其日粮蛋白质水平不能低于14%,赖氨酸不能低于0.5%,钙不能低于0.95%,磷不能低于0.8%,否则会使精液品质下降和肢蹄发病率提高。

实行季节性产仔的猪场,种公猪的饲养管理分为配种期和非配种期。配种期饲料的营养水平和饲料喂量均高于非配种期。在配种季节前一个月至配种结束,在原日粮的基础上,加喂鱼粉、鸡蛋、多种维生素和青绿饲料,使种公猪在配种期内保持旺盛的性欲和良好的精液品质。在常年均衡产仔的猪场,种公猪常年配种使用,按配种期的营养水平和饲料量饲养。

2. 合理饲喂种公猪:在满足种公猪营养需要的前提下,要对其采取限制饲喂,定时定量,每顿不能吃得过饱,要求日粮容积不能太大,否则易上膘造成腹围增大,同时还易养成挑食的习惯,造成饲料浪费;更重要的是会引起体质虚弱,可能产生肢蹄病,使之生殖机能衰退,严重时会完全丧失生殖能力。若喂量过少,特别是冬季气温低,公猪采食的营养大部分转化成热能用于自身御寒,从而造成精液品质下降。一般成年公猪在非配种季节每头每日饲喂量为2.5~3kg,分两次喂完,全天24小时供新鲜饮水。严寒的冬天,要适当增加饲喂量,同时饲喂时要根据个体的膘情予以增减。坚决反对用自由采食的方法来饲喂种公猪。种公猪种用体况见图3-2。

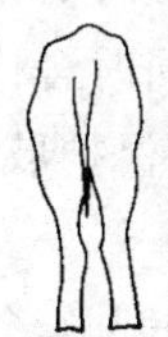

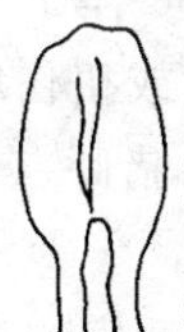

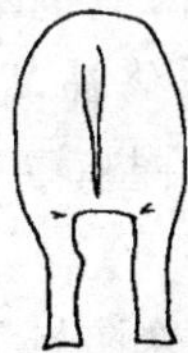

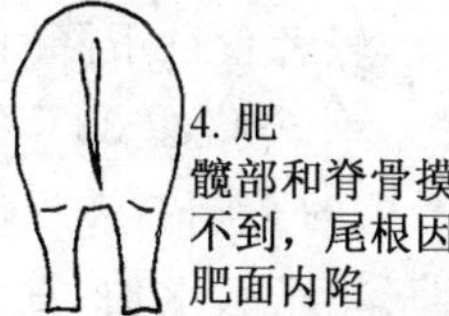

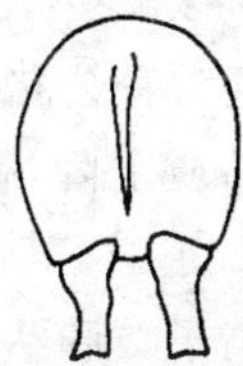

图3-2　种公猪种用体况示意图

(引自代广军《集约化养猪实用新技术》2000)

二、种公猪的管理

种公猪应生活在清洁、干燥、空气新鲜的环境条件中。另外,还要做好以下工作。

1. 建立良好的生活制度:饲喂、采精或配种、运动、刷拭等各项作业都应在大体固定的时间内进行,利用条件反射养成规律性的生活制度,便于管理操作。

2. 加强运动,增加公猪体质:加强运动是加强机体新陈代谢、锻炼神经和肌肉及肢蹄的重要措施。合理的运动可促进食欲,帮助消化,增强体质,防止过肥,提高其繁殖机能。一般每天上下午各运动一次，每次约 30～40 分钟。夏季应在早晚进行；冬季应在中午运动。如遇酷热或严寒、刮风下雨等恶劣天气时，应停止运动。对场地较少的集约化猪场，可建一个环形的、使猪只不能掉头的走道，使后面的公猪驱动前面的公猪向前跑步，从而达到运动之目的。

3. 注意保护公猪肢蹄：肢蹄不正常会影响公猪的活动和配种，对公猪来说是致命伤，故日常应特别注意对肢蹄的保护，对不良的蹄形进行修蹄。除了加强运动外，一定要注意公猪舍地面保持平坦、不光滑，但也不能过于粗糙。舍内地面若受损，高低不平，要及时予以修补，以免公猪滑倒或扭伤肢、蹄、肘。同时舍内地面上要放少许垫草或锯末，以便公猪卧在水泥地面时，保护肢、蹄、关节。

4. 做好防寒防暑工作：种公猪适宜的温度为 18～20℃。冬季猪舍要防寒保暖，以减少饲料的消耗和疾病的发生。夏季高温时要防暑降温，高温对种公猪的影响尤为严重，轻者食欲下降、性欲降低，重者精液品质下降，甚至会中暑死亡。种公猪在 33℃的高温条件下处理 72 小时，其精液品质受到严重的影响。表现出精子活力下降、总精子数和活精子数减少、畸形精子数增加，直到 58 天后精液品质才恢复正常。防暑降温的措施很多，有通风、洒水、洗澡、遮阳等方法，各地可因地制宜进行操作。这在之后的章节中还会详细说明。

5. 成年公猪宜单栏饲养，以防相互打斗致伤。公猪舍可以建成带个体栏的宽敞猪舍或便于自由运动的圈舍。每头公猪需要的猪舍面积为 4.5m^2(全漏缝板地面或部分漏缝板地面)或 6.5m^2(无漏缝板地面)。公猪舍、配种圈、母猪舍之间相对位置的设计很重要。良好的设计有利于公猪和母猪的接触和出入配种圈。此外，地板的设计一定要防滑，以免种猪受伤。公猪圈栏需 1.2m 高，以免跳圈等意外事故发生。每头公猪要有 50～70cm 的饲槽。饮水需要量每天为 10～20L，取决于公猪大小和天气。

6. 切除犬齿：公猪的犬齿生长很快，因尖端锐利，极易伤害人员和母猪，因此要定期剪除公猪的犬齿。

7. 刷拭猪体：每天定时用刷子刷拭猪体，热天结合淋浴冲洗，可保持皮肤清洁卫生，促进血液循环，少患皮肤病和外寄生虫病。这也是饲养员调教公猪的机会，使种公猪温驯听从管教，便于采精和辅助配种。

8. 防止公猪咬架：公猪好斗，如偶尔相遇就会咬架。公猪咬架时应迅速放出发情母猪将公猪引走，或者用木板将公猪隔离开，也可用水猛冲公猪眼部将其撵走。最主要应预防咬架，如不能及时平息，会造成严重的伤亡事故。

9. 定期检查精液品质：实行人工授精的公猪，每次采精都要检查精液品质。如果采用本交，每月也要检查 1～2 次，特别是后备公猪开始使用前和由非配种期转入配种期之前，都要检查精液 2～3 次。劣质精液的公猪不能配种。

10. 卫生防疫：定期预防注射，避免与有病的母猪直接配种。

三、公猪的合理利用

影响公猪繁殖力的重要因素之一是公猪的配种(或人工采精)频率。配种频率过高或过低都会降低公猪的繁殖力。配种过频会导致公猪精子减少和性欲减退。在生产中最好有一批超编的种公猪，以用来策应母猪扩群的需要，也可以填补原来的公猪因伤病退出种群后留下的空缺。

(一) 初配年龄的掌握

前已述。

(二) 配种时间的选择

在气温高的夏季，配种应在早、晚凉爽时进行，寒冷季节宜在气温较高时进行。

(三) 配种频率

1 岁以上的成年公猪建议配种频率为每周 3～5 次，12 月龄以下的公猪相应为 1～2 次。但配种时应注意：

1. 确定公猪的适配能力。必须有足够的公猪确保母猪的配种，当同时离开分娩舍的一群母猪配种时，要准备足够数量的公猪，因为这些母猪都倾向于在断奶后 7～10 天发情，有可能所有母猪都会在同一天发情。确定猪群需要的公猪数量，要根据每周需要的配种次数而不是每头公猪的平均母猪数来考虑。一般是要有与每周断奶母猪数同样多的公猪。

2. 不要将一头未配过的育成公猪与一群刚断奶并开始发情的成年母猪混在一起，这头公猪很可能被伤害以至于逐渐失去配种兴趣。

3. 喂饱后不能立即配种。

4. 配种后不能立即赶公猪下水洗澡或卧在潮湿的地方。

5. 对性欲特别强的公猪，要防止自淫现象。

（四）要注意提高全场公猪群的利用效率

1. 种公猪最佳利用年限为 2～3 年，此后随年龄的增加其精液品质显著下降，故生产中就要对老公猪予以及时更新和淘汰，以保证公猪群的最大生产能力。

2. 在实际生产中，由于存在着种公猪与配种母猪间的体形差异，故在配种时，必须采用人工授精或选择带有坡度的地势以及利用配种架等办法辅助交配，以提高不同体型公猪的利用率。

3. 在生产中不能因为某一头或几头公猪的生产性能好，就让饲养员过度使用，这样不但缩短了其使用年限，使母猪产仔数少，同时也降低了其他公猪的利用率。

（五）合理确定公母猪比例和种公猪的年龄结构

确定公母猪的合理比例，可防止公猪过多或过少，从而保证配种的正常进行。对于使用本交的集约化猪场，生产种猪群中公母比例应以 1∶(15～20)为宜。

在确定公母猪比例的同时，还要注意调整公猪的年龄结构，避免老年和年少公猪过多而增加中年公猪的负担，从而缩短了使用年限。

第三节　妊娠母猪饲养管理

母猪配上种以后，卵子受精是妊娠的开始，分娩是妊娠的结束。我们对其加强饲养管理的主要任务是：保证胎儿在母体内的正常发育，防止死胎流产；保持母猪有中上等体况，使每头妊娠母猪都能生产大量健壮、生活力强、初生重大的仔猪，为日后育肥速度的加快打下良好的基础。配种后母猪饲养的目标是：限制胚胎死亡率，保证胚胎正确附植，矫正母猪的体况和生长，使仔猪初生重和成活率达最优，增强泌乳的能力，预防乳腺炎—子宫炎—无乳综合征(MMA)的发生。

一、妊娠过程及影响因素

虽然从受精到生长发育是一个连续的过程，但妊娠可划分为三个阶段：附植前、胚期和胎期。

(一) 妊娠过程

1. 附植前

妊娠开始的头 2 周内，受精的卵从输卵管移到每个子宫角，在那里它们自由运动直到 12 天。从第 12 天到第 18 天，受精卵自动分开，定植于各自在子宫中的最后位置上(附植)。在大多数情况下，如果这个时间少于 4 个受精卵存活，则黄体将退化，母猪将再发情。只产一头仔猪的情况有可能是其他胚胎在关键时间(12～18 天)还是存活的，但以后死亡了。猪胚胎损失相当高，损失的大部分发生于附植前这一阶段。如果整窝猪在大约 18 天后死亡，则母猪生殖系统对这种损失似乎没有意识到，并好像继续在妊娠似的。这类母猪再发情会延迟几个星期。

这些高损失的原因不清楚。子宫容量在妊娠早期不是一个显著因素，可是妊娠晚期子宫拥挤对胚胎存活可能是一个因素。胚胎的死亡情况如表 3-3 所示。

表 3-3　生殖各个阶段典型的胚胎死亡情况

生殖阶段	数　目	生殖阶段	数　目
排出的卵子	17.0	妊娠 75d 的胚胎	10.4
受精的卵子	16.2	妊娠 100d 的胚胎	9.8
妊娠 25d 的胚胎	12.3	分娩的活仔猪	9.4
妊娠 50d 的胚胎	11.2	每窝断奶的猪	8.0

2. 胚期

这个时期持续到妊娠的第 3、第 4 和第 5 周，其特点是器官和身体各部分初步形成。在这个时期，外胎膜（胎衣）形成，并用来保护和滋养胚胎。膜与子宫壁紧密相连，但并非物理附着。养分和氧气通过膜运送到胚胎，废物也通过膜排出。

大多数主要的先天性畸形，如裂腭和锁肛，是在这个时期由于发育受阻碍而形成的。

3. 胎期

胎期从第 36 天开始，这时每一个胎儿的性别变得可以识别，构架的骨骼开始形成，一直继续到大约 114 天出生。大约 60 天时，胎儿形成自己的免疫能力以抵抗轻度感染。与死胚不同，死亡的胎儿很少被重新吸收。相反，它们发生木乃伊化，当出生时，它们具有黑色或黑褐色皮肤以及凹陷的眼睛。表 3-4 列出猪胎儿在妊娠各阶段的发育情况。

在受精和妊娠期间，一些遗传和环境因素影响繁殖性能。

表 3-4　各个阶段猪胎儿的长度和体重

妊娠后天数	长度(cm)	体重(g)	妊娠后天数	长度(cm)	体重(g)
30	2.5	1.5	93	22.9	616.9
51	9.8	49.8	114	29.4	1040.9
72	16.3	220.5			

（二）影响妊娠的因素

1. 温度和湿度

在炎热夏季配种的母猪，其受胎率和产仔数有所下降，公猪对夏季受胎率和产仔数的下降负有部分责任。经受高温（大约35℃）时期的公猪在大约2～6周后产生劣质的精液，因而降低受精力，经常发生产仔数少和受胎率低。直到55～60天后，精子质量才恢复到正常。如果提供遮阳和喷水来辅助降温，则公猪受精力可维持在能接受的水平。只有在通风良好以及相对湿度低于70%的情况下，喷水才有效。母猪在发情前或发情期间不会受到热应激的不利影响，可是附着阶段（配种后12～18天）的高温会显著减少活胚数。即在妊娠后的前三周，即使短期内温度超过32℃，也会直接导致死胚数增加。因此，较多母猪由于胚胎损失而可能重新发情。如果分娩时存在极高的温度，则产死猪的数目会增加。

寒冷的温度对受胎率或胚胎存活没有不利影响，但若不增加采食量，则胎儿初生重量降低。除非阴囊受冻伤，寒冷温度也不妨碍精子产生和精液质量。

2. 圈舍

妊娠期间圈舍类型不影响分娩率、产活仔数或产死仔数。但在一些情况下，当母猪被成群圈养时，由于混群和争斗引起的应激可能增加胚胎的死亡。

3. 胎儿发育与母体营养的关系

胎儿发育与母体既相互联系，又相互影响。如在胎儿生长发育的迅速时期，若供给母猪的营养不足，就会消耗母体本身的营养物质，使母体消瘦和影响健康，或者引起流产。相反，如果母体过肥，由于在母体内，特别是在子宫周围沉积脂肪过多，使妊娠前期胎儿着床困难，可引起妊娠早期更多的胚胎死亡，造成不孕；或导致子宫内血液循环障碍，从而阻碍了胎儿的生长发育，致使胎儿死亡或产出的弱仔较多。

有试验表明，在妊娠期的最后一周，每天将母猪的采食量增加 1～1.5kg，将使仔猪初生重有 50～100g 的增加。资料表明，在妊娠期最后的 5～6 天，如果每天饲喂少于 3kg 的饲料，则从妊娠后 108 天到分娩，母猪将减少背膘 1.5～2.0mm，可导致母猪哺乳期失重过多，使断奶后发情延迟。

4. 采食量

在妊娠期间母猪高水平的采食量几乎不能增加产仔数或仔猪初生重。但高采食量可使母猪变肥，引起妊娠早期更多的胚胎死亡。在妊娠末期增加采食量能够增加仔猪初生重。研究表明，妊娠的最后一周内额外的采食量将阻止母猪体况下降和减少脂肪贮存，从而免除哺乳期间采食量的不良趋势。

5. 妊娠后期（受胎后 50～110 日龄）出现返情的原因及避免的措施：

（1）由于病毒性疾病引起返情。如乙型脑炎、细小病毒、伪狂犬病等病毒性疾病可引起母猪流产，因此，应注意预防接种。万一发生流产时，不宜在流产发情后立即配种，而应等到下一发情周期再配种。另外，母猪流产时虽然娩出分娩物（未成形的胎儿及胎衣等），但流产后不出现发情的话，那么在子宫内肯定遗有残物，这时应给母猪注射催产素或前列腺素等，使其排出子宫内的残留物。

（2）由于母猪自身的原因引起的返情。大约有 2% 的母猪没有特殊的原因而发生流产，这一般称为习惯性流产。初产母猪除外，经产母猪若发生则应淘汰处理。

（3）由于管理问题引起的返情。打架、发生高热等疾病，由于体温急剧上升容易引起流产；另外，由于饲料供给不足，母猪太瘦也容易流产。因此妊娠后期母猪应单饲，给水给料充足，注意饲养管理。

母猪如果配种后出现返情，那么下一次在发情交配时应更换公猪，并且为了防止交配后发生流产，可给母猪注射黄体激素。

为了使胚胎死亡率降至最低限度，最好还是谨慎管理，避免妊娠后一个月以内的母猪受到应激，如运输、换圈、混群、高水平饲养等。对膘情差的母猪进行补饲复膘的措施可以安排在配种前或妊娠一个月以后进行。

二、妊娠母猪的饲养管理

母猪妊娠后新陈代谢机能旺盛，对饲料的利用率提高，蛋白质的合成增强。妊娠母猪饲养成功的关键是在妊娠期要给予一个精确的配合日粮，以保证胎儿良好的生长发育，最大限度减少胚胎死亡率，并使母猪产后有良好的体况和泌乳性能。

(一) 对妊娠母猪实行限制饲养

对妊娠母猪实行限制饲养的好处有：增加胚胎的存活率，减轻母猪的分娩困难，减少母猪压死初生仔猪，减少母猪哺乳期间的体重消耗，降低饲养成本，减少乳房炎的发生率和增加母猪的使用年限。

妊娠期间增加母猪对饲料的摄入量，会使母猪的体重发生较大的变化。但对窝产仔数和仔猪初生体重影响较小。调查研究表明，每天饲料消耗每增加 1kg，对初产母猪和经产母猪窝产仔猪的仔猪初生重分别增加 0.02kg 和 0.05kg，而每增加 1kg 饲料，经产母猪和初产母猪体重增加 13g。鉴于高水平饲料的摄入并不能改进窝产仔数和初生重，对妊娠期母猪采用限制饲喂可节约饲养成本。

研究表明，妊娠期饲料消耗量和哺乳期饲料消耗量二者之间是相反的关系(表 3-5)。这意味着当妊娠期饲料摄入量增加，哺乳期饲料摄入量就减少。这个发现很重要，因为在哺乳期饲料消耗量和产奶量的高低之间有直接的关系(表 3-6)，即母猪进食多奶量就大，从而提高仔猪的生长速度。

表 3-5 妊娠期饲料摄入量对哺乳期饲料摄入量等的影响

	妊娠期饲料的摄入量(kg/d)				
	0.9	1.4	1.9	2.4	3.0
妊娠期体重的增加(kg)	5.9	30.3	51.2	62.8	74.4
哺乳期饲料的摄入量(kg/d)	4.3	4.3	4.4	3.9	3.4
哺乳期体重的变化(kg)	6.1	0.9	−4.4	−7.6	−8.5

表 3-6 哺乳期母猪饲料摄入量对产奶量的影响

胎次		饲料摄入量(kg/d)			
		4.5	5.3	6.0	6.8
日产奶量(kg)	第一胎次	5.9	5.4	6.7	6.1
	第二胎次	5.4	6.0	6.8	6.6
	第三胎次	5.5	6.8	7.3	8.0

在没有严重寄生虫感染和单独饲喂的适当环境条件下，对于妊娠母猪来说，每天饲喂 1.8～2.7kg 饲料即可。饲料摄入量过高的母猪会变得过肥，窝产仔数实际上会减少。

在哺乳期，通过增加饲料的摄入量，可使产奶量达到一个较高的水平。产奶量的增加能够提高哺乳仔猪的生长速度，因此，为了在哺乳期使母猪能有最大的产奶量，就得控制母猪在妊娠期饲料的摄入量。

（二）控制母猪采食量的方法

使用如下四个管理制度，能够成功地控制母猪在妊娠期的能量摄入量。

1. 单独饲养法

利用妊娠母猪栏，单独饲喂，最大限度地控制母猪饲料摄入。使用这种方法能节省相当大的饲养成本，避免了母猪之间相互抢食、撕咬，减少仔猪出生前死亡率。

2. 隔天饲喂法

当母猪成群舍饲时，比较强盛的母猪仍保持其旺盛的食欲，能够吃好，而很多胆小的母猪只能吃剩余的很少一部分饲料。隔天饲喂法可以作为限制采食的一种替代方法使用。在一周的三天中，允许母猪通过自由采食器自由采食 8 小时，在剩余 4 天中，母猪不给料。如果饲料消耗量过大，可限制母猪每天的采食时间少于 8 小时，或者每周只采食 2 天。

表 3-7 是一群母猪采用人工饲喂法，每天饲喂 1.8kg 饲料

和隔天饲喂法的饲养试验结果。据研究报道,这种方法不影响母猪的繁殖性能。

表 3-7 隔天饲喂法在母猪繁殖性能上的效果

	窝产活仔数	出生重(kg)	断奶仔猪数	断奶重(kg)
人工饲喂法(1.8kg/d)	10.1	1.2	8.5	6.5
隔天饲喂法	10.2	1.3	8.8	6.3

隔天饲喂法要求仔细而且稳定的管理。其中一个主要的要求是提供充足的饲喂空间。最好能够做到每头猪有一个饲槽位置,母猪群的规模应限制在 30～40 头之间。过多的母猪在一起饲喂或者一个群体中母猪过多,可以导致母猪过度的咬斗行为。在猪自由采食时,要注意不要让饲喂时间过长或过短。如果难以保住母猪的理想体况,那么这个饲喂应重新评估或终止。由于控制单个母猪和影响母猪的福利,这个系统不推荐作为猪的集约化饲养方法。

3. 日粮稀释法

在日粮中添加高纤维饲料使母猪可以经常自由采食。苜蓿干草、苜蓿草粉、铡碎的秸秆和燕麦糠或米糠等能够使用。这种方法比其他方法减少劳动力,但是它又是一个很少令人满意的方法,因为母猪的维持费用较高,而且就是用低能量的饲料也很难防制母猪过肥。另外,磨碎高纤维饲料会带来一些问题,这种饲料易于在自动喂料器中出现“搭桥”现象。

4. 母猪电子饲养系统

使用电子饲喂站去自动供给各母猪预定的饲料量。计算机控制饲喂站,通过母猪耳标上的密码或母猪颈圈上的传感器来识别母猪。当母猪要采食时,它就来到饲喂站,计算机就分给它每天饲料中的一部分。

母猪电子饲养系统是迅速转变技术的一部分。目前这个系统提供一批设备和程序的设计。此系统可以使用一系列营养方案和饲喂方式,通过表 3-8 可看出这个系统的优点和缺点。

表 3-8　电子饲养系统的优点和缺点

优　点	缺　点
可以做到个体饲养和准确饲养	要求管理水平较高
适用于湿、干或体积大的饲料	颈圈和耳标可能丢失或损坏
适应现存的、新的、垫草或漏缝系统	设备的机械问题
提供饲养记录和补充其他记录体系	互相撕咬和以强凌弱的行为可能增加
提供较好的母猪福利和减少母猪互相咬斗	要求对母猪进行训练
在快速分娩和减少死胎率的性能优点中提供可能性	
成本较其他系统理想	

（三）妊娠母猪的营养及饲喂量

了解和掌握妊娠母猪的营养需要及其饲喂技术，对促进胎儿正常的生长发育，提高其初生重和成活率意义重大。

妊娠母猪的营养需要包括以下几项：(1) 维持自身需要；(2) 体组织增重需要；(3) 子宫内容物增重需要(羊水＋胎儿＋胎衣)。

1. 在妊娠的前 80 天，由于子宫内容物(其中主要是胎儿)增重较慢，降低母猪料的饲喂量并不影响胎儿的生长和发育，因此，每千克日粮中应含 12958kJ 消化能，粗蛋白占 13％和赖氨酸占 0.43％即可。日喂量要控制在 1.8～2.7kg(据妊娠母猪的体重、肥瘦增减)。

2. 在母猪妊娠 80 天后，由于胎儿生长发育和母体增重都较迅速，因此，要注意增加饲料的喂量，要在前期饲喂量的基础上每日再增加 0.5kg，使日喂量达 2.3～3.2kg；在产前一周，饲喂量在后期基础上再增加 1kg。同时，在营养方面，要注意使钙、磷保持平衡(钙的需要量占日粮的 0.75％左右；磷的需要量占 0.50％左右)和添加维生素 A、D、E 和 B 族维生素等。

在妊娠期内，饲喂不足或过量都会产生明显的不良效果。在极端情况下饲喂不足的母猪确会流产，不过很罕见。有时能够看到分娩出小而弱的仔猪，其原因较为简单，母猪摄入能量的一部分用于维持需要，剩余部分用于生产（子宫内胎儿的生产），摄入的能量被优先用于维持需要。如果环境温度下降，母猪会将更多的能量用于维持体温，结果可用于胎儿生长的能量就减少了。据测定，在临界温度下，环境温度每降低1℃，妊娠母猪就要多吃56.4g的饲料以维持体温，因此，在冬季适度提高饲料量可缓解这个问题。常常可观察到，继寒冬后数月内产出的仔猪，体重多低于夏秋季出生的仔猪。如果妊娠期营养水平过高，母猪增重过多，体内会有大量脂肪沉积，使母猪过于肥胖，这首先是造成饲料的浪费，因饲料中的营养物质经猪体消化吸收变成脂肪储存于体内的过程会消耗一部分，而泌乳时再由体脂等转化为猪乳营养又会消耗一部分，两次的损失超过哺乳母猪将饲料中营养物质直接转化成猪乳的一次损失，所以造成饲料浪费；其次，妊娠期母猪能量摄入过多会导致肥胖而易患难产症、奶水不足、仔猪压死增加、母猪断奶后受孕下降。业已证明，肥胖的母猪对胰岛素的作用产生拮抗，结果造成葡萄糖吸收不良，从而导致泌乳早期采食量低下，母体体重丢失增加，最终会产生断奶后的返情率和受胎率低下的问题。

产前饲粮中电解质平衡对开始产奶很重要。酸和电解质平衡都将影响母猪血液中的pH值，除非动员骨内的钙进行补偿。这种钙代谢的激活可为达到最高产奶量做准备。

产前日粮也必须满足妊娠晚期对氨基酸和矿物质的高需求。

该阶段能量来源应该是脂肪，尤其是不饱和脂肪酸，主要是亚油酸决定仔猪出生时的体重，并刺激类固醇和前列腺素的分泌，这两种激素负责黄体的退化，这样就导致开始分娩。

在母猪日粮中添加额外的维生素，供给母猪并通过胎盘供给仔猪高水平的维生素E，这对仔猪的生活力有好处，像八字腿这样的病可通过使用这种日粮来防制。

（四）影响妊娠母猪饲养水平的相关因素

在妊娠期限制采食量，尽管有许多优点，但必须强调在妊娠期间推荐每天饲喂量为1.8～2.7kg，这仅是一个目标数字，而实际的饲养水平将根据母猪个体的具体情况而改变。当确定母猪

的饲养水平时,要考虑以下因素:

1. 母猪体格大小的影响:体格越大的母猪,其维持需求就越大,对饲料要求的数量就越多。母猪体重每增加10kg,则其能量需求就要增加5%。表3-9为妊娠母猪推荐的饲养表。

表3-9 妊娠母猪的饲养表

母猪体重(kg)	饲料(kg/d)	预计母猪体重增加(kg)	母猪体重(kg)	饲料(kg/d)	预计母猪体重增加(kg)
120	2.0	30	200	2.4	20
140	2.1	25	220	2.5	20
160	2.2	25	240	2.6	15
180	2.3	20			

过瘦或过肥会导致发情延迟、淘汰率增高和产仔性能降低等麻烦。通过在整个妊娠、泌乳期评定母猪体况并据之调整饲料摄入量,可以减少这些潜在的问题。肉眼观察评定母猪体况的方法在生产中比较实用,可以从尾根部、臀端、脊柱、肋骨等处的脂肪沉积量和肋骨的丰满度来评估母猪体况。图3-3展示一个评分系统,能够用来有效地评定母猪的体况。母猪在分娩时的标准定为3.5分,在断奶时不得低于2.5分,3分是理想的。

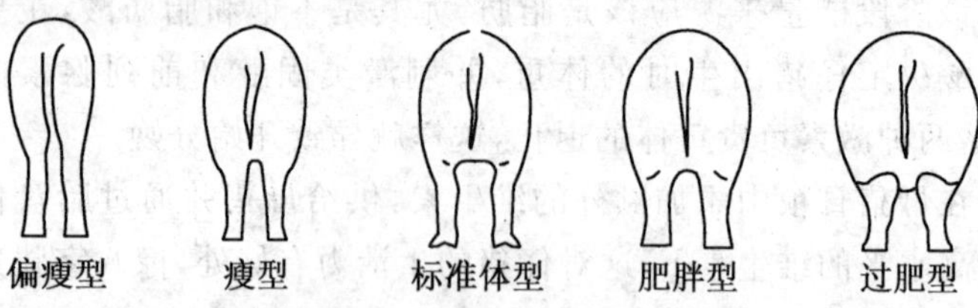

图3-3 母猪的目测评分系统

(引自刘海良主译《养猪生产》1998)

以猪群平均体况分数为基础,表3-10为断奶母猪推荐了一个饲料供给量的调整表。

表 3-10 根据体况评分,为断奶母猪推荐的饲料供给量

评分	饲料的变化(kg)	评分	饲料的变化(kg)	评分	饲料的变化(kg)
1.0	+0.60	2.5	+0.20	4.0	-0.30
1.5	+0.40	3.0	+0.00	4.5	-0.40
2.0	+0.30	3.5	-0.20	5.0	-0.60

2. 温度的影响:21℃是母猪生长要求的最低临界温度,如果母猪圈舍温度低于21℃,则要求给予一个高的饲料水平,否则会导致体重下降。表3-11表明环境温度下降对饲料要求产生的影响。当猪单个圈养时,掌握一个总的原则,即温度将保持在20~21℃。当母猪群居舍饲时,17℃的温度条件是适当的。如果提供垫草的话,15℃的温度条件是适当的。

表 3-11 在母猪妊娠期,环境温度的变化对维持饲料需求数量的影响

母猪体况	临界温度以下(℃)			
	0	5	10	15
	每天需求增加饲料(g)			
肥	0	178	355	711
瘦	0	282	564	846

3. 母猪体况的影响:瘦的母猪比肥的母猪隔热层薄,对较低环境温度的调节能力差,因此,瘦的母猪在较低的温度下比一个体况好的母猪对饲料的要求有一个较大的增长。让母猪群集和提供干草或其他铺垫可以减轻较低环境温度所产生的负效应。

4. 饲喂方法的影响:母猪群体饲喂时,为了能吃到饲料而互相争抢,就要考虑个体之间饲料摄入的不平衡性,因此,母猪在群体饲养的情况下,应当给予的饲料量比母猪单个饲养高15%,这样就能保证所有的母猪都能获得充分的饲料摄入量,以免母猪繁殖性能下降。

5. 猪群健康状况的影响:感染寄生虫病的母猪,因寄生虫从

母猪摄入的饲料中汲取营养，直接导致母猪营养水平下降，使之在妊娠期间体重下降。因而为保证母猪摄入的饲料真正用以生产，应对种猪进行常规驱虫。表 3－12 是感染上寄生虫病和没有感染寄生虫病的猪群的试验结果，两群猪在妊娠期自始至终饲养水平都相同。

在同一饲料摄入水平的情况下，感染寄生虫病的母猪，在妊娠期间体重下降，而没有感染寄生虫病的母猪体重略有增加。另外，两群母猪在繁殖性能上有很大区别。这个研究结果，强调了种猪群常规驱虫的重要性，以保证母猪摄入的饲料真正用以生产。

表 3－12　寄生虫对母猪生产性能的影响

	从配种到断奶					
	体重的变化(kg)	产活仔数	产死胎数	初生重(kg)	断奶仔猪数	断奶重(kg)
感染了寄生虫	－13.1	9.5	2.9	1.3	7.5	6.8
没有感染寄生虫	＋11.3	11.3	1.4	1.5	8.2	7.6

在妊娠期，因为有许多因素影响饲养水平，因此，必须评估饲养方案，以保证饲料摄入保持令人满意的水平。妊娠期评估母猪饲养方案的最好办法是称量母猪的体重。妊娠期母猪体重下降伴随着体内脂肪储备的下降，将会影响泌乳，并且增加断奶与成功的配种之间的间隔时间。表 3－13 给出了一个妊娠期母猪体重增加组分的例子。

表 3－13　妊娠期母猪体重增加的组分　(kg)

小猪(11 头，每头体重 1.3kg)	胎膜	羊水	子宫	乳房	母猪	合计
13.9	2.5	2.0	3.2	3.4	10.0	35.0

在妊娠期，母猪所增加的重量，减去小猪和胎膜的重量，体重应有一个正常的增长，对妊娠母猪来说，增加 10kg 的活重是很有

必要的。因为从一头未成熟的青年母猪开始大约在产第五窝仔猪时，它才能达到体成熟。在此期间，其骨骼正在发育，增加体重的这些供给量水平将维持同样的体况，以防止生产性能的下降。在产仔第五窝以后，母猪妊娠期增加 25kg 的总重量应该是足够的。

（四）妊娠母猪的管理要点

1. 饲养方式：可分为小群饲养和单栏饲养。小群饲养就是将配种期相近、体重大小和性情强弱相近的 3～5 头母猪在一圈饲养。到妊娠后期每圈饲养 2～3 头。小群饲养的优点是妊娠母猪可以自由运动（有的舍外还设小运动场），吃食时由于争食可以促进食欲，缺点是如果分群不当，胆小的母猪吃食少，影响胎儿的生长发育。单栏饲养也称禁闭式饲养，妊娠母猪从妊娠开始到产仔前，均饲养在宽 60～70cm、长 2.1m 的栏内。单栏饲养的优点是吃食量均匀，没有相互碰撞，缺点是不能自由运动，肢蹄病较多。目前有一种称之为群养单喂的方法，即以妊娠期相近的 4～6 头母猪为一组，每组有一个共同的集体活动区，但采食有各自的固定位置且相互隔开。每组母猪数可根据需要增减。这种方法吸收了以上两种方式的优点，基本上避免了以上两种方法的缺点。

2. 耐心的管理：对妊娠母猪态度要温和，不要打骂惊吓，经常触摸腹部，可便于将来接产管理。每天都要观察母猪吃食、饮水、粪尿和精神状态，做到及时防病治病，特别要注意消灭易传染给仔猪的内外寄生虫病。妊娠母猪转群跨越粪沟、栏门时，动作要慢，防止拥挤、急转弯及在光滑、泥泞的道路上运动，以防妊娠母猪因受惊吓造成流产。

3. 喂料时间要固定，不能随便更换饲料，坚决杜绝饲喂发霉、腐烂、有毒的饲料，不喂未脱毒的菜（棉）籽饼、少喂酒糟。料槽要勤洗，饮水要勤换。对集约化禁闭栏猪舍，应该先放洁净水冲洗食槽，然后喂料，不能把料直接投入在水里，以防发酵变质。妊娠期内饮水要充足，温度控制在 16～20℃，特别是炎热的夏季，妊娠后的前三周，应保持绝对的凉爽。空气要新鲜，地面要干燥，相对湿度为60%～70%。

4. 做好产前免疫工作：目的在于保证仔猪通过吸食母猪初乳获得母源被动性免疫。对母猪进行预防注射的日期应安排在预产期前并隔开较长的时间以便母猪有足够的时间产生和积累抗体。一般认为产前3～4周适合于大多数疫苗的预防注射。据了解导致新生仔猪死亡率高的主要原因之一是大肠杆菌感染引起的下痢。为此要对分娩前21天以及临产前一个月的妊娠母猪，分别注射K88、K99疫苗和仔猪红痢疫苗，目的是控制仔猪黄白痢和仔猪红痢的发生。

5. 预防便秘发生：到妊娠末期，母猪对饲料的消化变得相当低，肠道的蠕动收缩降低，一些饲料仍滞留在肠道里，为细菌发育和产生毒素提供了理想的环境。毒素转移到血液中，引起催乳素分泌减少。另外，便秘将使母猪分娩很困难、分娩时间延长，随着分娩时间增加，仔猪可能会缺氧窒息，死产仔猪的数量会增加。在极端情况下子宫疲劳会导致分娩过程完全停止。报道说母猪应激加上分娩困难会干扰调节产后各种生理活动的激素平衡并且使得母猪易感染产后综合征(MMA)(乳腺炎—子宫炎—无乳)。分娩前减少喂料的数量(最少从113天开始)，到分娩当天喂很少的量，以后逐渐增加。喂料量低可刺激母猪站起饮水。

缓解便秘有多种方法。如使用青绿色多汁饲料能大大增强粪便运行。但青绿饲料含水分多，体积大，与妊娠母猪需要大量营养而肠、胃容积有限相互矛盾，故不可多喂。近年来矿物质轻泻剂受到普遍欢迎，经验表明，饲料中含0.75%氯化钾或1%的硫酸镁作为轻泻剂是比较合适的。

6. 合理的日粮体积：要考虑三个方面，即保持预定的日粮营养水平；使妊娠母猪不感到饥饿；不感到压迫胎儿。现行国内外集约化猪生产中为避免母猪妊娠期过肥带来的难产、弱仔、死胎和哺乳期泌乳力降低等弊端，通常在母猪妊娠期都采取限饲的措施大幅度降低采食量。由于限饲的采食量只相当于母猪自由采食量的50%～60%，因此，母猪从妊娠到产前一直处于饥饿或半饥饿状态。在妊娠母猪限饲饲养过程中,由于饥饿母猪常表现为易惊、不安,活动量加大,体耗增多,特别是在给母猪投料的时候,妊娠母猪由于饥饿而导致的狂躁表现尤为突出,如:攀登围栏、连续大声吼叫等,这些均无益于母猪的妊娠。此外,限饲的结果还导致母猪在哺乳期食欲降低,使母猪采食水平与母猪泌乳的营养需要水平差距加大,母猪哺乳期间的减重加剧,断奶后母猪体况极差,延长了断奶至发情的间隔时间,致使母猪的生产周期延长,繁殖成绩下降。如果在妊娠期以富含粗纤维的廉价粗饲料稀释的低营养浓度大体积日粮替代高营养浓度的常规日粮,通过扩大日粮体积和增大喂量提供与妊娠母猪常规饲粮相同营养水平,达到母猪妊娠期限饲效果的同时又有增加妊娠母猪的饱腹感,最大限度地缓解妊娠母猪由于限饲产生的异常生理反应,提高母猪哺乳期的采食量和泌乳力,避免泌乳期间母猪体重的严重下降,提高母猪的繁殖力。

7. 猪体消毒:妊娠母猪常规每周带猪消毒 3 次,采取隔日消毒。带猪消毒切忌浓度过大,一定要按标准配制消毒液。喷雾消毒,要彻底,不留死角。产前用温水清洗猪体,然后用刺激性小的消毒药对猪体进行消毒。

8. 驱虫:产前 4 周用“通灭”肌肉注射,以驱除体内线虫和体外寄生虫(如:疥螨、虱子)。

9. 良好的环境条件:保持猪舍的清洁卫生,注意防寒防暑,有良好的通风换气设备。

10. 保证饲料品质:无论是精饲料还是粗饲料,都要保证其品质优良,不喂发霉、腐败、变质、冰冻或带有毒性和强烈刺激性的饲料,否则会引起流产。饲料种类也不宜经常变换,饲料变换频繁,对妊娠母猪的消化机能不利。

三、妊娠鉴定

(一) 妊娠症状

母猪发情周期平均为 21 天,所以配种后 21 天若再不发情,可初步认为受胎了。但有时也有假发情的母猪,配种后 21 日阴部发红,出现像发情一样的症状,此时避嫌公猪,发情时间也短。极个别的不受胎母猪,配种后不表现发情,而到第二个发情期出现发情。母猪妊娠初期流产有时根本发现不出。如果注意观察,流产母猪外阴部稍带红色,似受污染,但几乎看不见任何其他异常。母猪妊娠中、后期流产,则食欲剧减,精神不振,外阴部发红并流出黏液,有胎膜排出,在群养母猪的情况下,有的胎膜被母猪自己吃掉、

妊娠母猪行动逐渐安稳,食欲增加,妊娠期过半时腹部增大,乳房发育。妊娠后期显示胎动,手触可感到胎儿的蠕动。到妊娠末期,阴部松弛,应为分娩做好必要的准备。妊娠母猪分娩前 1～2 天,乳房更加膨胀,手挤可流出浓稠的初乳。临产时母猪叼草做窝,粪尿排泄频繁。

(二) 早期妊娠诊断方法

为了缩短母猪的繁殖周期,提高年产仔窝数,需要对配种后的母猪进行早期妊娠诊断。早期妊娠诊断的方法很多,具体介绍如下:

1. 母猪配种后,经过一个发情期(18～22 天),未表现发情或至第二个发情期再观察一次,若仍无发情表现者,即说明已妊娠。其外部表现为:母猪疲倦,贪睡不动,性情温顺,动作稳当,食量增加,上膘快,皮毛发亮紧贴身,尾巴下垂很自然,阴户缩成一条线。但实际上没有返情的母猪可能不一定是妊娠,其他一些原因,如激素分泌紊乱、子宫疾病等都有可能引起不返情。此法不用任何仪器或药物,且简单易行,在养猪生产中广泛应用。但采用此法需要具有一定的生产经验。

2. 采用公猪试情法试情。赶着公猪从已配种的母猪栏旁走过,反复几次,观察母猪表现,如果该猪情绪不安,站立,食欲欠佳,外阴变化等便可说明其未孕。反之,则说明已妊娠。这种方法目前猪场使用的不多。

应当注意,采用上述方法进行妊娠诊断时,要注意有的母猪并不一定已妊娠,因其发情周期有延迟现象;还有的母猪卵子受

精后，胚胎在发育中早期死亡或被吸收，而造成长期不再发情，对后者一经发现，要立即淘汰。

3. 根据乳头的变化判断。约克夏母猪配种后，经 30 日乳头变黑。轻轻拉长乳头，如果乳头基部呈现黑紫色的晕轮时，则可判断为已经妊娠。一般母猪妊娠后乳头前端向外张开，乳头基部全部膨胀隆起。

4. 诱导发情检查法。母猪在配种后 16～18 天，耳根皮下注射 1～2mg 的乙烯雌酚，未孕猪在 2～3 天内即可发情；孕猪则毫无反应。但采用此法注射时间必须准确，注射时间过早，会打乱未孕猪的发情周期，延长黄体寿命，造成长期不发情，故采用此法要慎重。

5. 激素测定法。测定母猪血浆中孕酮或胎膜中硫酸雌酮的浓度来判断母猪是否妊娠，一般血样可在第 19～23 天采集测定，如果测定的值较低则说明没有妊娠，如果明显高，则说明已经妊娠。激素测定可以采用放射免疫法或酶联免疫法，准确性较高，但较繁琐，费用较高，一般用于科学研究。

6. 直肠触诊法。一般是指体型较大的经产母猪，通过直肠用手触摸子宫，如果有明显的波动则认为妊娠，一般妊娠后 30 天可以检出。此法准确率高，但只适用体型较大的母猪，有一定的局限性。

7. 多普勒超声诊断法。将探触器贴在猪腹部体表发射超声波，根据胎儿心跳动的感应信号音，或者脐带多普勒信号音而判断母猪妊娠与否，此法不用保定和麻醉。在配种后 20～29 天判断是否妊娠的准确率为 80%，40 天以后的准确率为 100%。缺点是一次性投资较高。

8. 阴道活组织检查法。在母猪配种后 20～30 天之间用活组织取材工具从阴道上皮采取一小块样品进行检查（取样部位一定要在阴道的前部）。然后对样品进行切片、固定、染色和镜检。如果上皮组织的上皮细胞层明显减少，且致密，一般仅有 2～3 层细胞，细胞边缘规律而发亮，细胞核染色深，则认为该母猪为妊娠母猪。怀孕猪的上皮细胞不到三层，未孕母猪上皮细胞达到十层以上，排列疏松，细胞边缘不规律，常有反转折叠现象。本法对于怀孕21天以上的母猪，其准确率可达90%～95%。此法缺点是取样时要有一些技巧，还必须小心标记样品，记录配种后的时间。

（三）妊娠母猪预产期的推算

母猪配种时要详细记录配种日期，以便饲养管理，作好接产准备。母猪的妊娠期为110～119天，平均为114天。推算母猪预产期均按114天进行，目前有以下几种方法推算。

1. 三三三法：为了便于记忆可把母猪的妊娠期记为三个月三个星期零三天。

2. 配种月加3，配种日加20法：即在母猪配种月份加上3，在配种日子上加20，所得日期就是母猪的预产期。如2月1日配种，5月21日分娩；3月20日配种，7月10日分娩。

3. 查表法：因为月份有大有小，天数不等，为了把预产期推算得更准确，把月份大小的误差排除掉，同时也为了应用方便，减少临时推算的误差，可查预产期推算表。如表3-14所示。

表3-14　母猪分娩日期推算表

配种日	配种月											
	1月	2月	3月	4月	5月	6月	7月	8月	9月	10月	11月	12月
1	4.25	5.26	6.23	7.24	8.23	9.23	10.23	11.23	12.24	1.23	2.23	3.25
2	4.26	5.27	6.24	7.25	8.24	9.24	10.24	11.24	12.25	1.24	2.24	3.26
3	4.27	5.28	6.25	7.26	8.25	9.25	10.25	11.25	12.26	1.25	2.25	3.27
4	4.28	5.29	6.26	7.27	8.26	9.26	10.26	11.26	12.27	1.26	2.26	3.28
5	4.29	5.30	6.27	7.28	8.27	9.27	10.27	11.27	12.28	1.27	2.27	3.29
6	4.30	5.31	6.28	7.29	8.28	9.28	10.28	11.28	12.29	1.28	2.28	3.30
7	5.1	6.1	6.29	7.30	8.29	9.29	10.29	11.29	12.3	1.29	3.1	3.31
8	5.2	6.2	6.30	7.31	8.30	9.30	10.30	11.30	12.31	1.30	3.2	4.1

续 表

配种日	配种月											
	1月	2月	3月	4月	5月	6月	7月	8月	9月	10月	11月	12月
9	5.3	6.3	7.1	8.1	8.31	10.1	10.31	12.1	1.1	1.31	3.3	4.2
10	5.4	6.4	7.2	8.2	9.1	10.2	11.1	12.2	1.2	2.1	3.4	4.3
11	5.5	6.5	7.3	8.3	9.2	10.3	11.2	12.3	1.3	2.2	3.5	4.4
12	5.6	6.6	7.4	8.4	9.3	10.4	11.3	12.4	1.4	2.3	3.6	4.5
13	5.7	6.7	7.5	8.5	9.4	10.5	11.4	12.5	1.5	2.4	3.7	4.6
14	5.8	6.8	7.6	8.6	9.5	10.6	11.5	12.6	1.6	2.5	3.8	4.7
15	5.9	6.9	7.7	8.7	9.6	10.7	11.6	12.7	1.7	2.6	3.9	4.8
16	5.10	6.1	7.8	8.8	9.7	10.8	11.7	12.8	1.8	2.7	3.10	4.9
17	5.11	6.11	7.9	8.9	9.8	10.9	11.8	12.9	1.9	2.8	3.11	4.10
18	5.12	6.12	7.10	8.10	9.9	10.10	11.9	12.10	1.10	2.9	3.12	4.11
19	5.13	6.13	7.11	8.11	9.10	10.11	11.10	12.11	1.11	2.10	3.13	4.12
20	5.14	6.14	7.12	8.12	9.11	10.12	11.11	12.12	1.12	2.11	3.14	4.13
21	5.15	6.15	7.13	8.13	9.12	10.13	11.12	12.13	1.13	2.12	3.15	4.14
22	5.16	6.16	7.14	8.14	9.13	10.14	11.13	12.14	1.14	2.13	3.16	4.15
23	5.17	6.17	7.15	8.15	9.14	10.15	11.14	12.15	1.15	2.14	3.17	4.16
24	5.18	6.18	7.16	8.16	9.15	10.16	11.15	12.16	1.16	2.15	3.18	4.17
25	5.19	6.19	7.17	8.17	9.16	10.17	11.16	12.17	1.17	2.16	3.19	4.18
26	5.20	6.2	7.18	8.18	9.17	10.18	11.17	12.18	1.18	2.17	3.20	4.19
27	5.21	6.21	7.19	8.19	9.18	10.19	11.18	12.19	1.19	2.18	3.21	4.20
28	5.22	6.22	7.20	8.20	9.19	10.20	11.19	12.20	1.20	2.19	3.22	4.21
29	5.23	—	7.21	8.21	9.20	10.21	11.20	12.21	1.21	2.20	3.23	4.22
30	5.24	—	7.22	8.22	9.21	10.22	11.21	12.22	1.22	2.21	3.24	4.23
31	5.25	—	7.23	—	9.22	—	11.22	12.23	—	2.22	—	4.24

母猪预产期推算表中，上边第一行为配种月份，左边第一列为配种日，表中交叉部分为预产日期。例如：母猪1月1日配种，先从配种月份中找到1月，再从配种日中找到1日，交叉处的4.25即4月25日为预产期。再如6月15日配种的母猪，预产期为10月7日。

第四节　哺乳母猪的饲养管理

分娩与哺乳的主要任务是保证新生仔猪有高度的存活率，并能使哺乳母猪断奶后及时发情配种。

一、保证母猪安全分娩的技术措施

(一) 做好产前准备，保证母猪安全分娩

1. 分娩舍要严格消毒，保持干燥卫生。母猪产房的清洁是十分重要的。待产母猪进入产房之前，要将所有的圈舍、育仔舍和产房进行清扫、冲洗和消毒。一些猪场用地毯、麻袋或胶皮铺在仔猪补饲区，为仔猪提供一个舒适的环境。这些物品在下一窝仔猪使用前要进行彻底的清洗、消毒和干燥。消毒越早，下一窝猪转入之前圈舍干燥和空闲的时间就越长。圈舍空闲一段时间对阻断许多病原的循环起很大作用，对污染严重的分娩舍还要进行熏蒸消毒。

2. 分娩舍内的设备应完好无损，以保证为母猪和仔猪创造一个最适宜的环境。

(1) 检查分娩圈、地面材料和设备是否损坏。为了避免膝盖和乳头擦伤，采取措施使粗糙的地面保持光滑。产圈定时进行彻底的修理和维护。如果产房是混凝土地面或用预制板做的床面，需要定期使用一种不滑的混凝土密封剂，以有效地堵住病原体躲藏的缝隙。

(2) 检查自动饮水器，确保其功能正常。如果水流量小，就要对里面的过滤器进行清洗或更换。

(3) 确保加热灯具安全、正常工作，电源线要远离母猪和仔猪。当用 250W 的灯泡时，加热灯要安装在离地面 45cm 的地方，以保证提供 34℃的环境温度。当灯悬挂较高时，只能起到光源的作用，当灯悬挂低于 45cm 时，灯下温度太高，仔猪不能适应。

3. 到临产前一周的清晨，在妊娠母猪空腹，经过体表清洗、消毒、驱虫后，小心赶入已准备好的产栏内。到栏后应给以少量湿拌料，并加入抗应激添加剂饲喂。对转入产房的妊娠母猪所空栏位，要彻底冲洗、消毒，并加以维修，每周所进的孕猪，要按配种时间的先后顺序，依次排列，这样更有利于妊娠鉴定和喂料。

在产前一周将母猪转入产圈，这样可以使它们熟悉新的环境，以减少应激反应。如果临近分娩时才将其转入产房，由于不适应而引起神经紧张，往往使母猪无乳而产生子宫炎、乳房炎等疾病，甚至发生初生仔猪大部分死亡或母猪咬死仔猪等现象。

母猪进入分娩舍后，饲养员要固定，否则会给母猪的生产带来不利影响，分娩舍内除专职饲养员外要尽可能避免生人入内。产前要细心地照料待产母猪和初产母猪，特别是初产母猪，这是非常重要的。多花几分钟挠猪的背部、揉揉猪的乳房并同它们“聊天”。这些做法对神经质的初产母猪很有帮助。在产圈里放收音机也是有好处的，可以使初产母猪习惯人的声音和活动。应多花一点时间，注意对母猪和初产母猪的健康状况进行检查。

4. 母猪产前最后检查时要确认母猪体后的粪便是否被擦去，所有加热灯的位置是否合适，工作是否正常。如果母猪身后和身下积聚粪便，将使前面的清洁工作前功尽弃。母猪产前一天，要将所有加热灯插上。

5. 保持安静的环境。在临近分娩时，若频繁地移动猪只，常会发生母猪产后不泌乳或咬死仔猪等事故。保持分娩舍安静的环境，使母猪保持稳定的情绪是很重要的。

6. 夏天室温不能太高。分娩舍内的温度若超过 30℃，湿度又太高，母猪就会感到不舒适，呼吸急促、发热、影响哺乳，所以，在暑热天气，最好用冷水冷浴猪的颈部，但不能用冷水浇其全身。如用电风扇降温时，风向要朝猪体上方，应避免长时间直接对准猪体吹风。

7. 助产人员要准备好接产工具。产前应准备好分娩登记表、麻袋、干净毛巾、剪刀、消毒液（如高锰酸钾、碘酊等）、照明灯及仔猪保温箱、红外线灯或电热板等。当母猪外阴部充血肿大、腹部下垂、尾根部下陷、乳房膨大，一旦乳头容易挤出乳汁、母猪呼吸深而快时，则很快就要分娩了。

（二）母猪安全分娩的技术措施

1. 母猪分娩前的行为：随着临产期的接近，母猪表现出做窝行为。尽管缺乏垫草等铺垫物，这种行为还是发生。此时母猪可能会非常不安，频繁站立和躺下。当临产期更接近时，乳头中可挤出初乳，在即将分娩前偶尔可看见从乳头中滴下奶来，有时可看见母猪从阴门处流出黏液。一般情况，前面乳头有奶水滴出，约在 24 小时后产仔；中间乳头有奶水滴出，约在 12 小时后产仔；最后一对乳头有奶水滴出，约在 4～6 小时后产仔。

2. 准确记录产仔时间和出生间隔：接近产仔时，一天中要对母猪进行多次检查，傍晚和晚间休息时再次进行检查。检查过程中，如果母猪正在产仔，观察产仔进程非常重要。要安静地观察分娩进展情况，记录产仔时间和在特定时间内已产仔猪的数量。

记录分娩的资料很重要，它可以反映仔猪出生间隔并由此看出分娩是否出现问题。如果母猪比较安静，仔猪间隔几分钟出生，说明产仔过程正常；如果母猪十分不安，显得十分吃力，并且产仔间隔在 45 分钟以上，就必须进行人工干预。河南省正阳外贸种猪场曾对 30 头丹麦长白猪的分娩时间进行了统计，结果发现，白天分娩者 7 头，占分娩总数的 23.3%；夜间分娩者 23 头，占 70.7%。表 3－15 是河南省正阳外贸种猪场对长白猪在分娩过程中各阶段所需时间进行的观察测定。

表 3-15 丹麦长白猪分娩各阶段所需时间

胎次	窝数	由破水到分娩时间(min)	每头仔猪的分娩间隔时间(min)			产出末仔到排出胎衣时间(min)
			产仔 10 头以上者	产仔 7～8 头者	产仔 6 头以下者	
第一胎	32	30.2 (2—104)	23.4 (2—32.8)	35.6 (7.2—88.7)	68.7 (17.2—104)	105.4 (5—272)
第二胎	9	94.4 (15—155)	20.2 (5—65)	26.1 (1—130)		108.9 (15—190)

3. 对母猪助产的操作方法：母猪分娩时间范围为 30 分钟到 6 小时，平均约为 2.5 小时，平均出生间隔在 15～20 分钟。产仔间隔的时间越长，仔猪就越不健壮，早期死亡的危险性越大。如果个别猪有难产的历史，产仔期间就需要进行特别护理。

母猪分娩时一般不需要帮助，当母猪分娩时出现烦躁、极度紧张、产仔时间超过 45 分钟等现象时，说明母猪分娩不正常。特别是当那些年龄大、体重大和紧张的母猪分娩困难时更应考虑助产。具体操作方法是：

(1) 需用“百胜”、“卫康”等消毒液将母猪后躯和阴门清洗干净。

(2) 把手洗净，戴上直检手套和乳胶手套(把乳胶手套戴在直检手套上)。

(3) 在两层手套外面涂上洗必泰以达到灭菌和润滑的目的。

(4) 将戴手套的手用力压慢慢穿过阴道，进入子宫颈。

(5) 戴手套的手一进入子宫，常常可摸到仔猪的头或后腿。如果是这样，要根据胎位抓住仔猪的头或后腿，慢慢地把仔猪拉出。要保证不将胎盘和仔猪一起拉出。如果两只仔猪在交叉点堵住，先将一个推回，抓住另一个慢慢拉出。

(6) 产科手套每头猪使用一次后应将其扔掉，以防细菌进入子宫并导致子宫感染。若连续使用则易将病原微生物从一头传至另一头。

通常，当母猪分娩过程较慢时，生产者都急于使用催产素。其实，仔猪出生慢的原因很多。一种情况是在产道里有一头大的仔猪，或同时有两只仔猪出生。还有其他原因，如已分娩很长时间，身体比较虚弱，或者是产房中太热等。判断是哪种原因引起的很重要，如果有问题不去检查就注射催产素，很有可能导致仔猪过早死亡。在使用催产素治疗母猪难产时必须注意以下几点：

（1）当母猪因紧张或应激造成的难产，体外注射催产素用处不大，因为它只能零星地到达子宫，平滑肌不能对它产生回应。保证分娩舍安静是最好的方法，这会产生最佳效果。

（2）催产素对子宫的收缩作用以临产及刚分娩后更为有效，无分娩预兆时用催产素催产无效。

（3）催产素对子宫的作用主要作用于子宫体，对子宫颈的作用微弱。所以，子宫颈未开张或因助产过迟子宫不再收缩、子宫颈已经缩小时，用催产素效果不理想。

（4）不恰当时刻注射催产素引起子宫收缩，仔猪可能被封锁在子宫内。由于骨盆过狭、产道受阻、胎位不正等原因引起的难产，注射催产素后可使仔猪在一侧造成堵塞，其他仔猪不能再通过子宫。在这种情况下，同时进行人工助产是唯一的解决办法。同时，有剖宫产史的母猪难产时，子宫剧烈收缩时可能发生破裂而死亡。所以在使用催产素前须先检查产道、胎位情况以及进行剖宫产史调查。

（5）到怀孕足月时，胎盘雌激素增多，可使骨盆韧带松软。当雌激素达到一定浓度，与孕酮达到适当的比例时，可使催产素对子宫肌层发生作用，使子宫对催产素起容许性效应。所以，使用催产素治疗难产时同时注射适量的苯甲酸雌二醇或乙底酚，可提高子宫对催产素的敏感性。

（6）切忌注射剂量过高。高剂量注射情况下，子宫将处于不利的痉挛状态。当仔猪依次出生时，那些在子宫深处的仔猪要经过很长一段距离才能生出。假如子宫处于这种痉挛的状态，子宫深处的胎盘很有可能被逐渐扯松，因为猪胎盘属于弥散型胎盘，胎儿胎盘和母体胎盘的联系不紧密。这样,仍在子宫内的仔猪就会受到缺氧的威胁,那么出生时仔猪或身体较弱或死亡。在临床常可见到使用催产素治疗难产时产出死胎较多,就是因为使用大量催产素后,使胎儿胎盘过早地脱离母体胎盘导致胎儿缺氧死亡。另外,当受高剂量催产素作用时,子宫肌将过度疲劳而瘫痪,子宫松软不能再收缩,而仍留在子宫内的胎盘不再被排出,这将引起子宫发炎。同时,子宫还可因子宫肌肉收缩产生的乳酸蓄积引起中毒,最后出生的仔猪也会因乳酸而对其成活产生不利影响。所以催产素使用剂量要适宜,一般每次10～20单位。催产素在体内被迅速破坏,它只在短期内有作用,因此,根据子宫收缩及胎儿排出情况可以考虑间隔1～2小时重复使用一次。

(7) 临床上还经常出现使用催产素后,由于母猪努责过度导致身体极度疲劳,虚弱无力,影响产仔和产后带仔。所以使用催产素时要加强对母猪的护理,补充足够的能量和体液,最好将催产素稀释到5%葡萄糖盐水中静脉注射。

4. 正常的接产技术:临产前先用0.1%的高锰酸钾溶液擦洗乳房及外阴部,然后注意观察分娩过程及应采取的措施。

(1) 母猪产仔时状态:母猪产仔时多数侧卧,腹部阵痛,全身哆嗦,呼吸紧迫,用力努责,阴门流出羊水,两后腿向前直伸,尾巴向上卷,产出仔猪。

(2) 仔猪出生时状态:胎儿进入产道后,脐带多数从胎盘上拉断,通过脐带供给仔猪的氧气停止,只等仔猪出生后用肺进行呼吸。如果胎儿在产道停留时间过长,不能及时产出,就有憋死的可能。

胎儿出生时头部先出来的称头前位,约占总产仔数的60%;臀部先生出来的称为臀前位,约占总产仔数的40%,这两种均属正常胎位。

(3) 接产:母猪产仔时保持安静的环境,可防止难产和缩短产仔时间。仔猪出生后先用清洁的毛巾擦去鼻口中的黏液,使仔猪尽快用肺呼吸,然后再擦干全身。如天气较冷立即将仔猪放入保温箱。当仔猪脐带停止波动即可断脐,方法是先使仔猪躺卧,把脐带中的血反复向仔猪腹部方向挤压,在仔猪腹部约5～6cm处剪断,断面用5%碘酊消毒。仔猪出生后尽快吃初乳,这样既可使仔猪得到营养物质,增加抵抗力,又可促进母猪产仔速度。

(4)假死仔猪的救活:仔猪出生后不呼吸但心脏仍然在跳动的称为假死,必须立即采取措施使其呼吸才能救活。其方法如下:用左手倒提仔猪两后腿,用右手拍打其背部;用左手托拿仔猪臀部,右手托拿其背部,两手同时进行前后运动,使仔猪自然屈伸,称为人工呼吸运动;用药棉蘸上酒精或白酒,涂抹仔猪的鼻部,刺激仔猪呼吸,或用尼可刹米兴奋延髓呼吸中枢。在寒冷的冬季可将假死仔猪放入温水中,同时进行人工呼吸,救活后立即将仔猪擦干。但要注意仔猪的头和脐带断头端不能放入水中。

5. 先天性死胎的鉴别:大约每两窝仔猪有一只死胎是正常的,死胎约占初生仔猪的5%～7%。除非能够证明仔猪出生后死亡,否则就应做肺脏漂浮实验,即用手术刀将死猪的肺脏取出,把肺脏放在一桶水中,如果肺脏漂浮在水面上说明仔猪生下是活的(在肺中有氧气存在),如果肺脏下沉则说明仔猪是死胎。这个实验是检验"初生死亡"的很好方法,当仔猪由于其他原因死亡时,作为死胎来记录是不准确的。分娩开始大约有10%是真死胎,其余90%是在分娩开始到出生前死亡的,死亡的主要原因是窒息,这可能是由于不做仔细的阴道检查就注射催产素造成的,在这种情况下,胚胎变得过早分离或在分娩前脐带断裂,使仔猪失去氧气供应。

随着分娩时间的延长,死胎的数量也会增加。很热的产栏使分娩时间延长,因此也会增加仔猪的死亡率。仔猪出生的顺序对仔猪死亡数量也有影响。临近分娩结束更易出现死胎,最后出生的三头仔猪有71%是死胎。仔猪死胎数量不应超过5%～7%,由于仔猪出生前死亡很快,因此采取恰当的护理措施,以降低这些损失。如果死亡率过高,就要考虑是否受疾病因素所致。

分娩监护的主要问题之一是如何控制母猪分娩的具体时间,以便安排有人在场守候。在自然情况下,母猪的实际分娩时间在预产期前后 2～3 天的范围内。此外，大多数母猪在夜晚分娩，正好与饲养员的上班时间错开。若接产人员责任心不强，晚上打瞌睡，就会导致初生仔猪死亡率增高，对实行超前免疫的猪场而言则可造成免疫失败。鉴于分娩过程的重要性要求全天 24 小时有人值班。诱导分娩是一种可以控制母猪分娩时间的方法，具体做法是给妊娠后期（即预产期的前 2 天）的母猪或头胎母猪注射合成前列腺素，注射后约 24 小时母猪就开始娩出正常活仔猪。如果注射时间安排在中午，那么第 2 天中午正值上班时间大多数母猪就开始产仔。合成的前列腺素（如：氯前列烯醇、律胎素）是一种非常有用的激素，可以用来诱导母猪群体的分娩或同步分娩，使分娩监护工作更加方便，也有利于其他管理措施的执行，如母猪哺育仔猪的窝间调剂，母猪断奶的批次管理等。该项措施的技术关键是必须掌握母猪的预产期，如诱导不当会增加死胎的数量。

二、影响哺乳母猪采食的因素

哺乳期母猪饲粮的质量和数量都是很重要的。产乳量受饲粮的数量影响，尤其是在泌乳的第二阶段（从第 10 日起）起主要作用。第一阶段期间，母猪体况决定产乳量。采食量低的母猪将动用体内储存泌乳，结果导致：母猪乳中乳脂含量高，继而引起仔猪脂肪痢（黄色下痢）；产乳量低和仔猪增重慢；母猪体重损失大或消瘦，对母猪生殖力有影响（配种间隔延长，排卵少，再配种率高）。见图 3－4 和图 3－5。

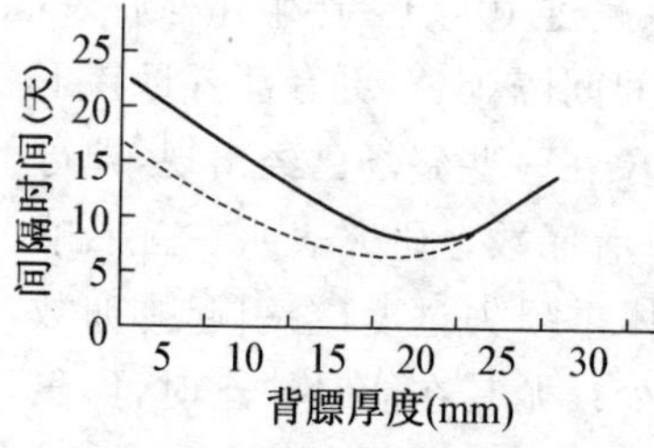

图 3－4　背膘厚度与断奶-配种间隔的关系

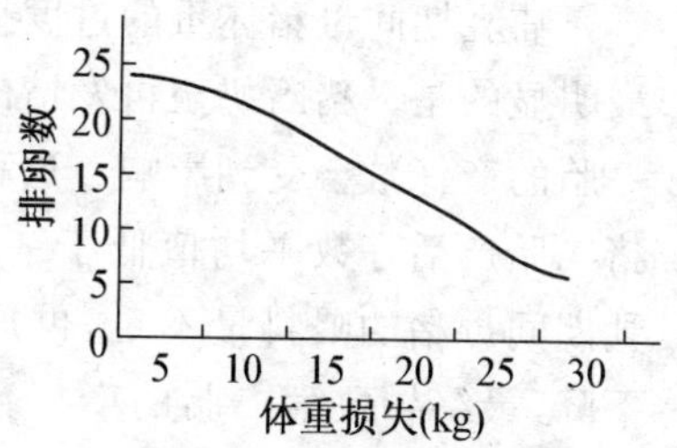

图 3－5　泌乳期体重损失与排卵数的关系

Reese 等(1982)发现了每天食入的能量与断奶-配种间隔天数的关系,如表 3 - 16 所示。

表 3 - 16　食入的能量对断奶-配种间隔天数的影响

		食入的净能(kcal/d)※			
		8000	10000	12000	14000
泌乳期体重损失(kg)		23	19	12	5
断奶后发情率(%)	7d	58	82	88	88
	14d	69	90	92	94
	21d	69	92	93	98

※ 1kcal=4.1868×10^3J

成年哺乳母猪应耗料为:自身体重×1%+450g×仔猪数。一头重 200kg 哺乳 10 头仔猪的母猪需要吃 6.5kg 料。第一、二窝的母猪因采食能力有限和生长的需要可自由采食。

母猪的泌乳量在一定范围内取决于需求量,仔猪从乳腺中吸吮母乳的欲望决定了产乳的速率,但供应低能日粮的母猪能动用体脂和体蛋白作为产奶所需的营养,由于这个原因,在传统的饲喂方法中母猪在泌乳期损失大量体重,然后在随后的怀孕期内弥补体重损失。但现在已意识到这种做法的营养利用是低效的,更重要的是它不能达到最高的繁殖性能。正确的做法是在日粮中提供必需而充足的营养,使哺乳期间的体重损失降低至最低。

哺乳期间母猪体重的过度损失(超过 10kg)会产生几种后果,最明显的是母猪断奶至再发情的时间间隔延长,更有甚者母猪下一胎的产仔数会受到影响。这种现象在一些猪场已经出现,即母猪二胎产活仔数平均值低于一胎产活仔数。研究表明在首胎哺乳期间母猪的喂料量不足,再加上体重损失过度,会引起排卵数下降,最终导致第二胎的产仔数减少。尤其在能量缺乏时,卵巢中产出卵子的卵母细胞似乎会遭受异常损失。

张守全等(2005)研究了母猪背膘厚度对其繁殖性能的影响,

表明：(1) 后备母猪配种时背膘应达到一定厚度，在其妊娠、哺乳期间饲养管理非常重要。应尽量减少母猪第二胎配种时背膘损失。(2) 经产母猪配种时背膘较薄组（小于 12.5mm）和较厚组（大于 18mm）的当胎窝均产活仔数极显著少于背膘适中组（12.5～18mm）。因此，在养猪生产中，母猪适中的膘情体况是提高母猪窝均产活仔数的重要因素之一。过肥过瘦的母猪体况都会影响其产仔性能。(3) 经产母猪配种时背膘较薄组和较厚组的当胎仔猪初生窝重极显著轻于背膘适中组。较厚组的当胎仔猪初生窝重也极显著轻于较薄组。因此，在养猪生产中，母猪适中的膘情体况是提高仔猪初生窝重的重要因素之一。母猪体况过肥过瘦都会影响其仔猪初生窝重，在某种程度上，母猪过肥对繁殖性能的危害程度高于体况过瘦。(4) 母猪哺乳阶段通常会掉膘，严重掉膘可能会影响断奶后正常发情。哺乳期间母猪背膘厚度减少大于 6.0mm 的，其断奶至发情时间间隔极显著长于背膘厚度减少小于 3.0mm 的和在 3.0～6.0mm 的。可见，在养猪生产中，哺乳母猪的背膘厚度适度减少是允许的，但如果超过一定的范围，如大于 6.0mm，可能会影响母猪断奶后正常发情。因此，哺乳母猪获得充足营养是其正常繁殖的关键。(5) 母猪哺乳期间掉膘，养分的主要去向是供给仔猪生长。仔猪 21 日龄断奶窝重并不随母猪背膘厚度减少而出现明显的变化，母猪为保证仔猪生长发育，无论自身损失如何，也要提供足够的乳汁。因此，在养猪生产中，以减少饲料喂量的方式，防止断奶后的母猪发生乳房炎是不科学的，相反可能会影响下次发情时的排卵数。

有实验表明，一头哺乳 10 头仔猪的母猪必须每天消耗近 7kg 玉米-豆粕型日粮（该日粮内含 16%粗蛋白，52g 可消化赖氨酸），方能达到能量和赖氨酸的平衡。

一些猪场的生产资料表明，在实际饲养中采食量是能够达到的，然而，有许多日粮和环境的因素会干扰采食量。

1. 饲养管理：除了一些极端的情况，母猪一旦产后恢复就没有理由对母猪的采食进行限制。体内平衡机制会阻止母猪过度采食,应该让泌乳母猪自由采食高质量的日粮。

然而仅仅在母猪食槽中不断有饲料存在还不够,饲养经验表明,母猪分餐采食其一天的饲料量,即第一次供料可在早晨,第二次在中午,第三次则在晚上给以新鲜料以鼓励其采食。这种方法可使哺乳母猪的采食量提高 1kg。

2. 环境温度:分娩舍温度升到 28℃的情况下,采食量和产奶量分别下降 40%和 25%。因为消化和代谢是产热活动,所以高温下母猪以降低采食量作为应付应激的策略。在这种情况下通过增加饲料中的脂肪含量是一种有效的办法。脂肪富含能量,它在代谢过程中的产热量低于碳水化合物和蛋白质的产热量。一般的脂肪来源包括牛油、猪油以及各种植物油。通常可采用膨化处理的大豆达到加油的目的,而不会产生像在干料中添加液体油脂那样遇到的饲料混合和处理的问题。

3. 食槽的设计:为了防止饲料浪费,母猪食槽的开口通常被设计得较小且可限制饲料拱出,而且食槽高出地面的高度应能使猪采食略感困难。食槽设计是否合适可通过简单的观察来评估。如果母猪采食时频繁地在食槽边转来转去,说明食槽设计很有可能会限制采食量。

4. 日粮中的蛋白质水平:将日粮中的蛋白质水平比正常值提高 2%,会增加母猪的采食量,但这一机制尚不明了。如前所述,在怀孕期避免摄食过量将有助于保证母猪泌乳期的高水平的自由采食量。

5. 饮水量:泌乳母猪应每天饮水 15L。如果每个乳头饮水器每分钟供水不到 1L,造成母猪饮水量不足,母猪就会减少吃料。

6. 分娩时母猪体况:在母猪妊娠的开始就喂得太多,使得分娩时母猪体况太肥,会导致母猪在泌乳中期表现食欲低下。

三、提高母猪泌乳量的饲养方法

(一) 加大母猪的采食量

一头母猪每天奶产量大致为 7kg,其干物质产量相当于妊娠母猪在妊娠期114天时两天的干物质产量,因而哺乳母猪的营养需求比妊娠母猪高。由于对妊娠期母猪采取限制饲喂,所以哺乳期母猪应尽量喂好,使在泌乳期母猪有最大的采食量而体重只有最小的下降。

1. 确保哺乳母猪有一个全价日粮:哺乳母猪应根据它们的需求得到全面的养分与能量,要依据母猪的体重或体况、奶量及其成分、猪舍状况等来确定其需求。总的要求是,从分娩当天开始,提供新鲜饲料,尽量让它们多吃。

母猪一般靠消耗背膘来泌乳,泌乳期在某种程度上会减轻一些体重。这种体重减轻的程度必须通过泌乳期适当饲养来加以控制,以防止断奶后不能及时发情。如果母猪在分娩后10天不很好泌乳,就要检测日粮,特别注意钙和磷的水平,钙和磷含量也许较低或处于相反的比例,即磷比钙的含量高。

母猪摄入高能量日粮的数量与常规饲料相同,所以可以通过提供高能量日粮来增加能量的摄入。足够的蛋白摄入量,以保证在断奶后及时发情和排卵。在哺乳期如果蛋白质不足,会影响断奶后母猪的发情和受孕,尤其是对初产母猪。我国的传统做法是,开始应供给稀料,2～3天后饲料喂量逐渐增多。5～7天改喂潮拌料,饲料量可达到饲养标准规定量。最好日喂3次,有条件的场可喂一些青绿饲料。

2. 对妊娠母猪采取限制饲喂:妊娠期间饲料摄入量越高,母猪在分娩时有更多的体内储备,在泌乳期消耗的饲料就减少,直接导致泌乳期母猪的食欲变差。

3. 为防止母猪在泌乳期内的体况降低多,就要增加饲料供给量。如果母猪的食欲很差,不足以使母猪维持合理的体况,则要设法增加饲料的摄入量。在泌乳母猪采食量不能增加的情况下,因母猪摄入的高能量日粮数量与摄入的常规饲料量是一样的,因此可以通过提供高能量日粮来增加能量的摄入(如在日粮中添加脂肪等)。

4. 采用湿喂法和增加饲喂次数:每天饲喂2次与喂1次相

比,母猪会消耗更多的饲料。如果饲喂次数更频繁,那么消耗的饲料就会更多。在泌乳期,采用湿喂或颗粒饲料饲喂,也可以增加母猪的采食量。

5. 在泌乳期增加饲料摄入的另一方法是降低产仔舍的温度。表 3-17 是一个产房温度保持 27℃或 21℃的试验结果。

表 3-17 环境温度对哺乳母猪饲料摄入和体重下降及仔猪增重的影响

	温度	
	27℃	21℃
母猪饲料摄入(kg/d)	4.6	5.2
110 天到断奶母猪体重下降(kg)	21.0	14.0
28 天时仔猪平均重(kg)	6.2	7.0

产房温度低和高相比较,产房维持在较低温度,母猪消耗的饲料较多,体重降低幅度小,断奶仔猪体重较大。因此,如果要母猪摄入饲料较多,就须提供低于整个猪舍的温度,以使母猪处于较凉爽的环境,尤其在炎热的夏季更应如此,而仔猪则需维持在一个较温暖的温度。

产房温度维持在大约 18~20℃,是人们一致推荐的温度。超过 18℃,每增加 1℃,每天每头母猪饲料摄入量将减少 100g。若母猪在整个泌乳期内每天多吃 1kg 饲料则可减少 7kg 的母猪体重损失。

(二)饲喂或注射抗生素

在分娩和泌乳的早期,母猪和它的仔猪都处于高应激期内,有时在母猪分娩后的短时间内会偶发缺乳症和子宫炎,因而在母猪饲料中加入高水平的抗生素,将会减少此类病的发生。表 3-18列举了从分娩前 3~5 天到哺乳的 7~21 天饲喂抗生素的价值。也有些猪场为方便起见,于产后连续三天给分娩母猪注射抗生素,效果很好。

在哺乳母猪的日粮中添加抗生素后,仔猪成活率提高幅度较小，但断奶重提高大约5%左右。抗生素在母猪日粮中的效果，取决于猪群的疾病水平。

表3－18　母猪饲喂抗生素对仔猪生产性能的影响

	对　照	使用抗生素
产活仔数	8.96	9.13
断奶仔猪数	8.01	8.25
成活率(%)	89.40	90.40
断奶重(kg)	3.99	4.18

（三）供应新鲜充足的饮水

母猪对饲料摄入量增加的同时，对水的需求量也会加大。若母猪饮水不足将抵制饲料的采食量，直接导致母猪体重下降，进而会减少母猪的产奶量。因而应在母猪产栏中设乳头式饮水器以提供充足的饮水。

一头哺乳母猪每天的饮水量为15L。乳头式饮水器应安装在母猪容易接近的位置，要求提供水的流速为每分钟1L，这是理想的流速，其一半即每分钟500mL，是一个绝对的最小限度，应定期检查流速。

（四）加强管理

母猪的乳房没有乳池，每次放奶的时间不到1分钟，所以每天的哺乳次数达20次以上。因此，应保持哺乳母猪舍的安静。

做好哺乳母猪和仔猪的“三点定位”的调教，保持猪栏清洁卫生，定期消毒。

加强哺乳母猪运动，提高母猪体质。

（五）催乳

增加青绿多汁饲料，食欲差的用健胃剂和复合维生素等，营养不良的加喂鱼粉等、海带250g泡胀后切碎加猪油100g煮成海带汤喂给、泌乳素不足的肌注催乳素，奶脉不通的用黄芩30g、通草15g、当归20g水煎后取汁拌料喂给。

（六）保护母猪的乳房

母猪乳房乳腺的发育与仔猪的吸吮有很大关系，特别是头胎母猪，一定要使所有乳房都能均匀利用，以免未被吸吮利用的乳房发育不好，影响泌乳量。猪栏应平坦，特别是产床要去掉突出的尖物，防止刮伤刮掉乳头。

（七）预防母猪产后易发病

乳房炎（普鲁卡因青霉素乳房周围分点注射同时肌注抗生素）、产褥热（分娩后向子宫内注射青霉素同时产前产后肌注青霉素各一次）、产后便秘（肥皂水灌肠后赶起活动，或10％氯化钠＋50％葡萄糖各按1mL/kg静注）、产后瘫痪（20％葡萄糖酸钙150mL＋维生素A、D_2 5mL＋5％葡萄糖生理盐水500mL静注）。

四、母猪产后拒食的原因及防制

（一）母猪产后不吃食的原因

产后喂料过多、饲料浓度太大，造成母猪厌食；母猪产后吞吃了胎衣，造成消化不良，不愿吃食；产后精粗饲料过多、青饲料太少，造成母猪大便结燥，而食欲减退；母猪产后疲劳过度而引起食欲减少；产后由于产道损伤，被细菌感染而发生炎症不吃食。

（二）预防

在产前给以营养丰富和易消化的饲料，精料、粗料、青料合理搭配，不宜饲喂得过肥或过瘦。加强对产房的消毒，防止细菌污染产道。母猪产出的胎衣要及时拿出，不让母猪吞食。

（三）治疗

（1）日粮中添加0.2％的活性肽和0.2％的小苏打；或每头母猪的饲料中添加硫酸镁30g或大黄苏打片50g；或饮水中添加“复B液”10g/kg水。

（2）产道感染的用青霉素800万单位，链霉素400万单位，混合在10mL安乃近中进行肌肉注射，每天两次，连注射两天。

（3）用黄芩60g、黄连50g、银花40g、陈皮40g、厚朴40g、地丁草100g、车前草80g、夏枯草80g，用猪苦胆一个加醋200mL，煎沸后加入稀饭中一次喂给，每天一次，连喂三天。

(4) 氨苄青霉素 6 瓶（也可用喹诺酮类等药物），维生素 C 30mL，复合维生素 B 20mL，鱼腥草 50mL，氢化可的松 10mL，加入 500～1000mL 葡萄糖生理盐水中静脉注射，同时在输最后的 100mL 时加入缩宫素 3mL。一天一次，连用 1～3 次。

第五节　哺乳仔猪的饲养管理

从出生到断奶阶段的仔猪称为哺乳仔猪。该阶段的任务是：使仔猪成活率高、生长发育快、整齐度好、健康活泼、断奶体重大，为以后的生长发育打好基础。

哺乳仔猪培育效果的好坏，直接关系到断奶育成率的高低和断奶体重的大小，影响母猪的年生产力和肥猪出栏时间。因此，培育好哺乳仔猪是搞好养猪生产的基础。

一、哺乳仔猪的生理特点

哺乳仔猪的主要特点是生长发育快和生理上不成熟、饲养难度大和成活率低。

（一）消化机能不完善、消化酶系统发育较差

初生仔猪的消化器官在结构和机能上都不够完善。哺乳仔猪的消化器官在胚胎期内虽已形成，但出生后相对重量和容积较小，如胃底腺不发达，不能制造盐酸，不能消化植物性饲料，同时也不能大量分泌胃液等，这构成了它对饲料的质量、形态、饲喂方法、饲喂次数等饲养上的特殊要求。仔猪初生时胃重仅有 5～8g，容积为 30～40mL，到 60 日龄时胃重达到 150g，容积扩大近 20 倍。小肠的长度从初生到 2 月龄增大 5 倍，容积增加 50 倍左右。由于胃容积小，排空速度快，3～15 日龄时为 1.5 小时，30 日龄时 3～5 小时，60 日龄时为 16～19 小时。

初生仔猪由于胃和神经系统之间的联系还没有完全建立，缺

乏条件反射性的胃液分泌,只有当食物进入胃内直接刺激胃壁后,才分泌少量胃液。大约要在 3～4 月龄仔猪的胃腺机能才能完善,才有反射性胃液分泌。

仔猪出生时胃内仅有凝乳酶,胃蛋白酶很少,由于胃底腺不发达,缺乏游离盐酸,胃蛋白酶没有活性,不能消化蛋白质,特别是植物性蛋白质。这时只有肠腺和胰腺发育比较完全,胰蛋白酶、肠淀粉酶和乳糖酶活性较高,食物主要是在小肠内消化。所以,初生仔猪只有吃奶而不能利用植物性饲料。

（二）物质代谢旺盛、生长发育快

仔猪单位体重所需的养分较多,对质量的要求也高。一般 20 日龄的仔猪,每千克体重沉积的蛋白质 9～14g,相当于成年猪的 30～35 倍,每千克体重所需代谢净能为成年猪的 3 倍。对钙磷代谢也很旺盛,每千克增重约含钙 7～9g,磷 4～5g。仔猪对营养不全特别敏感。

仔猪阶段是生长强度最大的时期。10 日龄体重达初生重的 2 倍以上,30 日龄达 5～6 倍,60 日龄达 10～13 倍。

（三）调节体温的机能不完善

仔猪调节体温的能力随着日龄增长而增强。仔猪体温约 38.5℃,比正常体温低 0.5～1℃。初生时所需要的环境温度为 30～32℃。生后 6 小时的仔猪,放在 5℃的环境下 1.5 小时,直肠温度下降 4℃。即使在 20～25℃的条件下,它也需要 2～3 天才能恢复到正常体温。当环境温度低于临界温度下限时,物理调节已不能维持正常体温,需要化学调节以增加产热量。

（四）缺乏先天免疫力

仔猪出生时没有先天免疫力,这是因为免疫抗体是一种大分子球蛋白,胚胎期由于母体血管与胎儿脐带血管之间被 6～7 层组织隔开,限制了母体抗体通过血液向胎儿转移,因而仔猪出生时没有先天免疫力,自身也不能产生抗体。只有吃到初乳以后,靠初乳把母体的抗体传递给仔猪,以后过渡到自体产生抗体而获得免疫力。仔猪 10 日龄以后才开始自身产生抗体,但直到 3～4

周龄前数量还很少。

（五）对周围反应的能力差

初生仔猪易受冻受压。据统计，3 日龄之内死亡的仔猪占断奶前死亡的 60%左右，造成死亡的主要原因有挤压、饥饿、仔猪虚弱、寒冷、疾病等，其中因挤压死亡的占 25%以上。

二、养好哺乳仔猪的关键时期

1. 在仔猪出生后的 7 天以内，因为仔猪体重小、身体弱，行动不方便，抗病和耐寒能力差而极易造成冻死、饿死甚至被压死。故在仔猪出生后一周内，应加强保温、防压等特殊护理。这是养好仔猪的第一个关键时期。

2. 从出生后的 10～25 天，由于母乳泌乳量一般在 21 天达到高峰后逐渐下降，而仔猪的生长发育却急剧上升，食量大增，如不及时补料以弥补泌乳量的不足，易造成仔猪瘦弱，生长缓慢，甚至死亡。这是养好仔猪的第二个关键时期。

3. 仔猪由吃乳过渡到吃料是其一生中的最大应激，易导致仔猪拉稀、掉膘，严重者造成死亡。因此，如何确保仔猪安全断奶是养好仔猪的第三个关键时期。

三、初生仔猪的护理措施

（一）加强怀孕后期母猪的饲养管理

怀孕后期母猪营养不足会造成胎儿发育受阻，致使仔猪初生体重小或弱胎和死胎增加。因此，加强怀孕后期母猪的饲养管理是养好哺乳仔猪的基础。

（二）重视接产

1. 仔猪出生后应尽量清除口腔及呼吸道的黏液、羊水。如黏液较多，可将后肢提起，使头朝下，轻拍胸壁，然后用纱布擦净口中或鼻中的黏液。若已发生窒息，可通过插入气管的胶管，每隔数秒钟徐徐吹气一次，以使其呼吸。紧急情况时，可注射尼可刹米，或用 0.1%肾上腺素 1mL 直接向心脏内注射。

2. 擦干仔猪身体,进行正确断脐。断脐不当会使初生仔猪流血较多,影响仔猪的活力和以后的生长。当仔猪脐带停止搏动后才可断脐,方法是把脐带中的血反复向仔猪腹部方向挤压,在距仔猪腹部约 5～6cm 处剪断,断面用 5%的碘酊消毒。

3. 仔猪出生后,母猪乳房、后躯用 0.05%～0.1%高锰酸钾进行消毒,清除产房内的污水、血水及潮湿的垫料,保证产房的清洁、干燥。

(三) 早吃、吃足初乳

仔猪全部出生后,对乳房的竞争非常激烈。仔猪必须吃足一定量的初乳,以确保获得足够的免疫球蛋白。

1. 用标识器标识你所看到的正在吃初乳的仔猪。半小时后,把吃上初乳的仔猪放到有加热灯具的育仔室中(时间不超过半小时)。

2. 实施固定乳头的措施,既能保证每头仔猪吃足初乳,同时又能提高全窝的均匀度。固定乳头应在仔猪出生后 2～3 天内进行。先将仔猪放在母猪身边,让仔猪自寻乳头,待多数仔猪找到乳头后,对个别弱小的或强壮的再适当调整。将发育较差、初生重小的仔猪放在前边的乳头上,使其多吃初乳,以弥补先天的不足;体大强壮的仔猪固定在后边的乳头上。每天哺乳时均坚持固定的顺序,经过几天的调教,仔猪就能按固定的顺序吃乳。

3. 采用分开吃乳的办法:出生后头 24～48 小时,让一窝仔猪中一半体重较轻的仔猪在没有竞争的条件下吃 2～3 次初乳,可达到增加体重和降低死亡的目的。当一半仔猪吃初乳的时候,把另一半仔猪隔开,2 小时后两组轮换,以保证所有仔猪吃上足够的初乳。

4. 胃管饲喂:胃管饲喂是用一根塑料管从仔猪嘴中插入胃内进行喂养的技术。这是一项实用而经济的技术,特别是对那些因弱小、受寒、饥饿、后腿外翻而实在吃不上初乳的仔猪,可用此法饲喂母猪或母牛初乳。

(四) 剪牙和断尾

为减少对母猪乳头的损害及当仔猪发生争斗时降低对同窝

仔猪的伤害,仔猪出生后应修剪牙齿。但注意不要把牙齿剪得太短以免损害齿龈和舌头,使病原体进入仔猪体内。在给下一个仔猪剪齿前要对工具进行消毒,以避免细菌交叉感染。每天用完工具后要进行消毒。对发育不好的仔猪不剪牙齿是有好处的,特别是不能马上进行交叉寄养时。因为这些仔猪保留牙齿,有利于乳头竞争,有利于生存。

在许多猪场,断尾是常规工作,可避免断奶、生长、育肥猪阶段的咬尾。断尾时应注意:

1. 出生后不久用断尾器剪掉尾巴,仔猪很快恢复,因伤口较小,不会出很多血。

2. 要避免剪得太短。阴门末端和公猪阴囊中部可用来作为断尾长度的标线。

3. 在仔猪和每窝间使用断尾器剪尾后要进行消毒。

4. 为防止细菌交叉感染,不要用同一断尾器既剪齿又断尾。

5. 处理完后对断尾器进行彻底消毒。

6. 对弱仔猪不要断尾,以免加重应激引起死亡。

(五) 防寒保暖

母猪子宫中的温度保持在 39℃,而仔猪出生时只有 1%的体脂肪和非常稀疏的被毛,这些对保持体温的作用很小。若仔猪出生后的环境温度太低,会引起仔猪感冒、肺炎或被冻死。一般新生仔猪的生活环境应在 32～34℃,以后每周下降 1～2℃直到 22～25℃。

(六) 防踩压

1. 在仔猪出生后的 7 天内,因为仔猪体重小、身体弱,行动不灵活,对外界环境不适应,加之个别母猪母性差,极易造成被压死、踩死的现象。故在仔猪出生后一周内,应加强值班护理,保持环境安静,防止舍内突然出现响动。

2. 工厂化养猪生产中,带仔母猪饲养在限位栏内,且有防压装置,可有效的降低仔猪被母猪压死、踩死的发生率。

(七) 注射铁剂

仔猪出生时体内铁的总贮存量约为 50mg,每日生长约需

7mg，到 3 周龄开始吃料前，共需 200mg。而母乳中含铁量很少（每 100g 乳中含铁 0.2mg），仔猪从母乳中每日仅能获得 1mg 的铁，因此，母乳远远不能满足仔猪对铁的需要量。仔猪体内铁的贮存量在生后 3～4 日龄即被消耗完，若得不到补充，就会出现缺铁性贫血。因此，应于仔猪出生后 2 日龄即给其补铁，特殊情况下，7 日后可进行第二次补铁。

注射铁剂时要按标签的建议使用量。用容量 20mL，1.5cm 左右的针颈部肌肉注射。保持针头的清洁，将损坏和弯的针扔掉，并把开瓶的铁剂储存在冰箱中，在使用前将铁制剂恢复到室温。

（八）硒的补充

硒和维生素 E 具有相似的抗氧化作用，仔猪对硒的日需要量根据体重不同大约为 0.08～0.23mg。对缺硒仔猪应及早补硒，一般于出生后 3～5 日肌肉注射 0.1％亚硒酸钠维生素 E 注射液，每头每日注射量为 0.5mL，断奶时再注 1 次，用量为 1mL。

（九）水的补充

水是猪所需要的最主要的营养成分。由于仔猪生长迅速，代谢旺盛，母猪乳的含脂率高，仔猪食后即感口渴，若不及时补水，便会喝脏水或尿液，容易引起下痢。因此，在仔猪生后 3～5 日龄起就在补饲间设饮水槽，补给清洁饮水。有的猪场在建造猪舍时就在仔猪栏内安装自动饮水器，能保证仔猪饮水的清洁卫生，并降低劳动强度。水必须要保持新鲜、清洁，并可稍加甜味剂，不可用油腻的水。据试验，用含盐酸 0.8％的水饲饮 3～20 日龄的仔猪（20 日龄后饮用清水），60 日龄断奶重可提高 13％。补饮盐酸有补胃液分泌不全、活化胃蛋白酶之效。近年来研究证明，仔猪口服补液盐（ORS）在抗仔猪断奶应激，防止纠正机体组织脱水，调节酸碱平衡，防制仔猪下痢等方面具有明显效果。而且 ORS 还使仔猪采食量增大，饲料利用率提高，对仔猪生长发育具有显著的促进作用。

（十）去势

一般认为猪去势时间越早流血越少，应激越小。而应激越小，仔猪恢复就越快。而且仔猪去势越早,切开的口子越小。据报道,去势年龄对仔猪的生长没有严重影响。猪最适宜的去势时间是在出生后 7～10 日龄,去势时应注意:

1. 使用无菌切割器或手术刀。

2. 用 75%酒精或 5%碘酊对猪阴囊和操作者的手进行彻底清洗和消毒。

3. 对弱小或腹泻的仔猪要推迟去势,否则会使它们以后的生长发育受阻。

(十一) 提早补料

由于泌乳量一般在 21 天达到高峰后逐渐下降,而仔猪的生长发育却急剧上升,食量大增,如不及时补料,弥补母乳量的不足,易造成仔猪瘦弱,生长缓慢甚至死亡。同时为了适应早期断奶,仔猪必须在早于母猪泌乳高峰前和断奶前学会采食,这样可以磨炼牙床,促进胃肠发育,防止下痢。另外,仔猪出生时已有上下第三门齿及犬齿 8 枚,6～7 日龄左右前臼齿开始发生,牙床发痒,这时仔猪可离开母猪单独活动,对地面上的东西闻、拱、咬等进行探究,同时仔猪还有模仿争食的习性。因此,在仔猪出生后5～7日龄利用其探究行为和模仿习性训练仔猪开食,使仔猪断奶时达到旺食。

(十二) 正确寄养

有的母猪分娩后,因乳房炎、子宫内膜炎、缺乳症等病症不能泌乳、乳量减少,或因产仔数多于母猪的有效乳头数,而将无法哺育的仔猪送给大致同期分娩的其他母猪去哺育,以减少仔猪的损失。寄养的仔猪出生日期一般不宜超过 3 天,应选择泌乳力强、性情温驯的母猪作为寄养母猪,并注意在寄养前应设法混淆母猪和寄养仔猪的气味。

(十三) 分开断奶

窝内体重较大的仔猪提前 7～10 天进行早期断奶,窝内生长发育差、体重较小的仔猪延长吃乳时间,以吃到更多的乳。

(十四) 预防疾病

1. 保持圈舍的清洁卫生:产房最好采取全进全出,前批母猪仔猪转走后，地面、栏杆、网床、空间，要进行彻底的清洗、严格消毒，消灭引起仔猪腹泻等疾病的病原微生物，特别是被污染的产房消毒更应严格，最好是经过取样检验后再进母猪产仔。妊娠母猪进产房时对体表要进行喷淋刷洗消毒，临产前用0.1%高锰酸钾溶液擦洗乳房和外阴部，以减少母体对仔猪的污染。产房的地面和网床上不能有粪便存留，随时清扫。

2. 保持良好的环境：产房应保持适宜的温度、湿度，控制有害气体的含量，使仔猪生活的舒服，体质健康，有较强的抗病能力，以防止或减少仔猪腹泻等疾病的发生。

3. 在分娩时和泌乳的早期，母猪和仔猪均处在高应激期内，有时母猪在分娩后的短时间内会偶发缺乳症和子宫炎，因而在母猪饲料中加入高水平的抗生素，将会减少此类病的发生。实践证明在产后连续三天对母猪注射抗生素，效果很好。

4. 在仔猪吮乳前从口腔中滴入适量抗菌药物可有效防制仔猪肠道疾病的发生。

5. 妊娠后期母猪预防性注射防制仔猪黄白痢的大肠杆菌苗对仔猪黄白痢病的发生有一定的预防作用。

6. 对猪瘟、伪狂犬病、猪繁殖与呼吸综合征、口蹄疫等进行常规免疫。

7. 于仔猪出生后2日龄即给其补铁，有利于预防仔猪缺铁性贫血。

8. 及时补充清洁饮水，以防仔猪因口渴喝脏水或尿液而引起下痢。

9. 为保证乳汁的质量，防制仔猪下痢，坚决不用霉变的饲料饲喂带仔母猪。

10. 对已发生腹泻的仔猪，及早发现及早治疗。

四、仔猪补饲方法

(一) 仔猪的生长发育和母猪泌乳的关系

仔猪的生长规律类似母猪泌乳规律(图3-6)，在仔猪出生后的10～21d,它所摄取的乳汁与它的增重成正比。但从3周龄开始,一方面是母猪泌乳量达到高峰后逐渐下降;另一方面则是仔猪生长发育迅速上升,活动能力增加,觅食能力和食量增加,故下降的母乳满足不了日益增长的仔猪需要,特别是4周后,有70%以上的仔猪营养来源于补料,所以仔猪的生长发育和其增重与补料呈正相关,因此要提高断奶窝重就必须给仔猪及时补料。

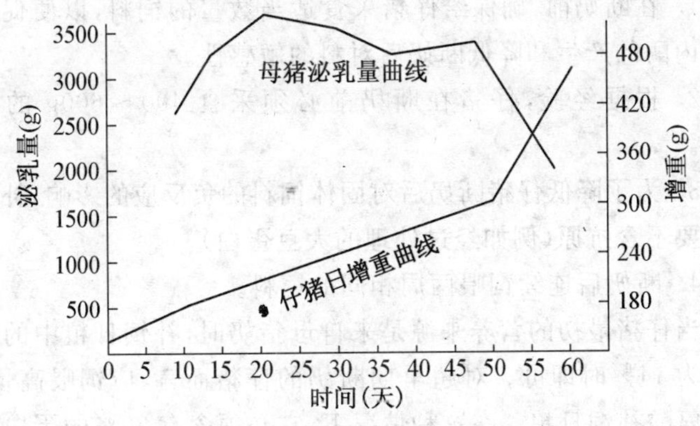

图3-6　母猪泌乳量与仔猪增重图

(引自代广军《集约化养猪实用技术》2000)

(二)哺乳仔猪的消化能力

在出生第一和第二周,仔猪只能消化奶蛋白(酪蛋白)、奶糖(乳糖)、葡萄糖和脂肪。消化淀粉、糖(蔗糖)和非奶蛋白所需要的消化酶要在较长时间后才能产生。因此,需要使仔猪的消化系统逐渐从只消化奶的类型转变为用酶消化谷物的类型。从奶到日粮的突然变化将导致仔猪营养应激,通常的结果是生长停滞,其表现是采食极少,几乎不增重和常常腹泻。

在3周龄时,仔猪的消化系统尚未成熟,它还不能分解来源于植物的饲料成分。在7～21天的这段时间里,仔猪每天采食7g的固体饲料。这个数量太少,不足以刺激酶的产生。如果在断奶前仔猪吃下较少量的粉料,免疫系统开始形成,对饲料中的抗原变得敏感。其结果是断奶后它们的消化系统对大豆蛋白产生反作用，导致经常性腹泻和生长停滞。

（三）补饲策略

仔猪是喜爱活动的。它们的这种行为延伸到采食活动中。当发现饲料时出于好奇而啃咬，但并不真正食入。据估计，从饲槽中消失的饲料中只有20%～25%是仔猪采食了，而其他大部分的乳猪料均被浪费了。

1. 在断奶前，确保给仔猪采食适当数量的饲料，以便促进胃肠道内酶的产生和降低断奶后对料的敏感性。

2. 根据经验，仔猪在断奶前必须采食400～600g的补饲饲料。

3. 为了降低仔猪断奶后对固体饲料的负反应的影响，补饲的饲料要不含抗原(例如经过处理的大豆蛋白)。

4. 断奶后连续饲喂两周相同的饲料。

当仔猪最初的营养来源是来自母猪奶时，补饲日粮中的蛋白含量为14%时即可。对超早期断奶的仔猪而言，应饲喂高蛋白、高赖氨酸补饲日粮。在这种情况下，它必须含有20%的蛋白质和1.2%的赖氨酸。

（四）影响补饲进食的因素

仔猪在7周龄内通常可以采食5.5kg的补饲料。表3-19概括了仔猪在3～7周龄时的平均补饲采食量。

表3-19　仔猪在3～7周龄时的平均补饲采食量

周　龄	仔猪体重(kg)	周补饲量(g)
3	4.6	146
4	6.8	296
5	9.1	768
6	11.4	1655
7	13.6	2590

有许多因素影响仔猪的补饲量：

1. 饲料新鲜度的影响。刺激仔猪增加补饲量最重要的因素之一是饲料的新鲜度。在清除陈旧饲料、添加新饲料时，不要将太多的补饲饲料添加到饲槽中，以免饲料发霉、污染、招来苍蝇。每天少量、多次的添加饲料是补饲的原则。这样做的结果不仅能够保证补饲的饲料总是新鲜的，而且能够刺激仔猪对新饲料的好奇，有助于鼓励仔猪多采食。应选择在远离分娩舍的一栋干燥低温的建筑物存储饲料。不要将饲料存放在分娩舍内的料桶中，因为桶中的饲料将因吸收舍内的气味而使适口性降低。

为了提高饲料的采食量和断奶仔猪的体重，饲养员应每日向补饲槽内添加饲料进行补饲，虽然该办法可使仔猪定时采食，但比较费力。通过饲喂颗粒饲料或粗粒饲料，能够刺激仔猪采食补饲料。比较颗粒料和粉料，哺乳仔猪更喜欢前者。从 14 日到 28 日饲喂颗粒料的仔猪比饲喂常规粉料的仔猪摄入饲料量更大，浪费较少。

2. 饮水的影响。尽管仔猪在进食补料的同时，吸吮母猪的奶水，但是它们能够获得新鲜饮水却是很重要的。如果在仔猪哺乳期内新鲜饮水供应不足，则补饲料的摄入量将明显地减少，可导致生长速度的下降。当仔猪在分娩舍内习惯使用乳头饮水器后，为使仔猪得到充足新鲜的饮水，要求饮水器的流速为 $0.072m^3/h$。

3. 补饲的注意事项。

(1) 从仔猪生后 7 日龄开始，应该给仔猪补料。在一个清洁、干燥和坚硬的地面，撒上少量的饲料。最初，仔猪对这种方式提供的饲料会显示出极大的兴趣。每天清扫掉未吃完的饲料，换上新鲜的饲料。这样在地面持续饲喂 3～4 天，直到仔猪开始进食饲料为止。

(2) 当仔猪可以采食较多的饲料时，放入可以同时容纳一窝仔猪采食的一个相当重的浅的圆形的饲槽。在这样一个浅的饲槽里，仔猪比较容易看见和采食到补饲饲料。在补料未吃完的情况下，每头仔猪每天的补饲量不要超过 20g。

(3) 不要在分娩舍内存储补饲料，以免吸入异味。更不能让粪便污染了补饲槽中的饲料。补饲槽应高出地面 10cm，以便减少饲料的浪费。

(4) 不要在母猪采食后 2 小时内当仔猪将吮奶或吮奶后睡觉时提供补饲饲料。

(五) 补饲的饲料

补饲的饲料必须满足适口性强、体积小、所含营养物质适合仔猪消化系统的要求。由于仔猪消化道无法容纳大体积饲料，所以补饲的料要高度浓缩。最好制成颗粒饲料，具备松脆、香甜等良好特性。

给仔猪补饲有机酸，可提高消化道的酸度，激活某些消化酶，提高饲料的消化率，并能抑制有害微生物的繁衍，降低仔猪消化道疾病的发生。常用有机酸有：柠檬酸、甲酸、乳酸、延胡索酸等。用乳酸杆菌作为哺乳仔猪的添加剂，也可提高仔猪增重和降低下痢的发病率。

抗生素有增强抗病力和促进生长发育的作用，其效应随年龄增长而下降，仔猪出生后的最初几周是抗生素效应最大的时期。给仔猪饲料中添加抗生素，可以提高成活率、增重速度和饲料利用率。对哺乳仔猪的使用量一般为 1kg 饲料内加 40mg，高水平的可达 1kg 饲料 100～250mg。

(六) 饲养无母仔猪

当母猪死亡或停止泌乳或母猪不愿带仔猪时，对这些仔猪在饲养时要给以大量的关注和照顾。在圈内地面均匀地铺上厚垫料进行人工饲养，是非常有益的。人工饲养无母仔猪可以获得较大的经济效益，否则无母仔猪将无法长大。

仔猪出生后应尽快吸吮初乳。初乳来自刚产仔的母猪或可以使用牛的初乳作为替代品。初乳可以冷冻储存在冰管盘中。一头仔猪一管(约 25mL)，在饲喂前融化、加热到 37℃。初乳不能加热到 60℃以上，以免其中的免疫球蛋白遭到破坏。

对无母仔猪或大窝中多余无法寄养的仔猪，可用制作的代乳品进行饲喂，以确保仔猪的成活。在给无母仔猪供应饲料时，应同时为它们提供一个温暖、清洁、通风良好的环境。在2～3日龄时，仔猪睡觉地面的环境温度应保持32～34℃，在采食区域最多只能低5～6℃。最理想的是将仔猪放在“保育箱”中，“保育箱”放在睡觉区域的固定地方，并在采食和排粪的地方铺上漏缝地板。

（七）弱小仔猪的灌饲

仔猪储存的能量在出生后很快就消耗完了。如果不能从母猪的初乳或奶中尽快得到充足的能量补充，仔猪不久将死去。因此可以在产后立即给仔猪饲喂15mL的初乳来提高体重0.5kg仔猪的存活率，而后在产后36～48小时内饲喂2～4次母猪的初乳或代乳品，可以大大地提高仔猪的存活率。

胃管饲喂是把塑料管从仔猪嘴中插入胃内进行喂养的技术。用一个灌肠器可将定量的初乳和奶直接注入仔猪胃内。特别是对弱小、受寒、饥饿的仔猪，这一办法快而经济，是一项很实用的饲喂技术。

五、仔猪寄养技术

仔猪寄养就是给仔猪找奶妈。有的母猪分娩后，因产褥热等病症无奶、少奶或死亡，或因产仔数超过母猪的有效乳头数，多出的无法哺育的仔猪可送给大致同期分娩的其他母猪去哺育，这就是寄养，是提高仔猪成活率的有效措施。当母猪产仔头数过少而需要合窝并养，使另一头母猪尽早发情配种，减少饲养成本，也需要进行仔猪寄养。

（一）寄养原则

1. 在寄养前，仔猪至少在亲生母猪那里吃10～12次初乳。

2. 寄养仔猪要在出生后尽早进行（分娩后6～12小时内最好），且生母和养母的分娩日期越相近越好，通常分娩日期不要超过3天，否则将会给寄养带来困难。同时没用的乳腺将会变干。

3. 寄养的仔猪均是最强壮的，当一窝仔猪数量较少时，为提高母猪的利用率，可将全窝仔猪寄养过来。如果一窝仔猪中有一头较弱的仔猪，而其他仔猪较大且较强壮，这时不要剪断弱仔猪的牙齿，以使弱仔猪更好地竞争乳头。

4. 后产的仔猪向先产的窝里寄养时，要挑体重大的寄养，而先产的仔猪向后产的窝里寄养时，要挑体重小的寄养，以避免仔猪体重相差较大，影响体重小的仔猪发育。

5. 要对母猪的抚育能力和性情进行评估，寄养母猪必须是泌乳量高、性情温顺、哺育能力强的母猪。只有这样的母猪才能哺育多头仔猪，才能使较小的仔猪得到较好的抚养。

6. 把弱仔猪或没有固定乳头的仔猪放到有较小或细长奶头的初产或经产母猪下进行寄养。

7. 不能寄养患病的仔猪，以免疾病传播。

（二）寄养技术

1. 交替哺乳：尽管这种方法不属于真正的寄养，但在整个仔猪管理系统中不失为一种有效的手段。仔猪全部出生后，对乳房的竞争非常激烈。仔猪要吃一定量的初乳，以确保获得足够的免疫球蛋白。对在产仔数超过 9 头的窝而言，将仔猪按体重大小分为两组，于出生后头 24～48 小时，让一窝仔猪中一半体重较轻的仔猪在没有竞争的条件下吃 2～3 次初乳，可达到增加体重和降低死亡的目的。把较重的仔猪放到加热的仔猪栏中，每次 2 个小时，定期进行检查。

2. 交叉寄养：它是将同时分娩的所有仔猪按重量分组后使每窝仔猪的数量均等、体型相同，即重量较小、差异不大的小仔猪由一头母猪喂养，而较大的仔猪由另一头母猪喂养。现已证实这种方法可降低断奶前的仔猪死亡率，并可提高断奶重和断奶后的增重。

3. 回养：将某头断奶母猪喂养不好的仔猪转至另一头不久即准备断奶的母猪喂养。此法的缺点是容易使大日龄的仔猪将疾病传播给日龄较小的仔猪，从而提高死亡率。虽然此法普遍采用，但最好还是不用，因为还有更好的选择。如果实无他法，最好将体壮的仔猪转给别的母猪喂养，弱猪留给亲生母猪喂养。

4. 分流寄养：仔猪从一头母猪转移到另一头母猪处，以使新分娩的母猪能够抚养更多的仔猪。与回养的共同点是均转出体壮的仔猪，但主要差别是转出的均是大日龄仔猪。因此第一周龄仔猪可能转给饲养第二周龄仔猪的母猪，甚至可能是第二周龄仔猪转给饲养第三周龄仔猪的母猪。饲养第三周龄仔猪的母猪有可能提前断奶或按时断奶，以使母猪多休养一周。这种方式的优点是减少分娩舍中低日龄仔猪感染疾病的危险，同时还能保证泌乳的质量数量符合仔猪的要求。母乳免疫球蛋白中的保护免疫力很重要，其水平随泌乳期的长短而变化，故寄养母猪越符合仔猪的日龄要求，效果越好，这在仔猪第三周的生命期中尤为明显。应该指出，此法能使一头或多头母猪延长寄养时间，让仔猪多吮乳1～2周。为使分流寄养获得成功，出生后12小时要对窝产仔数多的仔猪实行交替吮乳，以保证窝中所有仔猪都能吃到足够的初乳。

5. 集体哺乳：当一批仔猪断奶时总有一些体重较轻的仔猪不能断奶，此时可保留一些泌乳量高、母性好的母猪对这些仔猪集中哺乳一段时间。虽然这会打乱这些母猪的生产周期，但总体而言这种做法是十分值得的。

6. 分批断奶：分批断奶时，窝内体重较大的仔猪提前7～10天进行早期断奶，可使窝内体重较轻的仔猪吃到更多乳头的奶。其他仔猪在3～4周龄正常断奶。如果一窝仔猪断奶时体重差异较大，分批断奶是比较好的方法。

7. 限制吮乳法：仔猪出生后12～18小时之内，应全部集中在一起按体重分组，然后从最小的仔猪开始再重新分配给母猪，每头母猪分配的吮乳仔猪不超过9头。剩下的应该是新生下仔猪组中体重最大的，然后将它们送给已哺乳9头仔猪7天的母猪哺养，其亲生仔猪已经转给寄养母猪喂养（已哺乳14天）。这种方法适用于集约化、集中产仔的猪场，对大批量仔猪有明显的优越性。特别适用于断奶前仔猪死亡率超过10%的猪场。可以在小母猪中推广，以减少后备母猪第一胎的吮乳仔猪数量。一般的效果是仔猪死亡率低，减少母猪失重和体弱母猪的数量。此法的流转方式与分流寄养相似，但保健效果较好，仔猪体重差异小。

（三）寄养过程中可能出现的问题

1. 猪的嗅觉特别灵敏，母仔相认主要靠嗅觉来识别。由于气味不同，母猪不能接受新转群的仔猪，会向仔猪发起进攻，不给哺乳；仔猪也有可能不愿吮乳。为了使寄养顺利，可在转群仔猪身上涂抹母猪的尿液或乳汁，或在全群仔猪身上撒上粉末，以掩盖仔猪的“异”味，减少对转群仔猪的排斥。也可将被寄养仔猪和养母所生仔猪合关在同一个仔猪箱内，经过一定时间后同时放到母猪身边，使母猪分不出被寄养仔猪的气味。

2. 母猪易受到新转群仔猪的干扰（由于仔猪的尖叫等原因），这些干扰可影响母猪分泌乳汁。

3. 新转群的仔猪要花很长时间寻找自己母亲和同胞。它们来回跑动和尖叫，远离新的伙伴，由于不能听出代养母猪的叫声，因此吃奶时间较晚，在竞争乳头中花很长时间，特别是当它们在乳房下的位置被其他仔猪占据时。

4. 观察新寄养仔猪排泄物的特征。腹泻经常是营养性的，而不是由于疾病引起的。新的代养母猪每次泌乳时要比代养前分泌更多的奶。这一过程很短，要严密监视。

六、断奶前仔猪死亡的原因分析及对策

断奶前仔猪死亡率可为10%～25%，甚至更高。这取决于猪群的遗传、母猪营养、猪场管理能力。导致断奶前仔猪死亡的原因有很多，对初生仔猪而言，最危险的时期是在出生后的头3天。调查数据显示（表3－20）约有60%（甚至高达80%）的断奶前死亡发生在这关键的3天里。如果在出生后的前几个小时对仔猪进行适当的护理，能救活许多后来可能会死亡的仔猪。

表 3-20　仔猪死亡的时间

死亡时间(d)	死亡率(%)	死亡时间(周)	死亡率(%)
0	24	1	76
1	16	2	18
2	13	3	6
3	6		
4	7		
5	5		

图 3-7 显示了初生-挤压-饥饿综合征。受寒冷的、挨饿的或出生时虚弱的仔猪比健康仔猪更容易被母猪压死。表 3-21 的数字可以说明这个问题。

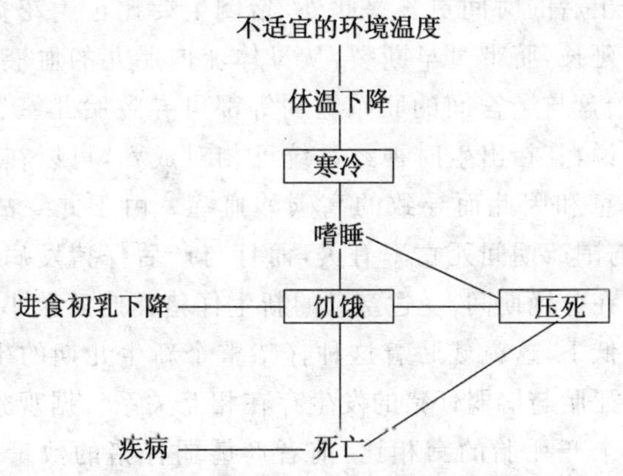

图 3-7　寒冷-挤压-饥饿-疾病综合征

(引自刘海良主译《养猪生产》1998)

表 3-21　仔猪死亡的原因

原　因	范围(%)	原　因	范围(%)
挤压	28～46	疾病	14～19
弱仔猪	15～22	寒冷	10～19
饥饿	17～21		

（一）断奶前仔猪死亡的原因

1. 与分娩相关的死亡

（1）产前死胎：正常情况下这种死亡相对较低，不管是产仔数多还是产仔数少的各窝中，这种死亡的频率几乎相同。据估测约有70%～75%的产前死亡是由于非传染性因素引起。

（2）产期死亡：产期死亡率在整个断奶前死亡率中占相当大的比率。多数产期死胎的母猪产仔数正常，出生的仔猪发育也明显正常。有些在分娩期间死亡，但其中约有70%的仔猪是伴随2头或更多死猪活着产出，这些仔猪出生后不久即死亡。然而，若加强护理，可以救活许多这种仔猪。

每个仔猪出生时的平均时间为26分钟，而产死仔要比产活仔花费更长的时间，产期死亡的仔猪到产出后的时间比产前死亡仔猪到产出后的时间更长。此外，猪倒生要比正生花费时间长，分娩时间延长，脐带过早断裂，从母体流向胎儿的血液供应下降或受阻，胎盘与子宫间的联系脆弱等都可导致胎儿窒息。然而，就仔猪来说，其在出生时神经系统已相对成熟，可以在短暂时间内抵抗窒息和因此而导致的高碳酸血症。由于此缘故，产期窒息，不仅与围产期间死亡率有关，而且与产后仔猪发病率和死亡率有关。在分娩期间，受过窒息的新生仔猪在产后数小时中常常表现活力低下，这就威胁着这种仔猪整个新生儿期的生存能力。同时产期死胎与孱弱仔猪的发生存在相互关系。据观察，带有死胎的窝与未产死胎的窝相比，前者产孱弱仔猪的数量比后者要多。因此，在产后护理中应对此引起注意。

产仔时间超过4～5小时或已产出2/3仔猪后，应采取助产措施，否则，产期死胎数会增加，而产仔数量、胎次、妊娠禁闭栏饲养及产房的管理等均可造成分娩时间延长，直接导致窒息延长的危险性增加。

2. 饥饿和孱弱、体格过小的仔猪

饥饿仔猪被看做正常大小的仔猪，在哺乳上它没有明显的机械障碍，只是由于母猪患无乳症而使其得不到充足的食物。因为每窝仔猪的数量都要多于其功能性乳头数或由于圈栏安排较差，所以在母猪患乳房炎-子宫内膜炎-无乳症（MMA）较高时，这些猪就成为特殊问题。

表3-21指出在产圈中因饥饿死亡的损失占所有断奶前死亡数的21%，有许多因素导致个别仔猪饥饿：

(1) 初生重低（低于0.90kg）的仔猪生存机会较低。因为有限的能量储备消耗之前，它们不能和体重大、强壮的同伴竞争乳房周围的空间。如果得不到及时护理，遇到寒冷的气候时，仔猪将在3天内死亡。

(2) 较大的猪也会因饥饿而死亡。出生7天左右的仔猪饥饿取决于母猪。仔猪发育较快时，一部分母猪不能分泌足够的奶以满足全窝仔猪增长的需要。另外，当仔猪错过一次或几次吃奶时，其他仔猪会很快吃完空乳头的奶（不管乳头空闲时间多短）。有经验的管理人员会很快学会识别出挨饿的仔猪。

(3) 体重较小的仔猪出生时也可能出现饥饿。它们在一窝仔猪中具有一定的活力，但与同窝其他仔猪相比，由于它们在头24～48小时关键时期不能成功地竞争到乳头，因此这些仔猪被看做“社会地位低下的”（贫困的）仔猪。特别小的仔猪还够不着太高的乳头及被母猪体压住的乳头。当这种仔猪够着一个乳头时，又不能在有奶的时间内快速而有力地吃奶，所以它们面临着饥饿的危险。再加上其表面积比较大，可能会迅速瘦弱发冷，由于不能得到充足的初乳其自身能量贮备被迅速耗尽，导致患低血糖症、创伤及感染而发生死亡。因而饲养员可对这种仔猪进行辅助饲喂以使之存活下来。

(4) 虚弱仔猪易发生饥饿。由于分娩持续时间较长、能量储备较低或遗传原因导致出生时仔猪处于昏睡状态。这些仔猪通常吃不上初乳，因此容易饥饿而被母猪压死。

挨饥仔猪的症状：(1) 即使同窝仔猪离开乳房之后，挨饥仔猪仍较长时间停留在母猪的乳房周围；(2) 仔猪显得消瘦，脊骨十分突出；(3) 仔猪发出声响，显得十分不安。吃奶时，仔猪从一个乳头跑到另一个乳头，扰乱吃奶秩序；(4) 仔猪无精打采，连续几小时睡觉、不活动。

当窝仔数较多时，会加剧竞争，死亡率也会增加。窝产 6 头的仔猪比窝产 16 头的仔猪有更多的存活机会。当一头母猪产仔数超过 12 头时，即使熟练的管理人员也将面临很大的困难。

尽管不能连续监护，但分娩时和产后头 24～36 小时要经常对母猪和仔猪进行检查，这样可有效地降低因饥饿而造成的死亡。因为较大的仔猪也可能出现饥饿现象，必须不断地检查仔猪的不良症状。可通过胃管饲喂母猪或母牛的初乳或用代乳品来帮助虚弱的仔猪。利用交叉寄养，结合特殊护理和照料可保证断奶前仔猪的成活。

孱弱的仔猪是指出生时或出生后头 12 个小时生活力低下，或由于体格较小及发生运动障碍在标准畜牧状态下不能生存的活仔猪。此病的诊断方法是测定出生体重低于 900g，从出生到第一次接触乳头时间间隔超过 20 分钟或在帮助的情况下也明显不能获得或维持哺乳。这种仔猪很难定位，当母猪位置发生改变，并伴随乳头位置改变时，其很难察觉环境变化。随着它们逐渐孱弱，运动困难也逐渐呈现出来。

孱弱的仔猪出生体重低，出生后不久体温迅速下降，其恢复上升速度比正常同窝的猪慢，致使新生儿期死亡率高，其数量随产仔数及母猪年龄的增多而增加。

3. 八字腿仔猪和八字腿孱弱仔猪

八字腿是新生仔猪的一种“临床”性疾病，它的特点是四肢内收功能下降，是一种暂时性功能疾病。

(1) 八字腿仔猪：这种仔猪在出生后头 12 小时具有临床症状。通常仅后腿发病，其他方面正常。当试图站立时，其两后肢向两边伸开。其两后肢有的是两侧都发病，有的是单侧发病。但在少数病例中，两后肢延伸到一侧或一个后肢向后伸。此病在出生后头 24～36 小时内最为严重。尽管这种仔猪很难运动，但仍有足够力量竞争到一个乳头而进行哺乳。

(2) 八字腿孱弱仔猪：这种仔猪在出生后不久很快表现八字腿症状，同时又表现出相对孱弱。通常两前腿和两后腿向两侧侧开，有的是双侧腿患病，有的是单侧腿患病。这种仔猪体况迅速恶化。多数在出生后死亡，此病是一种先天性综合征，发生率随母猪年龄增加及产仔数增加而增高。约有90%以上的八字腿孱弱仔猪死亡，并且多数在出生后头48小时死亡，主要是因为饥饿所造成。

4. 受损伤的仔猪

母猪压伤而导致的仔猪死亡损失和其他致命性操作是新生仔猪死亡率高的原因。有许多研究表明来自操作的多数损失发生在产后36～48小时，老母猪窝仔的损伤率高于青年母猪窝仔，在超过11头仔猪的窝仔中损伤率更高些。

当母猪站立或卧下或行走时往往容易造成仔猪损伤。多数是由母猪后躯和后肢造成，大约30%的仔猪创伤是在母猪采食期间发生，若在母猪产后头一日注意母猪采食时间可以避免许多损伤发生。体重正常、外表明显正常的仔猪被严重踢伤或压伤后，虽不立即导致仔猪死亡，但却可导致仔猪成为“孱弱”性仔猪或对传染病容易感染的仔猪。这些被看成为仔猪死亡的原发性病因。

在致命性创伤发生率上，猪群间存在很大差异。尤其是在产仔设备和管理方法上存在着差异性。若改善产仔箱中新仔猪的小环境可降低仔猪损伤的发生率，在靠近母猪“危险区”处设置一个自由通风的活动场所，并可用移动的热灯泡将仔猪和母猪隔开，使“局部”温度接近于仔猪的临界温度(约为34℃)，将母猪置于打孔的地板上，上面不铺稻草等，这样可使创伤损失降到最低限度。

另外，集约化猪场的高床式产床，若钢筋或水泥板间缝隙过大，仔猪腿伸进后无法抽出或被母猪所压，将导致创伤。

5. 寒冷

新生仔猪调节体温的能力是有限的，尤其是在更小的仔猪中。它们出生时体表面积较大，能量储备较少。出生后，仔猪体温从39℃迅速下降到37℃。在产仔数正常的一窝猪中,这种体温的恢复速度发生延迟。新生仔猪最初是通过震颤来维持和调节体温的。新生仔猪的临界温度接近35℃,新仔猪的体热至少有75%经辐射或对流散发到外界。在头一周时,仔猪体温调节机制开始增强,临界温度下降到约25℃。因此,一周龄的仔猪相对来说能够较好适应环境变化。

仔猪容易寒冷是因为刚生下时身体是湿的、被毛稀疏、皮下脂肪很少、身体的温度控制机制尚未发育完全。当环境温度低于34℃时,仔猪会受冷刺激。为保持小环境温度,在分娩和产后一周内需使用加热灯。加热灯加热时间的长短取决于仔猪的健康状况和圈舍的温度。如图3-8所示在仔猪圈舍中放置2只加热灯,一只放在母猪身后,另一只放在母猪一侧。母猪身后的加热灯为出生区域提供热量,减少出生时受寒。分娩过程结束把灯拿走。当仔猪吃奶时,侧面的光和能量吸引仔猪,母猪可以躺在任一侧。因此,建议在对面的一侧放置第三只加热灯。

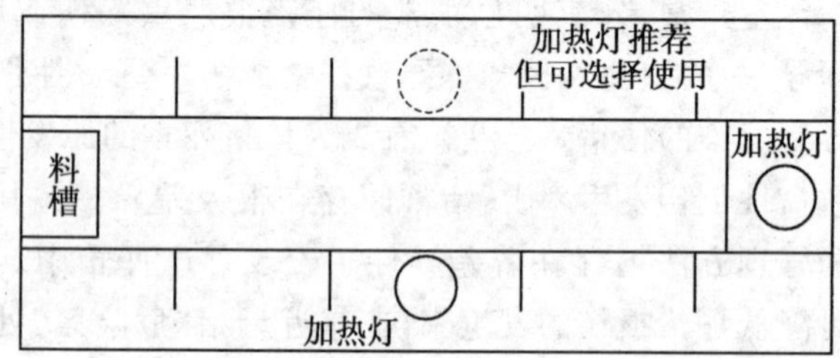

图3-8　分娩母猪三只加热灯的布置

(引自代广军《集约化养猪实用技术》2000)

当使用250W灯泡,高度低于45cm时,灯下的温度太高,仔猪会不适应。灯的高度高于45cm时,起不到多大的作用。要将灯泡挂在距离地面45cm处,使环境温度达到34℃。

为使仔猪皮肤水分蒸发与能量储备下降最低,可采用出生后擦干仔猪身上水分的方法。当仔猪通过震颤获得能量时,在寒冷的环境中能量储备会很快耗尽,用毛巾擦干初生仔猪身上的水分，可以刺激仔猪，提高它们的运动能力。

为仔猪提供温暖、防风的补饲区也是保证仔猪小环境的有效方法。补饲区为仔猪提供温暖、干燥的休息场所并保护仔猪免受笨重母猪的伤害。仔猪补饲区应有固定的地面。产房过热将使母猪进食下降。

在产圈或圈舍中仅仅有仔猪补饲区并不能保证以后仔猪就使用它。封闭式仔猪补饲区要有进出的门，在分娩过程中可以关闭。母猪分娩结束时管理人员把初生仔猪放到育仔栏中。这一步骤可降低在分娩过程中由于母猪不安所造成的踩压。另一个好处是仔猪进入干燥、温暖的环境中，可减少受寒的机会。仔猪放到育仔栏中可提高运动能力。要经常对育仔栏中的仔猪进行检查，以确保不会因温度过高而出现问题。仔猪出生后，不会自动到育仔栏中，在生后头几天成功吃上奶后，要把仔猪放在育仔栏内关上几次，慢慢地进行训练，使仔猪意识到育仔栏是温暖和躲避踩压的好地方。加热灯的散射光可使仔猪找到育仔栏，但也时常需要人帮助把仔猪放进育仔栏。育仔栏的温度应进行严格控制，如果温度太高或太低，仔猪会把育仔栏作为排粪便的场地，而不是生活的地方。对大的育仔栏，在头几天限制躺卧区，直到训练好为止。在生后 7～10 天，根据猪群情况，可安装一盏 100W 的红外线加热灯，这种方法既可降低电耗，又可为仔猪保温提供足够的热量。

6. 疾病

表 3－21 指出仔猪死亡中约 19％是由疾病而引起的。在这类死亡中，痢疾和其他消化障碍通常是最主要的原因。一般来说，疾病不是仔猪死亡的主要原因，不过也有一些时候，疾病是导致一窝乃至全群仔猪损失的主要原因。由于这种疾病爆发的潜在危险，为初生的仔猪提供一个干燥、清洁的环境是非常重要的。

在大批产仔情况下，新生仔猪的营养来源除了肝和骨骼的糖原以外，就是母猪的初乳和常乳，它们不仅是仔猪正常生长和发育所必需的，而且是仔猪抗传染病被动免疫所必需的。因此导致母猪常乳合成下降的任何因素都可导致乳汁成分发生变化,并且限制仔猪获得和利用母猪初乳及常乳的任何因素,都将阻碍、干扰仔猪健康。

7. 脐带出血

在某些猪群中,一段时间的脐带出血是围产期仔猪死亡的重要原因。此因素导致的死亡率一般低于 0.1%,然而,在有些猪场中此病死亡率可达 2%以上。此病因目前尚不清楚。

8. 其他原因

(1) 仔猪受到攻击:有时初产母猪或少量经产母猪向仔猪凶猛攻击。原因可能是由于疼痛或恐惧。如果仔猪生下时从圈舍转到有加热灯的育仔栏,等初产或经产母猪安静后,母猪会很快接受它们。使用镇静剂可使过于激动或不安的初产或经产母猪安静。但使用时要格外注意,因为镇静剂可减慢分娩过程。

(2) 遗传性畸形。

(3) 出生后已被闷死的猪。

(4) 关节感染。

(5) 未知因素。

(二) 提高初生仔猪成活率的综合技术措施

1. 保持仔猪的环境温暖、清洁、干燥,帮助它们出生后尽快吃上初乳。这可使仔猪更强壮,使它们有能力避免被母猪压死。(初生仔猪适宜的环境温度 32～34℃)

2. 搞好分娩监护,做好助产工作,对假死仔猪及时进行抢救。

3. 剥去仔猪身上的胎衣以防窒息,及时清除仔猪呼吸道中的黏液,尽快帮助仔猪呼吸。

4. 仔猪出生后立即用红外线灯烘干被毛和保暖,尽快吃上初乳;把低能仔猪从母猪身边取走放到保暖区喂给初乳(预先挤得)或代乳品,2～3 小时一次。

5. 对仔猪数多的窝进行分批哺乳,将较小的仔猪放在母猪身边,将较大仔猪中的半数从母猪身边取走 2～3 小时,同时可用代乳品饲喂。

6. 使同期产仔的2头母猪进行交叉寄养，以平衡2头母猪间的仔猪数量和各窝内的仔猪体重；对弱仔猪需要加强特别护理，帮助吃上奶，必要时可进行胃管饲喂，对脱水仔猪要用电解质及时治疗。

7. 照顾分娩母猪，确保产房温度保持在16～20℃。若产房温度过高，母猪采食量下降和泌乳期失重增加，可导致母猪烦躁不安而压死仔猪数量增加。如果个别母猪在分娩时烦躁不安，要把所有仔猪圈在有加热灯的育仔箱内，直到分娩结束。

8. 分娩时记录每头母猪的表现，可提醒你在下次分娩时注意这头母猪潜在的问题。

9. 做好母猪产前相关疫病的免疫工作（如母猪产前28天注射伪狂犬病疫苗可保护仔猪出生后免受伪狂犬病毒的感染而造成仔猪大量死亡）和仔猪出生后的保健工作（如在仔猪出生后第3天、7天和21天用长效土霉素进行“三针”保健），可有效预防仔猪在哺乳期因疾病而死亡。

七、哺乳仔猪安全断奶技术措施

断奶是将仔猪和母猪分开，仔猪日粮从全乳日粮变为干饲料。断奶后对仔猪是一个极为关键的时期，它可以极大地影响仔猪到商品猪整个生长过程的生产性能和经济效益。健康、活泼的猪采食良好，断奶时的调整快；而行动缓慢、不健壮的猪断奶时反应剧烈，断奶后的消沉期延长，直接影响到了日后的生长发育。但断奶在任何日龄都会造成对仔猪的应激，断奶越早，应激反应越大。应激的表现主要是腹泻和生长受阻。断奶仔猪的腹泻，不仅使猪的死亡和药费增加，而且还严重影响腹泻病愈猪的生长。因此，抓好仔猪断奶关非常重要。

（一）早期断奶对仔猪生长抑制的因素分析

1. 精神应激：仔猪断奶后离开母猪，由依附着母猪的生活变成独立生活，对仔猪来说是一个很大的应激。

2. 环境应激：仔猪由产房转到保育舍，其栏舍结构、地面类型、给料方式、饮水器位置、饲养密度、环境温度、湿度、噪音、周围物体及饲养员都发生了很大改变。

3. 位次争斗应激(群体应激):规模猪场往往是几窝猪同时断奶,然后将两窝或两窝以上的仔猪根据大小、公母等进行分群和并群,这时来自不同窝的断奶仔猪之间的位次序列发生了变化,根据猪的行为特性,猪只之间要相互斗架以重新建立位次序列。这是一个很大的应激。

4. 饲料应激:仔猪由吃液体奶料和乳猪料到完全吃固体断奶料,对仔猪来讲是一个应激。仔猪由有规律的每天 16~24 次吸吮母乳突然变为每天 4~6 次采食固体饲料,常发生仔猪拒绝进食一段时间的现象。而后,在饿了 12~15 小时后,仔猪会饱餐一顿,这一顿所摄入的固体饲料数量使正在发育的消化系统负担过重,导致仔猪腹泻。

5. 消化生理性应激

(1) 消化酶活性下降:研究表明,仔猪胃肠道消化酶活性随着周龄增长而增长,但断奶对消化酶活性增长趋势有倒退影响。资料表明,仔猪在 0~4 周龄期间,胰脂肪酶、胰蛋白酶、胰淀粉酶、胃蛋白酶活性每周成倍增长,但 4 周龄断奶后一周内各种消化酶活性降到断奶前水平的 1/3。经 1~2 周恢复后才会重新增长。这是早期断奶仔猪断奶后头 1~2 周期间消化不良、生长抑制的重要原因之一。

(2) 仔猪消化道内胃酸不足:初生到 4 周龄仔猪胃容量小,胃底腺不发达,分泌胃酸能力差,主要靠在母乳中乳糖发酵产生的乳酸维持胃内酸度。断奶后第一周,由于乳糖消失,乳酸生产下降,使胃内总酸度较低。同时,饲料中的一些蛋白质特别是无机阳离子也会与胃酸结合,使胃内酸度下降,不利于蛋白质的消化和对非乳酸杆菌类细菌繁殖的抑制,因此早期断奶仔猪的胃 pH 值偏高,易导致吸收不良、肠道炎症和拉稀。

(3) 饲料抗原性反应:大豆蛋白是长期以来猪饲料的主要蛋白源,豆粕蛋白本身是强烈的蛋白抗原物质,它可以引起早期断奶短暂过敏反应，使肠绒毛大量脱落、萎缩，黏膜破坏，导致肠道营养物质吸收不良和腹泻。

6. 贼风：空气流速为0.2m/s的贼风将使仔猪受寒，其情形相当于空气温度下降3℃。在许多猪舍内，流速为0.5m/s的风是普遍存在的，它相当于空气温度下降7℃。漏缝地面系统的贼风通常大于0.2m/s，这对仔猪来说也是个不小的应激。研究已经表明，与暴露在贼风条件下的仔猪相比，不接触贼风的仔猪生长速度要快6%，饲料消耗要少16%。

7. 寒冷：刚断奶的仔猪对冷非常敏感。相对体重而言，仔猪身体的表面积较大，因此体内热量的损失非常快。3周龄仔猪的体表面积比4周龄大10%，比5周龄仔猪相对大20%。断奶时，短时的低采食量将导致产热量的下降，减少体内脂肪和降低隔热效果。刚断奶的仔猪身体活动很大，这将增加能量的消耗，加之饲料摄入量较低，导致用于生长的能量减少。体重8～9kg仔猪最佳温度需要为28～30℃，仔猪从设有保育箱的母猪旁突然来到20℃左右的空间内，显然是温差太大，明显的温度变化对仔猪本身是个应激。在猪圈内使用的地面类型也可影响仔猪实际感觉到的温度。表3-22显示不同地面条件的温度调整。

表3-22　地面类型对有效温度的影响

地面类型	温度调整	地面类型	温度调整
稻草(10cm)	+4℃	实板条(湿)	-10℃
实板条	-5℃	多孔涂层地面	+5℃

8. 湿度：潮湿的水泥地同样会增加仔猪的寒冷，潮湿的地面相当于空气温度下降6～9℃。垫草虽能使仔猪与潮湿的地面隔开，而部分地补偿由潮湿造成的温度下降。但垫草如果不是定期更换或不能保持新鲜的话，也会隐藏致病微生物。

9. 仔猪的免疫能力较弱：胎儿在子宫内没有接触抗原，新生仔猪缺乏主动免疫功能。仔猪出生后通过初乳获得大量抗体获得被动免疫，从而能防止各种疾病。仔猪断奶后，母源抗体来源终止，而自身主动免疫系统尚未完全发育成熟，循环抗体水平降低，细胞免疫受到抑制，加之断奶应激降低了仔猪的免疫能力，从而容易生病，使生长受阻。

(二) 确保仔猪安全断奶的技术措施

仔猪一般在 4 周龄断奶，集约化猪场一般采用 21 日龄断奶，现在有的场采用 10～14 日龄的超早期断奶。断奶是根据体重而不是日龄来进行的。强壮和体重较大的仔猪具备下列条件：

1. 较好的免疫水平；

2. 更成熟的消化系统；

3. 更好地适应较低圈舍温度的能力。

前面提到仔猪的免疫力在进食初乳后提高很快，在 2.5～3 周龄左右开始下降(图 3－9)。此后，青年仔猪开始建立自身的免疫系统。因为要花几周的时间才能使免疫力达到一定的水平，因此，要确保仔猪安全断奶，必须采取以下措施：

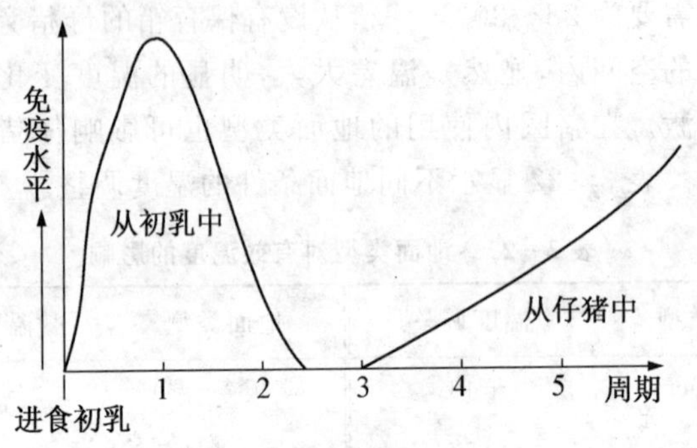

图 3－9　仔猪免疫水平

(引自刘海良主译《养猪生产》1998)

1. 断奶时先将母猪迁出，仔猪留在分娩栏中继续饲养 5～7 天，第 7～10 天再迁至保育舍。

2. 仔猪断奶分群时按原窝分群，这样有利于仔猪稳定情绪，减少因混群而产生紧张不安的刺激。若必需混群，在断奶前几天就混养，有助于减少断奶的应激和断奶后猪只打架的发生率。

3. 合理的饲养密度：当仔猪拥挤时，饲料摄入将减少，生产性能将削弱。试验表明，超出推荐标准而增加猪圈仔猪的饲养量会降低至少5%的平均日增重和饲料效率。

4. 适宜的群体大小：当猪数量增加时，猪的咬斗行为也随之增加。同时，当数量增加时，圈内个体间的差异将增加。因此，每圈猪群的数量应保持在一窝或两窝，或者最多不超过15头。

5. 为刚断奶仔猪建立高质量的育仔室：断奶时会有体重不足而不能断奶的仔猪。然而出于经济和圈舍利用以及全进全出工作制度等因素的考虑，猪场可能会让体重较轻的仔猪早点断奶，将这些仔猪与体重大的不同窝的仔猪放在一起，那些体重较轻的仔猪将面临生存危机。为给那些体重较轻的仔猪提供特殊的营养、温暖和清洁的环境，以及精心的照料，它们在断奶后进入高质量的育仔室。育仔室是一个大约0.6m×1.2m，有一个有固定地板覆盖的躺卧区和可移动的木板地面粪便区，育仔室应放在远离分娩和断奶圈舍处，应安装饮水器。在安置仔猪之前，应洗涤、干燥、消毒和预热。

6. 做好保温工作：断奶时舍内温度应比断奶前增加4℃左右，然后随着仔猪采食量的增加而逐步降低舍内温度。3～4周龄时断奶的仔猪，环境温度需在30℃左右，仔猪日龄及体重越小，对舍内温度的要求就越高，并要求相对稳定。对全进全出的猪舍，下一批断奶仔猪转入前要提前加温，这在冬季尤为重要。对断奶仔猪圈舍都要安装加热灯。把加热灯放在猪上方45cm处，环境温度保持25～28℃。由于新转入的断奶仔猪表现紧张，保温能力降低，提供热量对保证仔猪的健康是绝对必要的。

7. 在无风环境中生长的仔猪比暴露在贼风环境里的仔猪增长速度提高6%，饲料消耗减少26%，仔猪腹泻发生率也明显下降。所以，尽可能地限制仔猪卧处的空气流动速度是很重要的。

8. 保持断奶圈舍地面清洁干燥，勤换垫草。

9. 仔猪断奶后继续吃乳猪料，以保持断奶后饲料营养的一致性。待断奶后一周左右开始逐步过渡到吃仔猪料，且应少喂勤添，总量适当限制，以防因断奶饥饿而暴食引起腹泻。

10. 科学配制日粮：降低日粮抗原物质，适当增加动物蛋白，豆粕含量不超过25%；添加酸化剂和酶制剂，激活胃蛋白酶原，有利于消化。

11. 加强消毒：因为仔猪的免疫系统在断奶时还未完全健全，抵抗严重疾病侵袭的能力不强，所以要加强断奶仔猪周围环境的消毒，尽一切努力防止来自外部的致病微生物源的传入。

（三）断奶仔猪的日粮设计及饲喂方法

1. 日粮的设计目标：设计出既能补充仔猪消化能力不足，又能刺激消化系统发育、对肠壁伤害最小、免疫活性最小的一系列日粮。

2. 日粮的设计原则：所用原料及设计的日粮应符合消化性高、酸碱性低和抗原性低的"三性原则"。

消化性：是影响仔猪采食量的关键因素。一定量的非淀粉多糖（NSP）可促进消化功能的发育，有利于大肠发酵，降低结肠中氨的产量，减少腹泻，因此，日粮粗纤维可适当提高；一些对消化酶抗性很强的寡聚糖可作为一种特殊的饲料添加剂用来调整和维持肠道有益微生物区系的建立和健全。

酸碱性：应与胃酸分泌程序相适应。仔猪饲粮中应尽量选用酸合力低的饲料，尤其应控制矿物饲料的用量。也可在日粮中添加有机酸，当然加酸的效果取决于酸的种类、用量、日粮特性和仔猪的生理状况。

表3－23　部分饲料的酸合力值

饲　料	酸合力值	饲　料	酸合力值
酸性脱脂乳	3.07	豆饼	50.68
新鲜脱脂乳	7.12	鱼粉	60.38
干脱脂乳粉	66.37	小麦	8.89
矿物添加剂	1260.5	大麦	9.97
仔猪开食料	30.0	酵母	30.0

抗原性：已证明大豆蛋白具有强烈的抗原性，玉米-豆饼日粮中豆饼用量超过总蛋白的60%时可引起不良反应。

3. 加工适度的颗粒饲料：与采食粉料相比，断奶仔猪采食颗粒饲料表现出更好的饲料报酬和生长率。但颗粒大小是至关重要的。研究表明，给幼龄仔猪使用2.5mm的颗粒料可获得最佳的生产性能。对于月龄较大的猪，颗粒的大小在生产性能方面所反映出的重要性不很明显。

4. 为确保断奶仔猪不发生腹泻，在制定饲料配方时应注意：(1) 降低饲粮蛋白质水平，同时必须平衡多种必需氨基酸；(2) 在日粮中添加1.5%～2.0%的酸化剂（以柠檬酸和富马酸效果最好）配合使用碳酸氢钠；(3) 应用调味剂，以改变饲料中的不良气味和滋味，提高采食量，刺激消化道的活动；(4) 添加10%～30%的乳清粉有良好的促生长效果；(5) 应用酶制剂（如在以大豆为主要蛋白质来源的日粮中添加胃蛋白酶）对仔猪腹泻有一定的防制作用；(6) 补充硒和维生素E；(7) 适当提高饲粮纤维素水平，以促进消化液的分泌，降低饲粮养分浓度和提高饱感，维持养分摄入量与仔猪消化力之间的良好平衡。如在仔猪日粮中添加20%的燕麦可降低腹泻发生率；(8) 应用砷制剂，抑制肠道中有害细菌的生长；(9) 添加复合抗生素，以增强抗病能力。

5. 为防制断奶仔猪发生腹泻，应注意饲喂方法。(1) 合理补饲：在断奶前充分补饲，并保持断奶前后饲粮种类不变，可明显降低断奶后过敏反应和腹泻；(2) 阶段饲养：日粮与日龄的交互作用表明，必须根据猪消化生理的发育规律实行阶段饲养。年龄越小，饲喂越复杂的日粮；(3) 饲料加工处理（如用膨化法加工大豆）以降低饲料的抗原性；(4) 断奶仔猪的饲喂程序：仔猪在清晨断奶，3小时内不留任何食物，在随后的2天内定时给少量的食物，第3天开始自由采食；(5) 对哺乳母猪，断奶前一周开始减料，饲喂量为原来的60%～80%，到断奶前3天饲料喂量减到一半，至断奶前一天只供给1/3的饲料量，断奶当天不喂料，只供青饲料和饮水，尽快把其泌乳量降下来，促使仔猪多食饲料；(6) 对全进全出的猪舍，下一批断奶仔猪转入前要提前加温。

第五节　空怀母猪的饲养管理

一、空怀母猪的饲养

(一) 饲养水平

在正常饲养管理条件下的哺乳母猪，仔猪断奶时母猪应有7～8成膘，断奶后7～10天就能再发情配种，开始下一个繁殖周期。有些人对空怀母猪极不重视，错误地认为空怀母猪既不妊娠又不带仔，随便喂喂就可以了。其实不然，许多试验表明，对空怀母猪配种前的短期优饲，有促进发情排卵和容易受胎的良好作用。断奶的当天不给料或仅在早上给一次料，这会引起母猪额外应激反应，从而更易引起发情周期的开始。次日进行催情补饲，每天3.5～4kg泌乳料一直到交配。

勿使瘦母猪交配后采食过多而增膘过快。因为这会导致胚胎死亡率增高。应采取早期断奶或泌乳期改善饲养措施来防止母猪过瘦。受精后第一个月采食过多可能增加胚胎死亡率。母猪采食过多营养浓度高的饲料，窝产仔数可降低。交配后试图恢复母猪体况的做法是不足取的，在泌乳期间体重损失过多的情况下，母猪在断奶后第一周内发情也不交配，应错过这一发情期让它们额外自由采食三周，交配后可减少采食量。这些措施将有助于恢复其体况并延长其繁殖年限。

初产青年母猪产后不易再发情，总的原因是由于初产母猪产后的体况较弱，断奶后与经产母猪竞争的应激造成的。青年母猪再配时，如果发现有问题，应该考虑在断奶后将它们分开饲养。从断奶到再配，用哺乳母猪料为体况较差的青年母猪提供充足的饲料，将提高受胎率和母猪的产仔率，减少配种所需的天数(缩短配种的时间）。配种后应立即减少饲喂量到维持水平。

在天气炎热的季节，母猪的受胎率常会下降。有一些证据表明，在母猪的日粮中添加一些维生素，在气温升高的季节，可使种猪群提高受胎率。

（二）在断奶母猪日粮中添加抗生素

从断奶到再配饲喂高水平的抗生素可使母猪产仔率提高9%，每窝可以增加0.2头仔猪。但在妊娠母猪的日粮中，抗生素的作用不大。

对那些哺乳后期膘情不好、过度消瘦的母猪，由于它们泌乳期间消耗很多营养，体重减轻很多，特别是那些泌乳力高的个体减重更多。这些母猪在断奶前已经相当消瘦，奶量不多，估计不会发生乳房炎。断奶后可不减料，干乳后适当增加营养，使其尽快恢复体况，及时发情配种。有些母猪断奶前膘情相当好，这类母猪多半是哺乳期间吃食好，带仔头数少或泌乳力差。过于肥胖的母猪贪吃贪睡、内分泌紊乱、发情不正常，对这类母猪断奶前后都要少喂配合饲料，多喂青粗饲料，加强运动，使其恢复到适度膘情，及时发情配种。空怀母猪膘情比较如图3－10。

图3－10　空怀母猪膘情比较

（引自代广军《集约化养猪实用技术》2000）

为了能促使母猪断奶后早日发情，有时也采用在断奶前一天注射维生素E的方法。

从哺乳到断奶后状态的转变是一种巨大的生理挑战。断奶后一周内组织生长的主要形式是脂肪沉积，母猪刚断奶后最好应提供一些饲料，尽管它不可能吃得很多。生理机制会控制进食量以及乳腺的复旧，不必让母猪因饥饿而“干奶”，那种不狠心不能养母猪的观点是错误的。

二、空怀母猪的管理

空怀母猪有单栏饲养和群养两种方式。单栏饲养空怀母猪是近年来集约化养猪生产中采用的一种形式，即将母猪固定在栏内禁闭式饲养，活动范围很小，母猪后侧（尾侧）养种公猪，以促进发情，见图 3－11。小群饲养就是将 4～6 头同时或相近断奶的母猪养在同一栏内，可以自由运动，特别是设有舍外运动场的栏舍，运动的范围较大。实践证明群饲空怀母猪可促进发情，特别是群内出现发情母猪后，由于爬跨和外激素的刺激，可以诱导其他空怀母猪发情，同时便于管理人员观察和发现发情母猪，便于用试情公猪试情。

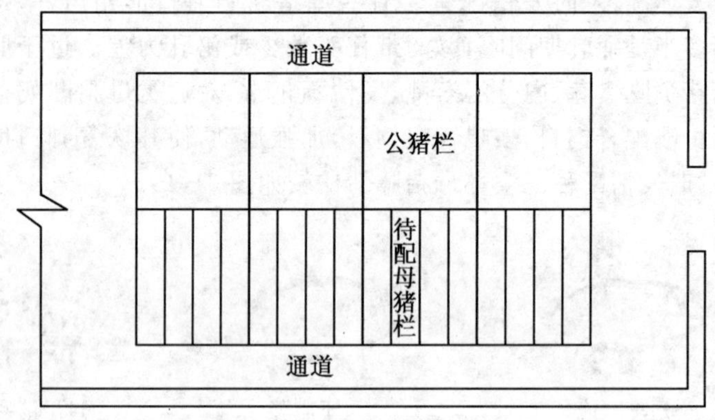

图 3－11　待配母猪栏和公猪栏配置

（引自代广军《集约化养猪实用技术》2000）

配种员和母猪饲养员每天早晚两次观察记录空怀母猪的发情状况。喂食时观察其健康状况，及时发现和治疗病猪。

空怀母猪同样需要干燥、清洁、温湿度适宜、空气新鲜的环境，一般温度保持在 12～15℃，对母猪的发情是有利的。空怀母猪如果得不到良好的饲养管理，将影响发情排卵和配种受胎。

三、影响母猪发情配种的因素

(一) 饲养密度的影响

育成母猪在第一次配种前采用过度密集饲养方式,因缺乏运动等原因可导致不发情,降低受胎率和产仔数。

鉴于育成母猪正处于快速生长发育阶段,因而对育成母猪采用个别单栏限位的办法也会发生诸如烦躁、颈溃疡、肢蹄损伤等问题,待在第一窝仔猪断奶后可置于单栏中饲养。

母猪个别饲养时,温度应当保持在 18~20℃。成群饲养的母猪可以经受较低的温度,当提供垫草时,可经受更低的温度。当对母猪采用禁闭栏饲养时,为确保母猪床位的干燥,应使用部分漏缝地板。栏内后部条板长为 1.05m,条板通常是水泥的,条宽 75~100mm,缝宽 9~25mm,条板的边应当是钝圆的,以避免蹄的损伤。

(二) 光照的影响

有证据表明昼长能延迟育成母猪的初情期,因此建议每天光照应保持在 10 小时,不宜多也不宜少。光照的相同效应也见于经产母猪。如果繁殖猪群长期关在舍内,则应保证每天 10 小时的光照和 14 小时的黑暗。可以利用自然日光(窗户)辅以人工光照,或通过每 4m 安装一个 100W 的灯泡来满足这些要求,或直接在猪上面安装一排荧光灯管来维持光照强度在 150~200 勒克司之间。

(三) 温度影响

配种时的高温显然对受胎率、断奶时窝仔数和断奶重有害,配种前和妊娠开始几天的热应激比附植后的热应激对胚胎存活更有害,因此在炎热的夏季应提供遮光或洒水以保持母猪凉爽。配种应在早上早些时候或晚上晚些时候配种。

(四) 哺乳期

哺乳期长短对母猪年产窝数有很大影响,理论上,较短的哺乳期应当使母猪每年生产较多的窝数,但短哺乳期一个更严重的后果是对受胎率及产仔数的影响,少于10天的哺乳可引起低的受胎率和产仔数减少1～2头,因此,根据每头母猪每年断奶仔猪数、母猪耗料量和仔猪生长速度来比较,集约化猪场在3～5周断奶较为合适。

(五)改变哺乳方式

母猪哺乳期间不出现发情主要是由于仔猪的吮乳刺激。断奶可消除这种刺激从而引起母猪开始发情。因此通过改变正常的哺乳模式,以恰当的方式减少吮乳刺激可以促进引起母猪发情的激素分泌。即让较重的半窝仔猪比较轻的半窝仔猪早几天断奶,改变了正常的哺乳模式,能引起母猪很快开始发情。

大仔猪早断奶可使较小的仔猪在母猪身边多留几天,在这多留的几天中,它们比常规断奶的较小仔猪要长得快。

(六)哺乳失重

哺乳期间,母猪体重损失量与其随后断奶至再配种的间隔之间明显存在关系。断奶时体况极差的母猪经常表现出延迟发情,甚至不发情。

(七)刺激及公猪影响

持续接触公猪的断奶母猪与每天两次接触公猪的母猪在断奶至发情间隔方面没有差异,可是被证实接触公猪对促进断奶母猪再发情是有利的。

四、控制母猪正常发情的方法

为了使母猪同期发情配种,提高母猪年产仔窝数,都需要促进母猪提早发情。也有的母猪在仔猪断奶后10天仍不发情,除改善饲养管理条件促进发情排卵外,也应采取措施控制发情。控制母猪正常发情的方法如下:

(一)公猪诱导法

经常用试情公猪去追爬不发情的空怀母猪,通过公猪分泌的外激素气味和接触刺激,经神经反射作用,引起脑下垂体分泌促卵泡激素,促使母猪发情排卵。此法简便易行,是一种有效方法。

（二）合群并栏

把不发情的空怀母猪合并到有发情母猪或刚配过种的母猪栏内饲养，通过爬跨等刺激，促进空怀母猪发情排卵。

（三）按摩乳房

对不发情的母猪，可采用按摩乳房促进发情。方法是每天早晨喂食后，用手掌进行表层按摩每个乳房共10分钟，经过几天母猪有了发情症状后，再进行表层和深层按摩乳房每天各5分钟，配种当天深层按摩约10分钟。表层按摩的作用是加强脑垂体前叶机能使卵泡成熟，促进发情。深层按摩是用手指尖端放在乳头周围皮肤上，不要触到乳头，做圆周运动，按摩乳腺层。依次按摩每个乳房，主要是加强脑垂体作用促使分泌黄体素，促进排卵。

（四）加强运动

对不发情母猪进行驱赶运动，可促进新陈代谢，改善膘情，能接受日光的照射，呼吸新鲜空气，促进母猪发情排卵。

（五）并窝

把产仔少的和泌乳力差的母猪所生的仔猪待吃完初乳后全部寄养给同期产仔的其他母猪哺育，这样母猪可提前回乳，提早发情配种利用，增加年产窝数，增加年产仔头数。

（六）利用激素催情

给不发情母猪按每100kg体重注射绒毛膜促性腺激素（HCG）100国际单位或孕马血清（PMSG）800～1000国际单位，有促进母猪发情排卵的效果。也可采取下列措施：(1) 注射FSH 3天后注射HCG，发情后配种；(2) 雌二醇和孕马血清分别注射，发情后肌注促排3号，然后进行配种；(3) 分别注射FSH＋LH，24小时后注雌二醇，发情后第二天配种，同时注促排3号。

至于那些生殖器官有病又不易医治好的母猪和繁殖低下的老龄母猪应及时淘汰，补充优秀后备母猪。

（七）根据“仿生学”原理催情

模拟公猪叫声和利用公猪气味诱发发情，也可起到良好的效果。方法是：准备录音机一台和磁带两盘，将发情母猪赶到一性欲旺盛的公猪栏边，打开录音机，录下公猪求偶时所发出的叫声，并将复制成无杂音且能连续播放半小时的录音带，然后每天早上到母猪舍播放公猪叫声，并辅助以公猪气味引诱（将浸有公猪尿液和精液的麻袋片放入母猪舍），从而使母猪发情排卵，并表现出一系列的发情征兆。利用公猪叫声的录音和气味试情，代替驱赶公猪诱情，能减轻劳动强度，减少疾病传染，简单易行，适合在大型集约化猪场推广使用。

（八）控制膘情

限制饲喂，控制 7～8 成膘（见图 3－3）。对瘦弱猪，在配种前半个月按平时喂量增加 50%～100%，并补喂优质青料；对过肥猪，减少或不喂精料，多喂青料，增加运动。

五、掌握母猪的发情规律适时配种

（一）母猪发情症状

1. 神经症状：母猪发情时对周围环境十分敏感，表现东张西望，早起晚睡，扒栏跳栏，追人追猪，食欲不振，高潮期呆立不动。

2. 外阴部变化：母猪发情时，外阴部充血肿胀并有黏液流出，阴道黏膜颜色多为由浅变深红再变浅红，外阴部由硬变软再变硬。

3. 接受公猪爬跨：母猪发情到一定程度开始接受公猪爬跨，此时如不用公猪试情，可用手压迫母猪背腰部，发情母猪如站立不动就认为是接受公猪爬跨开始。此时期发情母猪经常两后腿叉开，呆立不动，频频排尿。

一旦公猪发现发情的母猪，就进行求偶活动，用鼻子拱和发出大量的声音进行交流（吼叫、呼噜）。公猪有节奏地频频排尿，并用鼻嗅闻母猪的尿和生殖器官。最后，母猪通过保持一种站定姿势（静立反应）来对公猪的爬跨作出反应。母猪作出频繁的发情吼叫，并竖起耳朵。在这个阶段很难赶动母猪。

静立反应可用来检查母猪的发情。发情的母猪在公猪存在的情况下将允许一个人坐在它的背上。另外，阴门红肿给出即将发情的一般线索，尤其是青年母猪。当进行人工授精时，公猪出现在栏舍对面可增强静立反应。视觉、嗅觉、声音和与公猪接触将提高母猪的静立反应。

在没有公猪的情况下，只有大约50%的发情母猪对饲养员的骑背试验反应正常。当公猪存在时，或者公猪能被母猪听到或嗅到，这个比例增加到超过90%。

发情鉴定：

发情鉴定的目的是为了预测母猪排卵时间，并根据排卵时间而准确确定输精或者交配的时间。由于母猪发情行为十分明显，一般采用直接观察法，即根据阴门及阴道的红肿程度、对公猪的反应等可检出。一般地方品种或杂种母猪发情表现比高度选育品种更加明显。在规模化养猪场常采用有经验的试情公猪进行试情，如果发现母猪呆立不动，可对该母猪的阴门进行检查，并根据“压背反射”的情况确定其是否真正发情。母猪发情周期中外阴变化参见表3－31。

表3－31　母猪发情期及其前后外阴部的主要变化特征

发情前后特征	发情前	发　情	发情期后
期间(范围)	2.7d(1～7d)	2.4d(1～4d)	1.8d(1～4.8d)
举动	不允许公猪配种	允许公猪配种，食欲减退，	允许公猪配种→不允许
		举止不安，发出特殊叫声	或爬跨同伴
外阴部大小	肿胀→肿胀很大	肿胀很大→肿胀→略肿胀	略肿胀→缩小
外阴部的颜色	浓桃红色	赤红色→紫色	紫色→褪色
阴道前庭的颜色	浓桃红色→赤红色	赤红色→褪色	褪色
阴道黏液的浓度	水样乳白色	水样乳白色→黏稠	糊状乳白色→消失
		乳白色→糊状乳白色	

外激素法是近年来发达国家养猪用来进行母猪发情鉴定的一种新方法。采用人工合成的公猪性外激素，直接喷洒在被测母猪鼻子上，如果母猪出现呆立、压背反射等发情特征，则确定为发情。这种方法简单，避免了驱赶试情公猪的麻烦，特别适用于规模化养猪场使用。

在工业化程度较高的国家广泛采用了计算机的繁殖管理，根据每天可能出现发情的母猪进行重点观察，不仅大大降低了管理人员的劳动强度，同时也提高了发情鉴定的准确程度。

（二）母猪的发情规律及适时配种

在公猪在场的情况下，母猪对骑背试验表现静立之前，其阴门变红，可能肿胀两天。输精的有效时间是在静立发情开始后大约24小时，在12～36小时之间。第一次输精应当在开始静立发情被检出之后12～16小时完成，过12～24小时再进行第二次输精。

据报道，在静立发情前一天配种的母猪只有10%受精；在发情第一天配种的母猪有70%受精；在发情第二天配种的母猪有98%受精。因此应该在发情第二天给母猪配种，但在实际中要做到这一点是困难的，因而常用的方法是在第一次观察到静立发情（在公猪存在的情况下）之后，延迟12～24小时进行第一次配种，间隔8～12小时再进行第二次配种。母猪应当每天至少两次检查静立发情，尤其是对使用新鲜精液人工授精配种的母猪更应注意。用冷冻精液配种的母猪应当每8小时检查静立发情，到第一次观察到发情之后24小时才配种。如果母猪仍然表现静立发情，建议在第一次配种之后8小时进行第二次配种。

最佳判断发情方法是当母猪饲喂后半小时，表现平静时进行，每天进行两次发情鉴定，建议程序如下：公猪置于母猪前方，操作人员站在母猪后面观察反应。如果母猪竖起耳朵和叫唤然后试着压背试情，如果两种情况都存在，表明母猪发情。

六、母猪配种时的注意事项

1. 交配地点的选择：配种地点应保持干燥、卫生、不光滑。与配的公母猪，体格最好大小相仿，此时可在平坦的地面上配种。若公猪比母猪个体小，配种时应选择斜坡地势，让公猪站在高处；若公猪比母猪个体大，可让公猪站在低处；若公猪体格很大，要防止母猪因公猪爬跨而导致骨折的危险发生。

为公母猪提供一个适宜的配种场地，避免使用潮湿而滑的地板，使猪只保持良好的站立对避免交配时的伤害和障碍是很有必要的。很多地面如人工草皮、橡胶垫子和沙可以用于配种，有些在地面上铺少量的锯屑或沙有助于配种时的良好站立。

2. 在公母猪赶往一起交配前，应当用“百胜”等消毒液对公母猪的阴部清洗消毒。

3. 当公母猪赶在一起相遇时，经常观察到下面的行为：

(1) 鼻对鼻的接触；

(2) 公猪嗅母猪的生殖器官(外部性器官)，母猪嗅公猪的生殖器官；

(3) 头对头接触，发出求偶声，公猪反复不断地咀嚼和嘴上起泡沫并有节奏地排尿；

(4) 公猪企图爬跨，母猪不从，公猪追随母猪，用鼻子拱其侧面和腹线，发出求偶声；

(5) 母猪表现静立反应，公猪爬跨并交配，交配持续 10～20 分钟。

公猪的唾液包含具有一种气味的性外激素，这种气味引起发情母猪作出交配姿势。

在公母猪的亲近过程中，公猪表现一系列亲昵行为，譬如用鼻拱母猪的肚皮和腹侧，这是诱导母猪站立反射的一种重要刺激，是确保交配成功的一种性行为。饲养员也应了解公母猪之间亲昵动作的重要性，并让它们充分表现这一过程。若为缩短配种过程而减少亲昵行为的表现时间，通常会导致配种失败。

4. 由于公猪配种时，产生大量的精液（可从 100mL 直到 1000mL 以上），交配和射精过程要花很长时间，公猪的阴茎头必须插入到母猪的子宫颈中。猪的性行为是一个复杂的过程，这一过程能保证受精力和受孕力都处于十分高的水平。交配成功的关键是母猪的站立反射或不动反应，即在长时间的交配中，保证母猪处于静立状态。母猪站立反射是由垂体后叶分泌的催产素所控制，受到外部刺激时，尤其是遇到性成熟的公猪时，催产素就会分泌出来。不过，催产素的分泌与否，以及母猪的站立反射很容易受到各种不良环境因素的干扰，因此，在配种时，应尽量减少不利的环境因素，小心安静地处理母猪，更不能鞭打正在配种的公母猪。

5. 当公猪爬到母猪躯体上后，应当人工辅助公猪，使其顺利将阴茎插入母猪的阴户内，避免阴茎插入肛门。此时配种员应一手拉起母猪的尾巴，另一手握成环状指形，辅助公猪把阴茎插入。

6. 当公猪阴茎确实插入母猪阴道内时，配种员应详细进行观察，注意公猪是否有射精动作。即当公猪射精时，其阴茎停止抽动，屁股向前挺进，睾丸收缩，肛门不断地颤动；在射精间隙时，公猪又重新抽动阴茎，睾丸松弛，肛门停止颤动。公猪的射精时间共约 6 分钟左右，约有 2～3 次射精的机会。当公猪从母猪身上下来时，有少量精液倒流，则表明此次配种有效，否则应重新配种。然而在不少猪场，当配种正在进行时，配种员却把这些常见的、细致的、却又很重要的过程给忽视了。还有的猪场，其配种员怕脏，不愿动手辅助，公猪把精子排在母猪阴道之外，这也是配种成功率不高的原因之一。

有资料表明，在母猪配种的同时注射促排 3 号（LRH－A3），可使母猪加速排卵，以达到多产仔的目的。

7. 配种应在早晨或傍晚饲喂前一小时进行，以在母猪栏舍附近为好，绝对禁止在公猪舍附近配种，以免引起其他公猪的骚动不安。

8. 在集约化生产的条件下，母猪成群断奶和再配，要确保提供更多的公猪。可考虑在各栏之间变换或轮换公猪，即使某一头公猪不育，也能保证所有母猪被配上。

9. 配种完毕后，要驱赶母猪走动，不让它弓腰或立即躺下，以防精液倒流；同时，配种后也要让公猪活动一段时间再赶回猪舍，以免其他公猪嗅到沾有发情母猪精液的气味而骚动不安。

10. 母猪配种后经过 8～12 小时，再进行第二次配种，两次配种都要作详细的记录，并要写明异常情况、环境条件等，以备日后复查。

第四章 营养与繁殖

母猪生产性能的高低直接影响到整个生产环节的利润。当前动物的选种选育取得巨大的成功，母猪的潜在生产力得到了提高，主要表现为提高增重速度、增加瘦肉率、降低脂肪沉积等；但是，这样的遗传选择目标对于母猪而言，实际上降低了采食量，减少了初次分娩时的营养物质储备，延缓了分娩时间，增加了泌乳量，并最终增加了泌乳期间的体重损失，延长了断奶至发情的间隔时间。因此，现代育种方式对于母猪的管理及营养提出了新的要求。传统的饲料战略通常是利用后备母猪或母猪的体储备来缓冲短期营养素摄取的缺乏，以减少对胚胎或哺乳的影响。然而，现代母猪具有良好的生产性能，在体储备较少时便开始繁殖，同以前相比应采取不同的饲养管理方法。另外，近年来，规模化猪场疫病增多，营养和抗病力确实存在直接的关系，营养良好可以保证猪免疫系统的正常发育。猪的营养标准是在正常生产条件下制定的，但在发病或应激反应过程中，猪对营养物质的需要量特别是免疫系统的营养需求相应提高，这样就可能造成这些营养物质的相对缺乏，使免疫系统的功能受到影响。因此，我们应更精确地考虑营养效应，采用更有利于体组织储备的饲料战略。

第一节 能量与蛋白质对母猪繁殖性能的影响

饲料中的能量、蛋白质、矿物质、维生素、粗纤维等营养物质均对母猪的繁殖性能产生影响，能量和蛋白质作为营养因素中的两个关键因素，它们对母猪繁殖性能存在着阶段性和长久性影响。

一、后备母猪的能量与蛋白质营养

后备母猪构成了繁殖群的一个重要组成部分，它们生产性能的稍微改善对整个猪群的繁殖性能都有重要影响。被选作繁殖用的后备母猪，应具有较低的背膘厚和较好的生长率，因此，它们的营养需要有别于肥育猪，应充分满足其长期繁殖性能的营养需要。肥育期(20～200kg)的营养影响后期的体重和背膘厚，也影响初情期的年龄。限制青年生长母猪饲料采食量(50％～85％的自由采食)将延迟初情期 10～14 天。为保证不延迟初情期，交配期间后备母猪应自由采食，保证每天至少 35MJ 消化能。严重的蛋白质不足和氨基酸不平衡也会明显延迟后备母猪的初情期。研究表明含 15％粗蛋白和 0.7％赖氨酸的日粮即可满足需要。

据测约有 30％可能成活的胚胎死于妊娠前 25 天，交配后的高水平饲料采食量常伴随着胚胎死亡率的上升。因此，交配后的采食量应限制在 2.3kg/d 左右。Alberta 大学最近的资料表明，交配后 72 小时内饲料饲喂水平对胚胎损失方面的影响相当大，但妊娠 72 小时后增加采食量却对胚胎死亡率无显著影响。妊娠后期高水平的饲料采食量将影响乳腺的发育。

有潜力的后备母猪日粮应含 12.96MJ/kg 消化能、15％粗蛋白、0.7％赖氨酸、0.82％的钙和 0.73％的磷，而且从选择 50～60kg 到繁殖应自由采食，选作交配后的后备母猪至少应经历两个发情周期，体重 115～120kg、背膘厚达 17～20mm。在肥育期间无任何理由限制采食，而应采取措施保证后备母猪交配前至少有两周的自由采食(至少 3kg/d)；交配后 72 小时内饲料采食量应少于 2.5kg/d。

二、妊娠母猪的能量与蛋白质营养

母猪妊娠期的饲养管理目标是：一方面保证母猪有良好的营

养储备，减少泌乳期间的体重损失，保持其繁殖期间良好的体况；另一方面，母猪应摄入足够的营养物质以促进胚胎的生长与发育。

（一）妊娠母猪的能量营养

妊娠母猪摄入的能量用于维持母猪组织和胎儿的生长。为了防止妊娠晚期体脂肪的损失，能量摄入量应不低于 30.6MJ/d，从妊娠期第 90 天至分娩的能量摄入量应为 39.8MJ/d。

妊娠期能量营养对母猪繁殖性能具有重要的影响。在配种后 24～48 小时内的高水平饲喂可降低胚胎的成活率。在初产母猪妊娠期内将采食量由 1.9kg/d 增至 2.5kg/d 时，妊娠期的第 15 天时胚胎的存活率由 86％降至 67％；而第 25 天的活胚胎数分别为 12.3 头和 9.8 头。

妊娠中期的营养目标是维持母猪适度增重及营养物质的储备，在此阶段提高饲喂水平可改善仔猪出生后的生长性能，但对胚胎数、胎盘重及胎猪重无影响。

提高妊娠期能量摄入量可增加仔猪初生重和断奶窝重。

另外，母猪在妊娠期间的能量摄入与其哺乳期间的能量摄入也有一定的关系。母猪在妊娠末期增加采食量，会降低哺乳期间的自由采食量，妊娠期的高采食量及相应的哺乳期的低采食量，会抑制黄体化激素的分泌，延长初产母猪断奶至发情的时间间隔。

（二）妊娠母猪的蛋白质营养

妊娠母猪的蛋白质营养主要是保证其有足够的体蛋白沉积以提高泌乳期的产奶量，从而改善其繁殖性能。

蛋白质需要量同样随着妊娠期的后延而增高。妊娠期间饲以高蛋白日粮可以改善母猪的泌乳性能和繁殖性能。母猪体内高水平蛋白可维持其最大的产奶量及繁殖性能。在妊娠期间饲喂高蛋白水平的日粮可增加泌乳期产奶量，其原因并不是因为高蛋白日粮促进了乳腺的发育，而是因为妊娠期饲喂高蛋白日粮增加了分娩时体蛋白的储备，从而在泌乳期间被动员以维持高泌乳量。妊娠期间饲喂16%蛋白的日粮并同时增加采食量可提高初产母猪所产仔猪的初生重和断奶重，但对经产母猪的产仔性能影响不大。

在母猪配种后三天应进行限饲以防止胚胎成活率受到不良影响。

三、哺乳母猪的能量与蛋白质营养

ARC(1981)和NRC(1988)推荐的泌乳母猪的营养需要是建立在母猪5～7kg/d的泌乳基础上的。现代母猪的泌乳量有了很大的提高，平均泌乳量超过10kg/d的母猪已屡见不鲜，过去推荐的营养需要已不能满足现代母猪的营养需求。

(一) 哺乳母猪的能量营养

由于对高产母猪选育技术的提高，现代高产母猪的采食量降低，其营养输出远远超过输入，从而导致泌乳期间体重损失(蛋白质和脂肪)过多，其结果是再配种间隔延长，10天内发情母猪的比例下降，受胎率下降，胚胎存活率降低。

母猪在泌乳期间的饲养策略是最大限度地增加采食量。随着断奶日龄的不断缩短，增加泌乳期的采食量对以后的繁殖性能日渐重要。而泌乳期的采食量下降对母猪的生产性能影响很大，如发情间隔延长、受胎率降低、下一胎窝产仔数减少、产仔率降低。通常在生产上都希望母猪在泌乳期能保持较高的采食量。在母猪21天的哺乳期内限制能量摄入60%，抑制了LH的分泌与卵巢的活动，排卵数减少，并延长断奶至发情的间隔。妊娠期采食高能量的母猪在泌乳期对葡萄糖的耐受力降低。妊娠期葡萄糖耐受力降低导致仔猪初生重下降，断奶前死亡率上升。妊娠期采食较高能量导致母猪泌乳期采食量下降可能与泌乳早期血浆中胰岛素水平较低有关。

(二) 哺乳母猪的蛋白质营养

由于在泌乳期维持泌乳量的营养需要量很高，所以泌乳期的蛋白质/氨基酸摄入量对泌乳性能极为关键。提高母猪日粮蛋白质水平可改善其繁殖性能。King(1989)给泌乳期初产母猪分别饲喂 464g/d 与 746g/d 蛋白日粮(23 天),结果表明,摄入低蛋白日粮的母猪其泌乳期间体蛋白损失增加,断奶至发情间隔延长(16 天与 7.5 天);而泌乳期间摄入高蛋白日粮的母猪其断奶后 LH 水平增加。随日粮蛋白质水平的升高,乳中蛋白质的水平也相应升高。泌乳量不仅与日粮中蛋白质水平有关,而且与日粮中能量浓度也有关。能量不足,会限制母猪利用高水平蛋白质促进泌乳能力。

日粮的 Lys、Val 和 Ile 水平可影响仔猪的生产性能。不同生产水平的母猪对 Val/Lys 的比值似乎有不同的需要。对于高产(哺乳 10 头或以上)母猪添加 Val 对提高仔猪日增重的幅度要大于生产水平一般的母猪。在采食高水平 Lys(1.2%)的高产母猪中,提高 Val 水平和提高 Lys 水平对仔猪的贡献率相似,但 Lys 和 Val 不存在相互作用。

母猪泌乳日粮蛋白水平对母猪的泌乳性能具有重要的影响。在泌乳早期(10 天)与晚期(24 天),母猪的产奶量、乳脂水平及乳中固形物含量与日粮蛋白质水平呈线性相关。为了最大程度地提高氮的沉积,日粮蛋白质水平应不低于 202g/kg(Lys12.8g/kg);若以达到最大泌乳性能作为标准,日粮蛋白质水平应为 133~100g/kg。

四、氨基酸对母猪繁殖性能的影响

母猪饲养是养猪生产中重要的环节之一,其营养状况不仅影响仔猪的健康与生长性能,而且关系到母猪的繁殖寿命与养猪效益。随着科技的进步和现代管理技术的应用,母猪的生产性能已发生了实质性改变,而且母猪生产是连续循环进行的,因此为达到高产、高效和减少环境污染的目标,通过精准营养调控手段满足繁殖周期各阶段母猪对养分尤其是氨基酸的需求极为重要。

(一) 妊娠母猪对氨基酸的需要

妊娠母猪对日粮氨基酸需要有较强的“缓冲”调节能力,氨基酸摄入量对妊娠产物氮沉积的影响并不明显，即使饲喂无蛋白质饲粮，母猪也能生出健康仔猪。用玉米加维生素和矿物元素日粮饲喂妊娠母猪，哺乳期采用高营养水平饲喂，一直持续到第 3 个繁殖周期，母猪妊娠期氨基酸缺乏对繁殖的影响才表现出来。这说明，由于存在较强的母体缓冲作用降低了短期的日粮氨基酸缺乏对胎儿发育的影响，但长期限制氨基酸摄入可造成机体蛋白贮备严重不足，对母猪的繁殖性能势必造成严重的危害。

妊娠期母猪日粮中赖氨酸水平显著影响泌乳期的泌乳量和仔猪增重，在母猪妊娠期添加赖氨酸结合泌乳期高蛋白质饲料，能提高仔猪增重。不同胎次、不同体重对赖氨酸需要量均有影响，一般来说初产母猪的需要量大于经产母猪。随着日粮中赖氨酸水平的增加，高产母猪(带仔数大于 12 头)的泌乳性能显著改善，背膘损失明显减少，赖氨酸日摄入量达到 48.3g/d 时的效果最好。

(二) 哺乳母猪对氨基酸的需要

保持最低体蛋白损失量比保持最高产奶量需要更高水平的赖氨酸摄入量(49g/d)，因为母猪可动用体蛋白以满足泌乳需要。对于初产母猪在泌乳期间饲以高赖氨酸日粮可增加以后胎次的窝产仔数。对于高产经产母猪，当摄入 61g/d 赖氨酸时，以后各胎次的窝产仔数增加 1.12 头；但是，对于低产母猪(断奶仔猪数少于 10 头)，55g/d 的赖氨酸摄入量可使以后各胎次的窝产仔数增加 0.18 头。

在泌乳母猪饲粮中添加赖氨酸(Lys)虽可提高饲粮蛋白质品质，但也易造成缬氨酸缺乏，进而影响母猪的产奶量和仔猪的增重。在总赖氨酸水平约为 1% 的玉米-豆粕型泌乳母猪饲粮中，赖氨酸和缬氨酸均是限制性氨基酸，而在赖氨酸水平较高时，缬氨酸将成为第一限制性氨基酸。饲粮缬氨酸与赖氨酸比值从 80% 增至 100% 时，仔猪断奶时的窝重显著提高。当母猪采食 4g 缬氨酸时，增加异亮氨酸的采食量直至 7g/d，都使断奶窝重线性增加。使高产母猪所产仔猪的窝增重达到最大的饲粮赖氨酸水平为1.2%，缬氨酸：赖氨酸为120%；而使普通母猪所产仔猪窝增重达到最大的饲粮赖氨酸水平为1.0%，缬氨酸：赖氨酸为100%。

精氨酸有促进激素分泌的潜在作用，可促进胰岛素和生长激素的分泌，通过添加外源性精氨酸可以使母猪血浆精氨酸浓度升高，从而增强母猪自身的免疫力和抗应激力，保证胎盘内环境的稳定性，增加胚胎的着床和减少胚胎死亡。

五、多不饱和脂肪酸对猪繁殖性能的影响

（一）多不饱和脂肪酸对公猪繁殖性能的影响

多不饱和脂肪酸在精子及精浆中的浓度相当高，在有些情况下甚至高达总脂肪酸的60%～70%。此外，精子及精浆中的脂肪几乎全部由磷脂组成。精子中脂肪的这些特点是为满足精子的各个特定功能，满足完成受精过程中的特定需要，并且和精子的浓度、活力和成活率有关。

研究表明，公猪日粮中添加金枪鱼油后，精子脂肪酸中二十二碳六烯酸持续增加，并且脂肪酸持续增加的时间和精子重新发育时间相一致，精液的精子浓度显著提高，精子活力和每100头母猪出生的活仔猪数显著增加。此外，通过日粮添加鱼油来提高精子的多不饱和脂肪酸的水平，有利于提高低温和冷冻贮存精液的精子存活力，改善精子的功能。考虑到精子的发育特点，建议在公猪日粮中持续适当添加鱼油。

（二）多不饱和脂肪酸对母猪繁殖性能的影响

仔猪大脑在胎儿时期的发育是至关重要的。因此为妊娠母猪提供适宜水平的长链多不饱和脂肪酸，满足仔猪大脑发育需要，则有利于提高仔猪出生后的存活率。

在母猪排卵前或排卵期间，日粮中添加多不饱和脂肪酸可提高母猪的受孕率和早期胎儿的存活率。在母猪哺乳期日粮中补加ω-3型脂肪酸，使得母猪下一胎的存活数比上一胎有明显提高。在母猪妊娠期和哺乳期补充5%亚麻仁油不仅可以提高其窝

产仔数，而且还可使仔猪初生重和断奶重均增加，同时也可以降低仔猪断奶前死亡率。综合以上试验结果，母猪妊娠60天后及泌乳期，日粮中添加适宜水平的长链ω-3多不饱和脂肪酸，有利于提高母猪的繁殖性能。

第二节　维生素对猪繁殖性能的影响

维生素是维持动物正常生埋机能必不可少的一类微量低分子有机化合物，虽然它不是构成各组织的主要成分，也不是机体能量的来源，但是在动物体内的作用极大，多数是辅酶的组成成分，这些酶是碳水化合物、脂肪和蛋白质代谢所不可缺少的。它们促进主要营养素的合成与降解，从而控制机体代谢。维生素缺乏，会影响辅酶的合成，导致代谢紊乱，动物出现各种病症，而且不同程度地影响动物的繁殖机能。国内外的研究发现，几乎所有的维生素都对种猪的繁殖性能有某种程度的影响。

一、脂溶性维生素对猪繁殖性能的影响

(一) 维生素A

维生素A是维持一切上皮组织健全所必需的物质。参与组织间黏多糖的合成，调节上皮细胞的增殖和发育，影响繁殖功能和胚胎发育。缺乏维生素A时，生殖系统等组织的上皮细胞发生鳞状角质变化，引起炎症，并降低动物的免疫力。同时，维生素A还参与母猪卵巢发育、卵泡成熟、黄体形成、输卵管上皮细胞功能的完善和胚胎发育等过程。母猪缺乏维生素A时，内分泌腺萎缩，结构受损，内分泌功能发生紊乱，激素分泌不足、分泌减少或完全停止，生殖系统上皮受影响最为严重。性周期发生障碍，无节律性，紊乱。产后发情延迟和性欲减弱或缺乏。研究发现，维生素A(视黄酸)在胚胎发育中起着重要的作用，缺乏时，胎盘类固醇合成减少，导致妊娠母猪发生流产、产死胎，产出弱仔猪或畸

形仔猪。公猪缺乏维生素 A 时，表现睾丸缩小、功能退化，精液品质降低等症状。研究表明，通过对繁殖母猪补充维生素 A，可使其繁殖性能得到很好的改善。如分别对饲喂高能日粮的母猪，在第 2 个发情周期的第 7 天或第 15 天颈静脉注射维生素 A，可促进排卵前卵母细胞发育，可以改善胚胎大小的整齐度，提高胚胎的同步性，从而降低胚胎死亡率；在仔猪断奶时给经产母猪注射 200mg VA，可增加窝产仔数；给断奶时、发情期内或发情第 7 天的母猪注射维生素 A 或 β-胡萝卜素，可提高窝产仔数。另外，VA 可以提高血清中的孕酮水平，从而提高胚胎的成活率。

在养猪生产中，作为饲料药物添加剂，维生素 A 乙酸酯和维生素 A 棕榈酸酯的稳定性好，目前国内常用的是维生素 A 乙酸酯。在实际生产中，VA 是以注射的方式应用的，注射比日粮补充更为有效。一般建议 VA 的需要量为 5000IU/kg 饲料。

（二）β-胡萝卜素

长期以来，人们一直将 β-胡萝卜素仅视为 VA 的前体，但它还具有 VA 以外的生理功能，对调节母猪的繁殖性能起着重要作用。Brief(1985)报道：对杂交母猪从配种至产后断奶，每周注射 228mg β-胡萝卜素，可降低胚胎死亡率、增加窝产仔数、提高初产及断奶窝重。β-胡萝卜素能使经产母猪的死产仔数下降。对于饲喂含足量的 VA 日粮的母猪，补充 β-胡萝卜素可以使窝产仔数进一步提高，因为 β-胡萝卜素除了作为 VA 的前体发挥作用外，还具有不同于 VA 前体的独特作用，可进一步提高母猪的繁殖性能。

（三）维生素 E

维生素 E(VE)，又叫抗不育维生素、抗不育因子或生育酚，主要表现在生物抗氧化，维持生物膜结构完整，增强机体免疫力，调节生物活性物质的合成与代谢，防止和减缓动物应激反应等方面的功能。

许多研究表明，VE 与性机能有密切关系，它通过垂体前叶分泌促性腺激素调节性机能。同时还能增加卵巢机能，使卵泡黄体细胞增加。当母猪缺乏 VE 时，卵巢机能下降，性周期异常，胚胎发育异常或出现死胎。而补充维生素E则可改善母猪繁殖性能，尤其在妊娠母猪日粮中补加VE可提高产仔数，降低仔猪断奶前死亡率。要想取得最佳的繁殖成绩，需在母猪的日粮中至少补充VE30mg/kg，最好是60mg/kg。给母猪日粮中补充44IU/kg或66IU/kg的维生素E提高了活产仔数；并随着母猪日粮中VE水平的增加，乳房炎-子宫炎-无乳综合征(MMA)发病率下降，初乳及常乳中VE水平上升，仔猪断奶时血清中的VE水平上升。对通常喂给VE30mg/kg的妊娠母猪，从104天起每天每头母猪再加10mgVE，结果仔猪断奶重显著增加。4周龄断奶平均窝重增加10kg。就怀孕母猪而言，1kg饲料中补充20mgVE，应足以预防VE缺乏造成的死胎，窝产仔数减少，仔猪早期死亡率增加及产后可能无乳等。NRC(1998)将妊娠母猪和泌乳母猪VE的需要量增加至44IU/kg日粮，也是考虑了最大窝产仔数的需要。但是由于胎盘屏障，母体的VE不能很好的转运至胎儿，初生仔猪血清中VE含量很低，主要通过母乳获得，2周龄时血清中VE水平可达高峰值，为初生时4～5倍。然而，母猪乳中VE的含量与哺乳母猪日粮中VE的含量呈正相关。由此可见，必须保证哺乳母猪日粮中有充足的VE的给量，才能满足初生仔猪对VE的需要量。经产母猪妊娠时供给足够的VE，随着胎次的增加，母猪初乳中VE的含量也逐渐减少，这会使断奶仔猪体内VE水平降低，并可能发生猝死。仔猪只有采食添加VE的日粮后，才能改善体内的VE状况。因此，有必要给其提供高水平的VE。在母猪的玉米-大豆型日粮中添加VE50IU/kg和0.1mg/kg的Se可以明显提高母猪的产仔数、仔猪断奶成活率和断奶窝重。而未补充VE时，母猪中有50%的发生了MMA。

维生素E不足，脑下垂体前叶黄体生成素和卵泡激素分泌停止，同时维生素A和脂肪的吸收调节发生障碍，形成有毒物质，毒害胚上皮细胞，对胚胎及胎儿正常发育起着不良的作用。母猪怀孕后，由于维生素E不足，可导致胚胎死亡并被吸收。维生素E轻度不足，对妊娠和分娩无影响，但可能产出死胎、弱胎或无生命力的胎儿;严重不足时妊娠中断,胚胎于着床后死亡、被吸收及隐性流产。长期维生素E不足,卵巢和子宫黏膜发生变性,不能再妊娠,变成永久性不孕,公猪表现为睾丸退化。

1. VE对产仔数的影响

补充维生素E可改善母猪繁殖性能。NRC(1998)妊娠母猪和哺乳母猪的需要量估计为44IU/kg日粮。Roche认为,当死胎占所产仔数的5%时就应检查母猪日粮维生素E的水平。在妊娠期间给母猪饲料中添加或肌注维生素E可提高产仔猪数,降低断奶前仔猪死亡率。通过非胃肠道途径补给经产母猪维生素E,结果可以显著增加出生时存活仔猪数、断奶存活数;给母猪在妊娠期间饲喂维生素E强化的日粮,可以提高窝产仔数。给母猪日粮中补充44IU/kg或66IU/kg的维生素E,可以提高活产仔数。

2. VE对受胎率的影响

在种公猪日粮中添加维生素E和硒,可改善精子的生成和受精能力,从而可以提高受孕率。妊娠母猪日粮中补加维生素E可降低母猪死胎率、弱仔率、仔猪断奶前死亡率,缩短断奶至发情间隔时间。

3. VE对公猪繁殖性能的影响

VE与Se对公猪的繁殖性能也有影响。VE能促进精子的形成与活动,增加尿中17-酮类固醇的排泄。当缺乏VE时,公猪睾丸变性萎缩,精子运动异常,甚至不能产生精子。研究表明公猪日粮中添加VE40~80mg/kg后,繁殖力显著增强。见表5-1。

表5-1 维生素E对公猪繁殖力的影响

项 目	维生素E水平/($mg \cdot kg^{-1}$)		
	0	40	80
生育能力改善率/%	0	19.2	30.8
平均射精量/mL	95.3	150.5	178.7
平均精子密度/($10^6 \cdot mL^{-1}$)	215	335	339

另有报道也指出，在杜洛克公猪饲粮中VE的含量为35.0mg/kg时，公猪精子成活率，精浆中GSH－PX活力均显著高于对照组（10mg/kg），精子畸形率也显著低于对照组，精浆生殖激素（促卵泡素、促黄体素、睾酮）含量均高于对照组。VE在精子中发挥抗氧化剂的作用，这表明过氧化物损伤改变了精子形态。因为VE存在于精子而非浆液中，故VE可直接保护精子免受结合的内源性过氧化物所致的形态损伤，这一点对于维持精细胞正常的形态及活力具有重要意义。

维生素E相对于维生素A和维生素D是无毒的，多数动物摄入超过其日常供应量的100倍都不发生有害反应。但是过量摄取维生素E可能会抑制维生素A及维生素K的吸收，且摄取量大于1200mg/d生育酚时，可干扰维生素K的代谢。在公猪基础日粮中添加35mg/kg的维生素E，其精子活率显著提高，精清的谷胱甘肽过氧化物酶（CSH－Px）活力也随之升高。

（四）维生素D

维生素D属于类固醇类衍生物，对钙磷代谢十分重要，是母猪维持妊娠和泌乳所必需的维生素。

维生素D不足，可使新陈代谢发生障碍，血液和组织内蓄积氧化不完全的中间代谢产物，发生酸中毒。总钙和钙离子及无机磷含量减少，碱性磷酸酶活性增强，骨骼化学组成和物理性质发生改变。血液生成障碍，发生低色素性贫血，骨骼肌和平滑肌紧张性降低，呼吸、消化、循环系统发生障碍，以致繁殖能力降低，卵巢萎缩，子宫迟缓，出现无节律性周期（无排卵性周期），多次无成效的空配。受精率下降，即使受精，合子可于发育早期死亡。怀孕期间维生素D不足，可使怀孕期延长。过度缺乏VD会造成新生仔猪先天骨畸形，母猪本身骨骼也受影响。

猪对日粮中维生素D_3的需要量范围为150～220IU/kg，不同生理情况下变化较大。

二、水溶性维生素对猪繁殖性能的影响

（一）维生素B族

维生素B族主要作为辅酶，催化碳水化合物、脂肪和蛋白质代谢中的各种反应，从而影响动物的繁殖机能。

1. 维生素 B_2

维生素 B_2 又称核黄素，缺乏时会影响辅基的合成，导致新陈代谢发生障碍，引起母猪在繁殖期或泌乳期食欲废绝或不定，体重减轻或早产、产死胎。新生仔猪衰弱死亡，有的仔猪畸形或无毛。研究表明，母猪配种后4～7天饲喂100mg/d核黄素可提高胚胎存活率、产仔率和窝产活仔数。

一般在配合日粮中添加7.2mg/kg的核黄素，就可以维持猪良好生长性能和免疫能力，并保持正常的繁殖力。哺乳母猪对核黄素的需要量大约为16mg/d。

2. 维生素 B_3

维生素 B_3 又称泛酸，是辅酶A的组成部分。辅酶A是酰化酶类的辅基，它在糖、脂类以及氨基酸等的代谢中都起着重要作用。猪缺乏泛酸时，可使生殖机能和泌乳机能遭受损失。母猪最佳繁殖性能对泛酸的需要量为12.0～12.5mg/kg。

3. 维生素 B_{12}

维生素 B_{12} 能促进蛋氨酸和谷氨酸等生物合成，由于它有活化氨基酸和促进核酸生物合成的作用，并参与蛋白质、脂肪和碳水化合物的代谢，所以对各种蛋白质合成有重要意义。动物缺乏维生素 B_{12} 的主要特征是对组织的影响，可以加快细胞的分解，发生神经损伤，生长猪可发生食欲下降，造血机能受阻和生长缓慢。母猪维生素 B_{12} 不足时主要是降低受胎率、繁殖率和产后的泌乳量。对断奶仔猪和种母猪，每千克饲粮均需维生素 B_{12} 14～15mg，通常饲料中包含10%的鱼粉即能满足需要。

4. 叶酸

叶酸作为一种重要的B族维生素，在提高母猪繁殖性能方面

有着不可忽视的作用。叶酸可能对维持母猪繁殖性能和早期胚胎发育有重要作用。叶酸通过主动转运机制被转运至胚胎，从而提高胚胎的存活率，支持胚胎正常 DNA 合成，有助于受精卵细胞分裂和在子宫内着床，减少胚胎的早期死亡，从而提高母猪产仔数。在妊娠早期的日粮中添加叶酸，可以提高窝产仔数和窝产活仔数，尤其是经产母猪。这主要是由于补充叶酸后提高了胚胎的成活率，而不是增加了排卵数，但当排卵数增加时，补充叶酸提高胚胎成活率的效果更明显。叶酸补充的关键时期是妊娠后期的头 60 天。关于母猪对叶酸的需要量，在妊娠期间头一周补充叶酸 15mg/kg 饲料，以后补充 10mg/kg 饲料直至分娩，可最大限度地发挥母猪的繁殖性能，这一值比 NRC(1988)推荐的 1.3mg/kg 饲料高很多。闻爱友等研究表明：在日粮中添加活性叶酸 5mg/kg，对各胎次母猪的产仔数均有显著影响。且随着胎次的增加母猪的产仔数也有增加的趋势，尤其是对 2 胎以上的经产母猪。

可见，在母猪饲粮中添加适宜剂量的叶酸，可以缓解母猪血液中叶酸浓度的下降，提高胚胎成活率，增加母猪窝产仔数和初生窝重，从而提高母猪生产性能和生产效益。

（二）生物素

生物素是一种必需的水溶性维生素，可参与多种生化功能，包括碳水化合物、脂肪和蛋白质的代谢。生物素是维持皮肤、生殖道、神经系统以及甲状腺、肾上腺的功能所必需的。生物素最主要的功能是维护种猪蹄部健康，防止蹄裂、跛行和瘫痪。补充生物素可减少舍饲青年母猪和繁殖母猪肢蹄病发病率，同时可促进胎儿生长发育和减少胎儿死亡以及促进泌乳，提高母猪排卵数和受胎率，缩短母猪断奶至发情间隔。如果日粮中生物素的含量低于 330μg/g，会造成死胎增多和哺乳仔猪因母乳不足而生长发育不良。补充生物素可以使母猪子宫角长度和胎盘表面积增加，进而增加了胎儿在子宫中所占空间，更好地为胎儿提供营养，促进胎儿的充分发育，这对胎儿的生长及存活具有重要的意义。

NRC(1998)建议，妊娠母猪与哺乳母猪对生物素的需要量为

0.2mg/kg。Roche(1998)推荐妊娠母猪与哺乳母猪日粮中生物素添加量为0.25～0.3mg/kg。

（三）维生素C

维生素C是一种含有6个碳原子的酸性多羟基化合物，因能防制坏血病而又称为抗坏血酸。维生素C具有较强抗应激作用，可以通过缓解应激，改善母猪繁殖性能和增强抵抗力。尤其在夏季高温或母猪分娩前后经受环境或生理应激时，维生素C的作用更为明显。母乳是1周龄前仔猪维生素C的唯一来源，在怀孕期和哺乳期，给母猪补充维生素C可降低断奶前仔猪死亡率。

（四）其他水溶性维生素

水溶性维生素中，与种猪繁殖性能有关的除上述几种外，还有维生素B_6、烟酸、胆碱等，只是这几种维生素在种猪繁殖生理机能上的作用不是十分明确。有资料报道，在妊娠母猪饲粮中添加15mg/kg维生素B_6(对照组1mg/kg)，可使断奶至发情间隔减少1.1天；在母猪怀孕期和泌乳期日粮中添加33mg/kg烟酸，可使母猪子宫炎-乳房炎-无乳综合征发病率降低30%；在妊娠母猪玉米-豆粕饲粮中添加434～880mg/kg胆碱，可增加窝产仔数和断奶仔猪数，提高母猪受胎率。

第三节　矿物质对猪繁殖性能的影响

矿物质是一类无机营养物质，按各种矿物质在动物体内含量的不同，可以分为常量元素(包括钙、磷、钠、钾、氯、镁等)和微量元素(包括铁、铜、锌、碘、锰、钴、硒、铬等)。日粮中矿物质对母猪繁殖性能有着举足轻重的作用。矿物质的缺乏可引起内分泌系统激素分泌失调、酶活性降低以及生殖器官的组织结构变化，从而导致母猪的繁殖力下降。影响母猪繁殖性能的矿物质包括硒、铬、铁、钙、磷、锌等。

一、微量元素对猪繁殖性能的影响

对于生产母猪来讲，在生产年限内都要保持较高的生产水平，因此满足其对各种营养素的需要至关重要。在母猪的生产周期的不同阶段，对于微量元素的需求变化很大。这些微量元素除了满足自身的组织生长和维持需要之外，还要满足胚胎的生长发育和泌乳的需要。在妊娠后期和泌乳期，母猪的负担加重，对各种微量元素的需求最大。若饲料中微量元素水平较低或者这些元素来源的利用率低，母猪就会动用自身组织中沉积的各元素来满足生产需求，但这种情况容易使母猪的生产年限下降，同时也容易造成流产、死仔数增多等一系列的问题。

在实际生产中，一般猪场使用的微量元素添加剂的水平高于NRC推荐的标准。但由于母猪在妊娠期的限饲，使微量元素的摄入可能较低，以及由于现代育种的结果（选种的目标为高瘦肉增长率、母猪高产等）使母猪在泌乳期很难采食足够的营养素来满足生产的需要。又加上微量元素对母猪的生产性能具有重要的影响，因此加强母猪微量元素的营养很有必要。

（一）硒

硒是谷胱甘肽过氧化物酶（GSHPX）的组成成分，和VE一起起到抗氧化的作用。饲料缺硒可导致动物对VE的需要增加，两者有协同作用，但不可相互完全替代。一般认为硒能提高动物的生殖力，通过补硒提高GSHPX活性，可使母猪子宫处于最佳状态，也是提高受精率和受精卵着床的重要保障。低硒可使母猪肌肉的弹性和力量降低，分娩时间延长，导致死仔数增多。

初产母猪由于体内沉积硒的量可以满足第一胎的需要，饲喂低硒饲粮不会影响产仔数，但在随后的生产周期中，低硒饲粮则降低了母猪的生产性能。母猪的胎盘具有有效转移Se到胎儿的功能，增加母猪饲粮中Se的水平，在新生仔猪中发现肝、血清Se含量升高，同时GSHPX的活性增强，母乳中Se的水平也随饲粮Se水平的提高有显著的提高，胎儿的成活率有明显的提高。仔猪体内很容易缺乏硒，若仔猪体内 VE 和硒含量不足，在给新生仔猪注射铁剂的时候，容易造成铁中毒，而母猪初乳中 VE 和硒的含量都比常乳中高数倍，因此仔猪一定要采食初乳。母猪乳汁中 VE 和 Se 的含量随着母猪年龄的增加而降低，因此对老母猪应适当增加 Se 和 VE 的水平。

硒的抗氧化特性对改善母猪的繁殖性能具有重要作用，同时，硒可提高母猪对各种营养物质的消化和吸收。母猪缺硒可导致发情紊乱，受胎率低，胎儿不能正常发育；而硒过多，可造成硒中毒，母猪受胎率和产仔率均下降，仔猪发育迟缓。所以，只有保持正常的硒水平，母猪的生殖机能才能正常。硒的补充以有机硒（硒酵母）优于无机硒（亚硒酸钠），而补硒的效果主要体现在繁殖晚期。

（二）铬

铬是近年来妊娠母猪营养中较受重视的一种微量元素。铬对消化酶的活性有促进作用，有利于蛋白质的消化吸收。铬还可以缩短繁殖周期，增加产仔数。铬对繁殖性能的影响，是通过增加组织对胰岛素的敏感性来介导的。此外，有机铬通过改变胰岛素、促卵泡素和促黄体素的分泌水平来影响母猪的繁殖性能。

在母猪后备期添加铬可以明显提高其繁殖效率；后备期和繁殖期持续添加铬，可在很大程度上提高繁殖成绩，平均窝产仔数提高 2 头。初产母猪补铬对窝产仔率无影响，而经产母猪补铬可使其产仔率提高 11%。交配后的 35 天内补铬有提高产仔率的趋势，但对总产仔数无影响；补铬对经产 3 胎的母猪能缩短断奶到再配种的时间间隔，并有提高断奶后 7 天内发情母猪比例的趋势。生产母猪在整个妊娠期和泌乳期使用有机铬 $200mg \cdot kg^{-1}$ 饲粮，繁殖周期可缩短 7 天，产活仔数平均增加 2 头，年产胎次平均增加 0.13 胎，窝死亡率平均减少 1 头，受胎率和分娩率都达到 100%。黄志坚等研究表明，哺乳期母猪饲粮中添加烟酸铬和酵母铬，其仔猪发病率比对照组下降了 12.4% 和 19.6%（$P<0.05$），仔猪的死亡率比对照组下降了 3.7% 和 1.8%，断奶个体重分别提高 0.74kg 和 0.52kg；母猪繁殖周期比对照组分别缩短

了4.4天和4.1天;母猪平均窝产活仔数比对照组分别增加0.83头和0.66头;初生窝重比对照组分别提高1.72kg和1.3kg;发情配种时血清促黄体素(LH)的水平比对照组分别提高13.6%和11.8%。梁贤威等研究也表明,经产母猪饲粮中添加有机铬制剂可以改善其繁殖性能,增加窝产仔数,增加初生活仔窝重,增加21日龄活仔数等。杜立银等研究表明,在母猪饲粮中添加CrP(吡啶羧酸铬)1.65mg·kg^{-1},可以显著缩短断奶至发情间隔,提高窝产仔数和增加仔猪初生窝重;并使断奶母猪返情前的血糖和血清总脂显著降低,血清促黄体素(LH)显著升高,但对仔猪初生平均个体重无影响。由此认为,饲喂添加吡啶羧酸铬饲粮对提高经产母猪繁殖性能具有明显的正效应。

对于铬的添加通常采用酵母铬和甲基吡啶铬。而使用没有活性的铬源不能改善母猪的健康状况和生产性能。

(三)铁

铁是许多功能蛋白的组成成分,具有广泛的功能。离子铁与铁转运蛋白结合,通过血液转运到各组织器官,肝脏从血浆中摄取大部分的铁,以铁蛋白的形式贮存。铁结合蛋白有抑菌效果,并有维持上皮的屏障作用和铁结合酶特异性结构等作用。一旦发生感染,补铁将增加肝脏巨噬细胞的杀菌能力,因此铁对由子宫内膜炎引起的不孕症有一定疗效。

猪体铁的总量很低,母猪一般不会出现铁的缺乏症,这是由十止常的猪在组织中储存了足够的铁。妊娠母猪比未产母猪的铁需要量较高是因为胎儿的红细胞合成造成的。无机铁通过胎盘转运到胚胎的数量十分有限,母体铁是通过子宫转运蛋白转运到胎儿。子宫转运蛋白是一种糖蛋白,它虽然可以转运铁到胎儿,但转运的量比较低。乳中的铁则是与乳铁传递蛋白结合,而单纯依靠增加母猪饲料中无机铁水平来提高胎儿和母乳中铁含量,效果不明显,然而通过向母猪饲粮中添加有机态的铁,则具有理想的效果。仔猪出生时,体内的铁含量大约为54mg,母乳中含铁约为1.3mg/L。对于小猪,需要量较高,因为它的生长速度很快,血红蛋白合成量大。乳猪日需要量为7～16mg(NRC,1998)。现在普遍采用给新生仔猪注射铁剂的办法来防止仔猪贫血。

铁摄入不足会影响动物的正常生理机能,严重时甚至导致动物死亡。母猪体内铁转运系统存在胎盘屏障和乳腺屏障,致使初生仔猪体内铁储蓄量较低,极易发生贫血。母猪分娩前后补充一般铁并不能增加胎儿体内铁的储备及奶中铁的含量,因而不能防止仔猪缺铁性贫血的发生。给妊娠和哺乳母猪注射葡萄糖铁,几乎看不到通过胎盘和乳汁转移铁的效果,但是构成胎儿体蛋白的氨基酸却很容易通过胎盘转移给胎儿。若妊娠母猪口服苏氨酸铁,在分娩前便可将铁迅速转移并蓄积在胎儿体内,从而可预防分娩后的仔猪缺铁性贫血,而苏氨酸铁还可通过初乳转移给仔猪,一般给妊娠和哺乳母猪添加0.15%苏氨酸铁,可提高母猪的繁殖率、仔猪成活率及初生重。邓杜福(2005)试验表明,在母猪日粮中添加甘氨酸铁450mg/kg,总产仔数提高3.8%。

(四) 锌

锌在动物体内许多酶系中和蛋白质结构中发挥重要作用。锌是通过调节性腺活动和性激素的分泌来影响性器官正常发育和性机能正常发挥。若锌缺乏则影响了对雌激素的调节,造成发情周期紊乱、排卵数降低、卵巢萎缩等病症。母猪缺锌可使子宫衰退,影响乳的合成。怀孕母猪缺锌时会导致早产,胎儿干尸化,降低出生重,延长分娩时间等问题。

繁殖母猪对锌的需要量NRC的标准是50mg/kg,但一般添加到80～100mg/kg,可显著改善母猪的繁殖性能。锌的生物效价受饲粮中铜、铁尤其是钙水平的影响,与钙有很强的拮抗作用。初产母猪由于自身生长的需要,对锌的需求较高。低饲粮锌不影响母猪的产仔数,但可以导致分娩时间延长,且畸形数增加。母猪饲喂高锌饲粮比饲喂低锌饲粮所产的仔猪在断奶后增重更迅速。

(五) 铜

铜广泛存在于酶系统,还存在于一些活性蛋白中。母猪对铜的需要量很低,NRC推荐的标准为5mg/kg。母猪缺铜可使受精率受到影响。铜主要通过刺激下丘脑分泌促性腺激素释放激素(LHRH)来影响动物的繁殖。在母猪妊娠期间,铜主要用来满足胎儿生长发育的需求。提高新生仔猪体内铜含量可以通过供给母猪高水平的饲粮铜来实现,说明铜可有效地通过胎盘转运到胎儿。提高仔猪体内铜含量可以促进仔猪的生长。母猪饲料中铜不足,仔猪血浆铜蓝蛋白降低,死仔数提高。

据报道,在母猪妊娠和泌乳饲粮中添加250mg/kg的铜($CuSO_4 \cdot 5H_2O$),经过6个产次直到淘汰,结果表明,饲喂高铜,初产母猪的繁殖率下降,淘汰率下降,但窝仔数增加,仔猪出生重和断奶重也分别提高9%和6%,断奶成活率没有提高,断奶至发情的时间间隔减少1天,怀孕第108天母猪的体重显著提高。母猪的实际生产中很少使用高剂量的铜。

(六)锰

锰是体内许多酶的激活剂,参与线粒体内氧化磷酸化、脂肪酸合成,它是线粒体内过氧化物歧化酶所必需的。锰可激活碱性磷酸酶,促进骨骼及软骨中酸性黏多糖的合成,也可促进体脂的利用,抑制肝脏变性,此外,锰可与氨基酸形成螯合物来参与氨基酸代谢。锰在生殖和免疫功能方面起重要作用。在骨骼和肝中可以贮存大量的锰,这些锰在需要的时候可以稳定地释放出来。

新生仔猪缺锰会出现运动失调,母猪缺锰可导致不发情、流产及死仔数增加,同时脂肪沉积增加,减少乳的生产。卵巢对缺锰很敏感。胎盘也可以稳定快速地转运锰来满足胎儿的发育。锰在胚胎发育早期就在造血中发挥作用,因此若缺锰会影响胚胎发育从而引起流产。

二、常量元素对猪繁殖性能的影响

(一)富钾矿物添加剂

在规模化猪场常规母猪日粮配方基础上,采用添加富钾矿物添加剂,对母猪综合繁殖性能的提高有较明显的作用。主要表现为：有利初生活仔数的提高，对初生窝重有一定改善，对仔猪断奶重及断奶窝重有较明显的促进，对断奶仔猪成活率有所提高并明显缓解了母猪粪便干燥及便秘现象发生。

（二）钙和磷

母猪对这两种元素的需要量极大。日粮中钙和磷比例小于1.5∶1时，可使母猪受胎率下降，并诱发流产、胎衣不下、子宫和输卵管发生炎症等。而日粮中钙、磷比例大于4∶1时，同样影响母猪的生殖机能。一般认为，日粮中钙、磷比例保持在1.5∶1～2∶1时，对母猪最有利。

第四节　日粮纤维对母猪繁殖性能的影响

日粮纤维是日粮内的一种具有特殊营养生理作用的、由碳水化合物聚合物组成并与其他非碳水化合物组分相联系的复杂的混合物。日粮纤维主要在植物细胞壁中被发现，由非淀粉多糖(NSP)及木质素、蛋白质、脂肪酸、蜡等组成。

通常，为保证最佳的经济性状和健康水平，对繁殖母猪要限制饲喂以保持其体况在整个繁殖周期中相对恒定。而限饲所提供的饲料水平仅占随意采食量的0.40～0.60，显然不能满足其采食需要，从而导致群饲时的攻击性和争食现象。妊娠期限饲会降低仔猪初生重和成活率，母猪分娩和断奶时体脂沉积过少还会延迟断奶后的发情，并降低受孕率，导致母猪繁殖性能下降。在不改变日粮DE供给量的条件下，添加纤维以增加日粮的体积，可增加饱食感，并可在一定程度上提高母猪的繁殖性能和经济效益。

研究表明，妊娠母猪在现代养猪生产体系中有效利用粗纤维的能力最强，比生长猪能更好地利用高纤维、低能量日粮，限饲的妊娠母猪比自由采食的生长猪能从纤维性饲料中获取更多的能量。由于母猪采食量低、食糜流通速度慢，从而导致母猪肠道后段有很强的发酵能力，成猪体内纤维分解菌的数量约为生长猪的6.7倍；且母猪的采食潜力很大，远大于其妊娠所需的量。人们便利用这一特性在妊娠母猪中应用低能高纤维饲料。猪日粮中添加高纤维物质还可增进动物健康，提高食糜通过胃肠的速度或降低胃溃疡的发生，并可防止便秘，降低异常行为的发生率，提高母猪的生产性能。

在妊娠母猪日粮中添加适量的纤维成分可在一定程度上提高母猪的繁殖性能，但由于母猪繁殖性能的研究本身比较复杂，影响因素又多，使得不同研究者的结果不尽相同。

一、日粮纤维对妊娠期增重的影响

饲喂纤维性饲料的母猪平均每天少消耗0.1Mcal ME，母猪妊娠期增重比对照组少2.724kg，这部分是由于ME摄入量降低所致，还因为纤维性饲料的能量利用效率较低，从而影响增重。

二、日粮纤维对母猪围产期行为和产程的影响

日粮粗纤维对产程的影响与体况有关。处于正常体况时，与饲喂CF 60g/kg的母猪相比，饲喂CF 120g/kg日粮的母猪的产程缩短，但对中度或显著肥胖的母猪无影响。与饲喂玉米-豆粕日粮或燕麦壳和燕麦日粮的母猪相比，整个妊娠期饲喂麦麸和玉米芯日粮的母猪，分娩前12小时催乳素的浓度升高，分娩过程中的躺卧时间较长。

三、日粮纤维对泌乳期采食量和泌乳失重的影响

妊娠期给母猪饲喂纤维性日粮的另一个潜在的好处是提高了泌乳期的采食量。在妊娠期饲喂母猪含高水平苜蓿干草及麦秸的日粮，可提高泌乳期的采食量，这可能是由于纤维饲料加入母猪日粮后，能量利用率降低而引起妊娠体增重降低、妊娠期背膘沉积减少或由于消化道容积的增加而使母猪在泌乳期食欲增加。另外，泌乳期采食量与泌乳量密切相关，因此日粮纤维对仔

猪生长速度有正效应。泌乳期采食量的增加还可提高母猪泌乳期的营养状况及随后断奶时的体储水平，这对母猪和仔猪均有利。妊娠期饲喂纤维的母猪泌乳期失重较少(少失重 1.362kg)，且每日消耗更多的饲料(多 0.2724kg)。另外，妊娠期饲喂纤维的母猪，其利用年限比对照组长，淘汰率较低。

四、日粮纤维对窝产仔数和断奶窝仔数的影响

妊娠期采食高纤维日粮的母猪具有较高的活产仔数和断奶仔猪数。对妊娠母猪饲喂高纤维日粮有助于预防一些不良行为，与饲喂玉米-豆粕型日粮的母猪相比，饲喂麦糠、玉米芯、黑麦壳和黑麦的母猪有更多的睡眠时间，所产仔猪(出生 3～56 天)增重比对照组高 20%。Reese (1997)报道，给妊娠期母猪饲喂苜蓿、苜蓿半干青贮料、玉米蛋白饲料、燕麦壳或麦秸，可提高产活仔数 0.5～1.8 头；而妊娠日粮中添加苜蓿草粉或酒糟会稍微降低每窝的活产仔数；妊娠期饲喂高纤维日粮的母猪，其断奶仔猪数平均提高 0.3 头/窝。

五、日粮纤维对仔猪初生重、断奶重及成活率的影响

妊娠期饲喂母猪额外的纤维也可提高仔猪的性能。研究表明，饲喂纤维的母猪其窝产活仔数、断奶仔猪数均有提高(多 0.3 头仔猪/窝)，而对仔猪的断奶前成活率无显著影响。妊娠期饲喂额外纤维的母猪所产仔猪平均初生重降低 0.0908kg，断奶重增加 0.4086kg。仔猪初生重低的原因可能是由于饲喂纤维的母猪妊娠期 DE 摄入量略低或 DE 利用效率较低。而断奶重增加可能是由于泌乳期采食量增加，导致泌乳量增加，从而促进仔猪生长或是由于饲喂纤维日粮(燕麦壳)的母猪血液 VFA 浓度尤其是乙酸浓度升高，而乙酸可直接合成乳脂，提高了乳汁的能量从而促进仔猪生长。

总之，在妊娠母猪日粮中添加适量的纤维成分可在一定程度上提高母猪的繁殖性能。

第五节　中草药添加剂对母猪繁殖的影响

中草药有效成分包括蛋白质、氨基酸、维生素、油脂、植物色素，各种微量元素和大量的有机酸、酶、生物碱、多糖等活性物质。这些物质中有些可以增强机体的新陈代谢，促进蛋白质和各种酶的合成，促进生长发育。试验表明，使用中草药添加剂的繁殖母猪，其产仔数会有提高，原理可能是药物增强了种猪生殖细胞的活力，改善了母猪子宫内环境而利于精卵细胞结合和着床，使受精率提高，胚胎发育良好。

第五章　环境与繁殖

第一节　环境与养猪生产

在畜牧生产中，品种、饲料、防疫和环境是决定生产水平高低的四个主要因素，它们之间相互影响和制约，但环境往往被人们所忽视。当品种、饲料、防疫问题基本解决以后，环境对于畜牧生产将起决定性作用。在现代化养猪生产中，随着养猪规模的扩大，集约化程度的提高，以及最新育种技术的采用，猪的抗逆性变得较差，对环境条件的要求越来越高，环境对养猪的影响也越来越大。优良品种高生产性能潜力得以充分发挥，不仅需要优质全价饲料，健康的体况（严格的防疫），还必须有适宜的生活和生产环境。猪的品种越优良要求的环境条件越高。如果环境不适宜，则优良品种高生产性能的遗传潜力不能充分发挥，实际生产水平降低，饲料的转化率低，饲料报酬下降，这时饲料质量越好造成浪费越大；同时在正常环境条件下的防疫难以控制疫病发生，猪的抵抗力和免疫力下降，发病和死亡率提高，繁殖力下降，防疫支出增加，或疫病无法控制，造成巨大损失。可见，环境是畜牧生产的必要条件，是取得高生产力水平的保证。因此，为猪只创造适宜的环境条件就显得尤为重要。

那么，什么是环境呢？广义的环境是指遗传因素以外的一切因素，包括外界环境和内部环境，通常所说的环境是指家畜所处的外界环境，是指周围一切与家畜有关的事物总和。家畜与环境的关系实质就是其内部环境和外界环境的关系，二者之间处于动态平衡状态。当外部环境条件变化超过家畜机体的调节能力时，机体的体内平衡被破坏，内部环境发生紊乱，从而发生机能障碍，甚至死亡。家畜疾病的主要原因是外界环境不适宜引起的或外因通过内因起作用的结果。

猪在生长发育过程中不断地从外界摄取营养物质，这些营养物质一部分用于维持体内平衡，剩余部分才用于生产如增重、繁殖等，这是因为维持体内平衡是生存的需要，是主要的，生产是次要的。由于各种猪的采食量是相对稳定的，所以，猪的生长、健康及生产力水平主要受外界环境因素的制约。适宜的环境，猪机体可将摄入的营养物质最大限度地用于生产，生产力水平最高；随着环境恶劣，按其程度不同猪只一般表现为：(1) 生产水平不下降，但饲料报酬降低，经济效益下降；(2) 生产水平下降，饲料报酬低，经济效益低；(3) 引起疾病，严重时可导致死亡，这种情况没有经济效益，甚至还可能造成亏损。现代化养猪生产，由于养猪规模大，集约化程度高，对环境条件要求较高，环境因素影响经济效益占有相当的比重，所以，在养猪生产中，应重视猪场和猪舍的环境控制与改善，才能提高企业经济效益。

第二节　猪的适应与应激

适应和应激是猪对环境刺激所产生的反应，是猪个体和种群在复杂环境中生存的需要。

一、适应

适应是指猪对内部或外界刺激所产生的有利于生存的生物学和遗传学的变化。其中生物学适应是指在一定的环境条件下，猪产生了形态和解剖学的、生理和生物化学的，以及行为学的有利于生存的特征，这种适应属于表型适应，仅是个体一生的变化，不能遗传给后代；遗传学适应性是指有利于一群体在某种特定条件下生存的可遗传的特征，是遗传物质的改变，故可遗传给后代，同时发生群体适应性变化。

猪机体的内环境是相对稳定的，当外界环境变化时，机体可通过神经调节和体液调节，改变自身相关组织器官的活动机能，保持其内部环境的相对恒定，并维持机体与环境的平衡和统一，这就是适应的过程。根据高等动物对环境变化的反应，一般可将环境变化分为五个区（图 5 -1），在适宜区和代偿区，机体靠调节和代偿机能可以保持体内平衡；在障碍区和危险区，则导致机能障碍（疾病）或危及生命，在致死区则出现衰竭和死亡。在非典型情况下，上述反应不一定按顺序出现，有时是可逆的，有时是跳跃式的。如某种环境使猪处于代偿区，当这种环境的刺激减弱、消失或猪对其已适应时，可以回到适宜区；当某种环境刺激过于突然、强烈时，猪可能由适宜区直接进入致死区，如猪的猝死。

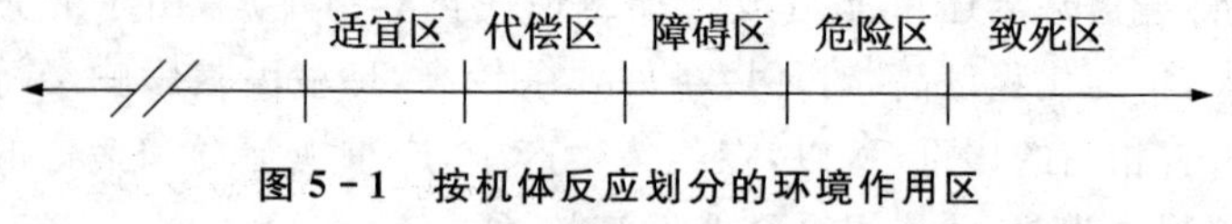

图 5 - 1　按机体反应划分的环境作用区

二、应激

应激是有机体对各种非常刺激所产生的非特异性应答反应的总和。能够引起机体应激反应的环境因素叫应激源或应激因素。猪在受到环境因素刺激后，都会产生反应，但反应的形式有所不同，一般的刺激引起机体特异性反应，如冬天寒冷，猪就扎堆；夏天炎热，猪就疏散等现象。而有些刺激（应激源）不仅使机体产生特异性反应，还会引起非特异性反应，即应激反应，其表现为：(1) 肾上腺皮质变粗，分泌活性提高；(2) 胸腺、脾脏和其他淋巴组织萎缩，血液嗜酸性白细胞和淋巴细胞减少，嗜中性白细胞增多；(3) 胃和十二指肠溃疡出血。这些症状称为“全身适应综合征(GAS)”。所以应激不是环境刺激，而是机体的生理反应，其作用在于动员机体的全部防御系统去克服特异性反应不能适应的强烈刺激作用,从而扩大机体的适应范围,增强其适应环境的能力。如果机体缺乏应激反应或应激失调,会在任何超出一般生理调节范围(特异反应)的刺激下,导致机体内平衡破坏(疾病)或死亡,所以应激是猪生存所必需的反应,可扩大动物的适应范围。

三、猪场应激因素

应激的因素多种多样,有些因素的单独应激作用虽然不大,但多种因素合在一起就会造成大的应激,使猪达不到理想的生产水平。引起猪出现应激反应的因素主要有:

(一) 物理因素

1. 高温:当环境温度达到30℃以上时,公猪精子生成减少,母猪性成熟推迟,受精率明显下降,血钙含量降低,血液酸碱平衡失调,严重者可引起很高的死亡率等热应激反应。

2. 寒冷:体重8～9kg仔猪最佳温度需要为28～30℃,仔猪从设有保育箱的母猪旁,突然来到20℃左右的空间内,显然是温差太大,明显的温度变化对仔猪是个应激。初生仔猪和刚断奶的仔猪对冷非常敏感。寒冷还会使猪集堆,弱小猪往往被压伤、压死。

3. 贼风:空气流速为9m/min的贼风将使仔猪受寒,其情形相当于空气温度下降4℃。在许多猪舍内,流速为28m/min的风是普遍存在的,它相当于空气温度下降10℃。漏缝地面系统的贼风通常大于9m/min,这对仔猪来说也是个不小的应激。在寒冷的冬季有贼风侵入猪舍,会使猪的采食量增加与增重停滞。

4. 湿度:潮湿的水泥地面同样会增加仔猪的寒冷,潮湿的地面相当于空气温度下降6～9℃。垫草虽能使仔猪与潮湿的地面隔开,而部分地补偿由潮湿造成的温度下降,但垫草如果不是定期更换或不能保持新鲜的话,会隐藏致病微生物。

5. 噪音:若声音超过一定的标准,或异常音、突发音以及反复出现的其他噪音,对猪都十分敏感。鞭炮、飞机、汽车、火车等发出的噪音都能使猪产生应激反应，导致食欲降低和生长速度下降，甚至死亡。

6. 此外，强辐射、低气压等物理因素也会造成应激。

(二) 化学因素

1. 有害气体：猪群密度大、通风不良、猪粪堆积受潮的情况下易产生大量氨气。猪长期在氨浓度 26～100ppm 的环境中生存，不但造成肉猪生长速度变慢，还会引起结膜炎、支气管炎、肺炎等疾病的发生，严重的会引起猪只的死亡。

2. 化学物质：接触和食入各种化学毒物；某些药物投服不当、过量或长时间用药，重则中毒，轻者影响肠内维生素(如维生素 K 等)的合成，从而引起皮下出血等应激症状。某些消毒剂的选择和使用不当也会造成应激。

(三) 生物学因素

1. 接种疫苗：接种疫苗虽然是防疫措施中的一个不可缺少的环节，但无论是哪种途径的接种，都是一种应激因素。而且疫苗进入体内后产生免疫的过程也是一种应激。

2. 疾病：慢性或隐性感染某些细菌、病毒或内外寄生虫病时，由于机体与这些病原之间处于相对的平衡，成为慢性或亚临床无症状感染。如果这时再感染其他的疾病，或气候、饲养管理条件恶化，则可表现出严重的临床症状，造成巨大的损失。

(四) 营养因素

1. 限制给水、饮水器数量不足或位置过高、管理失误导致缺水或水质不清洁等，都将引起应激而影响猪的生长和繁殖，严重的引起死亡。

2. 后备公猪、后备母猪及怀孕母猪的限饲或食槽不足或由于某些管理失误而造成喂料不足同样可引起应激。

3. 当饲料品种和质量骤然改变，或饲料配方不合理使某些养分长期不足或过量，或饲料有异味时，特别是饲料品质不良(饲料营养过低或霉变)时，能明显影响猪的采食量，从而影响猪的生产性能，甚至造成母猪流产。

（五）管理因素

1. 工厂化养猪中，养猪生产是一种流水式生产工艺流程，配种舍、分娩舍、保育舍、生长舍、肥育舍都有其特定的功能，不同生长发育阶段的猪只或不同繁殖阶段的母猪饲养在不同的猪舍中，为此，猪只需要不断进行转舍，这个过程会对猪造成较大的应激。

2. 饲养管理操作规程急剧变更，经常更换饲养员。

3. 在防病治病过程中，难免要对猪只进行抓捉，哪怕只捉个别猪，也会使全群猪受惊。

4. 饲养密度超过合理的密度标准时，就会造成应激，导致猪异常行为的发生(如咬尾、咬耳等)。

5. 工厂化养猪大多采用单体限位栏饲养，特别是母猪，几乎不能运动、不见阳光，这是一个很大的应激。

6. 鼠、狗、猫、鸟及生人进入猪舍，会造成惊群，产生神经质的应激，并且也是传播疾病的媒介。

（六）断奶应激

断奶后对仔猪是一个极为关键的时期，它可以极大地影响仔猪到商品猪整个生长过程的生产性能和经济效益。但断奶在任何日龄都会造成对仔猪的应激，断奶越早，应激反应越大。工厂化养猪往往采用早期断奶(21～28 日龄)，有的 14 日龄断奶甚至更早，这就会对断奶仔猪产生很大的应激。

1. 精神应激：仔猪断奶后离开母猪，由依附着母猪的生活变成独立生活。

2. 环境应激：仔猪由产房转到保育舍，其栏舍结构、地面类型、给料方式、饮水器位置、饲养密度、环境温度、湿度、噪音、周围物体及饲养员都发生了很大改变。

3. 位次争斗应激：工厂化猪场对同期断奶、全进全出的要求，需要将两窝或两窝以上的仔猪根据大小、公母等进行分群和并群，这时来自不同窝的断奶仔猪之间的位次序列发生了变化，根据猪的行为特性，猪只之间要相互斗架以重新建立位次序列。

4. 饲料应激：仔猪由有规律的每天 16～24 次吸吮母乳突然

变为每天 4～6 次采食固体饲料，常发生仔猪拒绝进食一段时间的现象。而后，在饿了 12～15 小时后，仔猪会饱餐一顿，这一顿所摄入的固体饲料数量使正在发育的消化系统负担过重，导致仔猪腹泻。

5. 消化生理性应激：断奶仔猪消化酶活性较低，仔猪消化道内胃酸不足，加之饲料抗原性反应，导致肠道营养物质吸收不良和腹泻。

（七）外伤因素

打耳号、剪齿、断尾、去势、创伤、骨折等。

（八）心理因素

1. 分娩应激：特别是对初产母猪，分娩是一个很大的应激。

2. 不同日龄的猪混养：因为幼猪往往受到大猪的攻击，造成应激。同时，还会从大猪那里感染某些寄生虫病和传染病，这也是一种应激。

3. 人的粗暴对待及其他能引起心理恐惧和紧张的因素。

（九）运输因素

各种运输工具的装卸与长途运输中的不良条件和不良刺激，是一种严重的应激。特别是在炎热天气对猪进行高密度的运输，应激非常大。

（十）人为因素

1. 工厂化养猪中，每个饲养员分别对不同的猪只进行饲养管理，管理细致，责任分明，饲养员根据生产指标的完成情况获取酬劳，因此，各阶段的猪在转舍过程中必须进行称重，这是一个应激。

2. 生产者为了能充分发挥猪的生产潜能，对生产性能的高强度选育和利用，使猪群始终处于高度紧张的生产状态之中，必将使猪的应激性增高，从而使得那些敏感猪内分泌发生异常，抗病力下降，一些在散养条件下不易发生的疾病如胃溃疡、应激综合症等成为多发病。

3. 各种造成不适的机械和设备的使用。

4. 对猪群进行有不良刺激的试验。

四、防止猪应激的措施

(一) 改善饲养管理,创造适宜的生活环境

1. 设法维持猪舍内良好的环境,做好夏季防暑降温和冬季防寒保暖工作,尽量保持猪舍最佳温度;保持地面干燥,勤换垫草,猪舍相对湿度保持在 60%~80%;猪舍通风良好,舍内空气新鲜;经常清除粪便,防止氨气含量超标;保持舍内安静,防止出现突然声响或噪音过大;保持舍内合适的饲养密度。

2. 根据猪不同的生长发育阶段和繁殖阶段,制定科学合理的饲料配方,饲喂全价配合饲料,满足其营养需要,杜绝饲喂发霉变质的饲料。用自动食箱喂料的,调节板要调整适当,数量要充足;饲养人员固定,饲喂定时定量;供给充足清洁的饮水,饮水器的高度要适当;抓猪、转群等工作动作要轻。

3. 试验表明,在无风环境中生长的仔猪比暴露在贼风环境里的仔猪增长速度提高 6%,饲料消耗减少 26%,仔猪腹泻发生率也明显下降。所以,尽可能地限制仔猪卧处的空气流动速度是很重要的。

4. 合理的饲养密度:当猪只拥挤时,饲料摄入将减少,生产性能将削弱。试验表明,超出推荐标准而增加猪圈猪只的饲养量会降低至少 5%的平均日增重和饲料效率。

5. 改变能引起应激的生产工艺是预防应激的有效措施。国外有学者主张一段养猪饲养工艺,即从出生到出栏一直在同一个猪栏中不转圈、不并群。但一段饲养需加大猪栏建筑面积,增加资金、设备和劳力投入,从而提高了生产成本。

(二) 合理断奶

1. 断奶时先将母猪迁出,仔猪留在分娩栏中继续饲养 5~7 天,第 7~10 天再迁至保育舍。

2. 仔猪断奶分群时按原窝分群,这样有利于仔猪稳定情绪,减少因混群而产生紧张不安的刺激。若必须混群,在断奶前几天

就混养，以有助于减少断奶的应激和断奶后猪只打架的发生率。

3. 仔猪断奶后继续吃乳猪料，以保持断奶后饲料营养的一致性。待断奶后2周左右开始逐步过渡到吃仔猪料，且应少喂勤添，总量适当限制，以防因断奶饥饿而暴食引起腹泻。配制仔猪料时，要降低日粮抗原物质，适当增加动物蛋白，豆粕含量不超过25%，并添加酸化剂和酶制剂，激活胃蛋白酶原，有利于消化。

（三）做好疫病防制

1. 保持猪舍清洁，定期进行消毒。交替使用消毒剂，严格做好猪舍、环境、饮水等消毒工作，消除病原微生物，以减少传染病和使用药物带来的应激。

2. 严格执行免疫程序，防止疾病发生。严格按照免疫程序选择疫苗进行免疫，个体免疫最好在光线较暗的条件下进行。

3. 采用全进全出的饲养方式，平时不让外界人员、车辆进入猪场，重视灭鼠，消灭蚊、蝇等昆虫，防止病原传播。

4. 适时在饲料中投放驱虫药，预防寄生虫病发生。

5. 在猪群断奶、免疫接种、转群、并群、长途运输或天气突变等强应激情况下，添加饲喂抗应激添加剂。

（四）添加饲喂抗应激添加剂

1. 维生素

猪发生应激时可加倍添加饲喂维生素。给热应激的猪按0.02%～0.04%的比例添加维生素C，可以使血浆中的钠、蛋白质和皮质醇的浓度恢复正常，有助于热应激条件下的猪维持正常体温，提高饲料利用率。维生素E有保护细胞膜和防止氧化作用，高水平的维生素E可降低细胞膜的通透性，减少应激时肌肉细胞中肌醇激酶的释放，从而防止过多的钙离子内流而造成对正常细胞代谢的干扰。维生素E还可缓解由于高温时肾上腺素释放而引起的免疫抑制，提高抗病力。维生素K是抗药物产生应激的抗应激剂，用药前后或药物中毒时，可适当添加维生素K。

2. 微量元素

应激能造成猪对某些微量元素相对缺乏或需要量增加，适当补充饲喂锌、碘、铬等元素可减轻应激反应。

3. 电解质

猪热应激时水或饲料中添加碳酸氢钠、碳酸氢钾、氯化钠、氯化钾等电解质，可维持酸碱平衡，缓解热应激。如碳酸氢钠具有健胃和调节血液酸碱平衡作用，在饮水中添加0.1%～0.2%，能明显减少热应激的损失。

4. 氨基酸

在产生应激的前后3～5天内饲料中添加多种氨基酸添加剂，可补充因应激而引起的机体免疫器官、免疫细胞蛋白质分解。

5. 药物

安定药有较强的镇静作用，能降低中枢神经系统机能的紧张度，使动物镇定和安宁，有抗应激效果。在猪炎热天气长途运输前，在1kg饲料中加入氯丙嗪30mg饲喂，可降低猪群对热应激的反应。也有试用利血平等以减轻热应激的影响。延胡索酸具有镇静作用，能使中枢神经抑制，在饲料中添加0.1%延胡索酸，饮水中添加0.63%氯化铵，能明显缓解热应激，起到增进食欲，提高增重的效果。

6. 中草药

某些天然中草药有抗应激效果，投喂抗惊镇静药，如钩藤、葛蒲、延胡索酸、枣仁等，能使猪群避免骚动，保持安静；投喂清热泻火、清热燥湿、清热凉血的中草药，如石膏、黄芩、柴胡、荷叶、板蓝根、蒲公英、生地、白头翁等，可缓解热应激；投喂开胃消食的中药，如山楂、麦芽、神曲等，可维持正常食欲，提高机体抵抗力。药物防制虽能取得较好效果，但某些药物经常使用，有可能造成在猪体内积累，并通过产品影响人的健康，因此，在使用时要注意休药期，在无公害养猪生产和绿色养猪生产中不能使用安定药抗应激。

7. 其他添加剂

某些饲料添加剂能促进营养物质的消化吸收，增强畜禽抗病能力，均有抗应激作用，如杆菌肽锌、阿散酸、酶制剂、黄霉素等。

（五）提高猪的抗应激能力

这是主动预防，是根本的预防方法。使猪只经受适当的锻炼是提高抗应激能力的措施之一，短时间的轻度应激可以提高机体的抵抗能力。在生产中保持不变的环境既不可能也无必要，但应当避免那些强烈的或作用时间长的应激源作用。

（六）选育抗应激品种

通过育种工作淘汰应激敏感个体，选育抗应激品种，提高抗应激能力是最好的预防猪应激的方法。

五、应激对猪繁殖能力的影响

强烈的或长时间的应激会导致性激素分泌异常，性机能紊乱，使猪的繁殖能力降低。成年猪表现为性腺萎缩，性欲减退，精液品质下降，受胎率下降；妊娠母猪往往造成胚胎早期吸收，胎儿畸形、流产或死胎，仔猪初生重小，成活率低；还可引起母猪难产、胎盘滞留、子宫化脓性炎症和产后不孕症等。应激时由于催乳素和催产素分泌不足，使母猪泌乳机能下降。

第三节　环境温度对猪繁殖力的影响

一、猪的体热平衡及其调节

热环境是指直接与猪的体热调节有关的外界环境因素，包括空气温度、空气湿度、气流和辐射。这四种因素单独或共同作用影响猪的体热调节。

猪属于恒温动物，在不断变化的热环境中其体温保持相对恒定(39.2℃)，这是猪的体热调节机构维持体热平衡的结果。当热环境的变化超出机体的适应和调节范围时，体热调节机能失灵，体热平衡被破坏，出现体内积热或失热过多，引起体温升高或降低，生命机能随之发生障碍，从而影响猪的生产力和健康，甚至危及生命。表 5－1 所示为生产中的环境温度。

表 5－1　生产中环境温度范围(℃)

类　别	适宜温度	最高温度	最低温度
种公猪	13～19	25	10
空怀及妊娠前期母猪	13～19	27	10
妊娠后期母猪	16～20	27	10
哺乳母猪	18～22	27	13

二、温度对猪繁殖力的影响

在生产条件下，虽然空气温度是与湿度、气流和辐射共同起作用影响猪的体热调节而影响猪的生产力和健康，但是当其他因素不变时空气温度对猪的影响也很明显。

温度对繁殖力的影响主要是高温使猪的繁殖力降低，低温对繁殖力影响较小。这是由于低温时机体增加产热的调节比高温时减少产热的调节有效，但强烈的冷应激也会使繁殖力降低。高温环境下，一方面热应激使性激素分泌减少影响生殖机能，另一方面猪采食量减少，造成营养不良，加之高温导致血液大量流向外围以增加散热，生殖系统供血不足影响繁殖力。

公猪睾丸温度低于体内温度对精子有利。在热环境中如果睾丸温度高于适宜温度则可引起精液中精子数减少，精子活力降低，畸形精子比例增加，导致受精率降低。高温环境不但影响精子产出，也影响公猪的性兴奋和性欲。高温环境中的公猪只能勉强配种或根本不配种。这种影响一般在遭受高温作用 1～2 周表现出来，高温作用停止后 7～8 周才能得到恢复。当环境温度高于 27～30℃时，公猪就会发生热应激。由于热应激有滞后效应，如果公猪在受到热应激以后的 2～6 周配种，那么公猪的配种成功率和与配母猪将来的产仔数都会降低。

高温对母猪繁殖力的影响表现为：高温使母猪卵巢机能减退，卵泡发育障碍，排卵数减少，所以母猪受胎率降低。热应激对母猪在配种前后1～3周和分娩前3周内影响较大，妊娠中期不太敏感。试验证明：妊娠1～15天的母猪遭受37℃的高温应激，其活胎率为39%，而常温对照组为69%；如果把妊娠102天和110天的母猪放在37.7℃的环境中12小时，其余7小时处于32.2℃的环境中，共处理8天，结果死胎仔猪近一半，活产仔猪初生重大大低于常温对照组，3周龄仔猪成活率为72%，而对照组为88.5%。

有人统计了800个猪场5年的繁殖记录，发现在平均周内气温32℃以上配种的母猪，不孕和重复发情的达19.7%，而在32℃以下配种的母猪，不孕和重复发情者为12.7%。

三、高温和低温情况下的饲养管理措施

高温和低温对猪有不利影响，缓慢地升温和降温，猪群较易适应，但剧烈的温度变化，即使升降幅度不大，也会产生较严重的影响。因此，生产中应特别注意突然地升温和降温，加强对高温或低温的环境管理。

（一）高温情况下的饲养管理措施

1. 提高日粮浓度：由于高温引起采食量下降、产热增加，这样体内摄入的能量明显不足。因此，必须根据采食量减少情况，相应提高日粮浓度，特别是能量、蛋白质和维生素水平。维生素B族和维生素C，对防制应激有一定效果，但高温时，维生素A、维生素D、维生素E及某些B族维生素易破坏，故增加日粮维生素含量时，还应考虑此因素。

2. 增加饮水量：在高温情况下，猪以蒸发散热为主，保证充足而清凉的饮水，是有效的防暑措施之一。一方面是保障蒸发散热的水分需要，另一方面清凉饮水在消化道内升温也可使机体降温。在不采用自动饮水器饮水时，应勤清刷水槽，勤换水。

3. 减少饲养密度：猪群过大和饲养密度过高，均可加重热应

激，因此，在可能情况下，夏季应适当减少饲养密度。

4. 在饲养管理操作规程上，应采取在每天气温较低时（如早晨或夜间）饲喂，并及时清除粪尿污物，经常冲圈。采用厚垫草饲养方式时，应及时添撒垫料，防止饮水器具漏水，以防止高湿加剧热应激。

5. 加强通风以促进蒸发和对流散热，必要时采取喷雾、淋水，设淋浴或浴池等降温措施。

6. 加强猪舍的遮阳、通风和隔热设计。公猪舍的设计要便于公猪在高温季节纳凉散热，这一点对维持高温季节公猪的授精能力至关重要。在低等或中等湿度条件下采用蒸发冷却手段（喷水、喷雾、淋水，公猪在泥潭中打滚）极为有效。也可以将蒸发冷却后的凉爽空气导入公猪舍给公猪和舍内结构降温，这种做法在猪场日渐增多。现有许多规模猪场在公猪舍安装空调，以调节公猪猪舍环境温度。

（二）低温情况下的饲养管理措施

1. 低温使家畜采食量增加，但散热量也增加，因此，不能因采食量增加而盲目降低日粮浓度。

2. 在可能情况下可适当增加饲养密度，注意防潮，及时清除粪尿，减少饲养管理用水，不饮冰水；必要时也可使用垫草。

3. 由于冬夜漫长而寒冷，饲喂时间安排应提前早饲和延后晚饲，或增加夜饲。

4. 加强猪舍门窗管理，大门加设门斗或门帘，防止孔洞和缝隙形成贼风，应注意适当通风，排除水汽和污浊空气，这是解决冬季通风和保温矛盾，改善舍内小气候状况的关键。

5. 热风炉的使用解决了冬季猪舍内通风换气和防寒保暖的矛盾。热风炉产生的热风是室外新鲜空气，不但可通过自动控温装置使舍温保持恒定，而且还可通过加水装置调节舍内的干湿度。由于热风炉采用的是正压通风，可将舍内的污浊空气及时排出，从而克服了土法取暖所带来的种种弊端，为提高猪的生产力创造了良好的环境。

第四节　湿度对猪繁殖力的影响

猪舍的湿度常用相对湿度表示。猪舍水汽主要来源于猪的体表和呼吸道蒸发的水汽（约占 70%～75%）、暴露水面（粪尿沟或地面积水）和潮湿表面（潮湿的垫草、猪床、堆积的粪污等）蒸发的水汽（约占 10%～25%），还有通过通风换气带入的舍外空气中的水汽（约占 10%～15%）。

一、空气湿度对猪体热调节的影响

空气湿度一般总是与气温、气流等指标综合对猪只产生影响，通常是通过影响机体热调节而影响猪的健康和生产力。

在等热区内，湿度对猪的体热调节影响不大。在低温和高温情况下，高湿对体热调节不利。在低温环境中，猪的皮温与环境温度温差大，主要通过辐射、传导、对流等非蒸发散热形式散热，潮湿空气的导热性和空热量都比干燥空气大，可吸收猪体的长波辐射热，非蒸发散热量比低湿环境显著增多，加剧低温对猪的不良影响，使猪感到更冷。在高温环境中，猪体非蒸发散热量与猪的皮肤和呼吸道的水汽压与空气水汽压之差成正比，空气湿度越高，猪体的蒸发面水汽压与空气水汽压之差越小，蒸发散热量亦越少，因此，高温高湿妨碍猪体散热，使热应激加剧。

二、空气湿度对猪健康和生产的影响

在等热区内，高湿度可提高空气沉降率、减少带菌尘粒，从而降低咳嗽和肺炎发病率。但适温下高湿又有利于各种病原微生物、寄生虫的繁殖，猪易患疥癣、湿疹等皮肤病，也易传染其他疫病。猪舍湿度过高，使猪的抵抗力减弱，发病率增高，有利于传染病的蔓延，并使病情加重。同时高湿易使饲料发霉、猪舍建筑吸

潮等，对猪只健康不利。适温中湿度的高低对猪采食、生长和增重无明显影响。

猪在低温高湿环境比在低温适宜湿度环境更易患各种呼吸道疾病，易患感冒、风湿症、关节炎、肠炎、下痢及母猪无乳综合征等疾病。在低温低湿环境，猪的皮肤和呼吸道黏膜表面蒸发量加大，使皮肤和黏膜干裂，对微生物防卫能力降低，易患皮肤病和各种呼吸道疾病。表 5－2 所示为生产中允许的湿度范围。

低温中，高湿环境可加剧猪的冷应激，所以也明显影响猪的生长发育和增重，长期饲养在高湿环境，猪的食欲下降，对饲料的消化、吸收能力降低，饲料转化率下降，生长缓慢，增重少。

高温环境中，高湿妨碍猪的蒸发散热，很易使体内积热过多，体温升高而导致热射病；而低湿又使猪的皮肤和黏膜干裂，引起皮肤和呼吸道疾病。高温环境中高湿对猪生产力的影响与高温适宜湿度时的影响一致，只是高湿更加剧了这种影响的程度。据研究，高湿环境中猪血液中的血红素减少，饲料利用率和氮沉积能力下降，猪增重减慢。高湿对猪的繁殖也不利，饲养在潮湿的环境中，母猪产仔数减少，仔猪断奶窝重降低。

表 5－2　生产中允许的湿度范围

类　别	适宜湿度(%)	最高湿度(%)	最低湿度(%)
种公猪	60～80	85	40
空怀及妊娠前期母猪	60～80	85	40
妊娠后期母猪	60～70	80	40
哺乳母猪	60～70	80	40

三、造成猪舍湿度过大的因素

1. 老式猪舍大都建有水槽，有的与食槽合二为一。这些又深又宽又长的水槽上面正对着水龙头，以便放水使用。有的饲养员责任心不强，使之细水长流，把整个圈舍搞得非常潮湿。

2. 封闭式猪舍里，因打扫卫生用水冲洗或进行泼洒消毒而使地面非常潮湿，加上猪只呼出的气体，也排在地面附近，故空气湿度较大。

3. 夏季产房潮湿的主要原因是：天热时母猪玩水，饲养员为降温冲洗地面过频。

4. 冬季产房湿度大的原因是：为保温猪舍封闭过严，舍内水汽无法排出。

5. 冲水用的橡胶管破损漏水；水管、饮水器、水龙头破损漏水等原因造成地面潮湿。

四、猪舍防湿措施

1. 创建高燥环境：猪舍要建在地势高燥，坐北朝南的地方，这样有利于排水。猪舍地面要高出舍外地表，同时要选用防潮材料，力求地面干燥不返潮，并经常疏通圈舍外四周的排水沟系，做到平时无积水，雨停水即干。

2. 做好通风换气：猪舍除潮防湿有效的方法是通风，即通过通风换气，一方面带走舍内潮湿的气体，吹干地面，另一方面排出污浊的空气，换进新鲜空气。

3. 及时清除粪尿：猪排泄粪尿是造成猪舍高湿和空气不良的重要原因，故应及时清扫猪粪尿水，确保栏干舍燥。最好让猪养成定时到舍外排便的习惯，以有效地控制和降低舍内湿度。

4. 勤换垫草：垫草吸水性强，容易吸收粪尿的水分和被粪尿污染。一般每两三天换一次干净垫草，通过更换垫草随时带走水分和污物，使垫草经常保持干燥、卫生，从而达到除湿保暖的目的。

5. 降低饲养密度：猪密集饲养，有利于舍内保温，反过来，密度过大，又会增大舍内湿度。故入冬后要兼顾保温与降湿的关系，保持合理的饲养密度。

6. 辅助吸湿防潮：经常使用草木灰、煤灰渣、生石灰、木炭等，及时吸附地面水分，吸收空气中臭气，杀灭细菌，抑制各种病菌的滋生。

7. 有节制用水：在对潮湿敏感的猪舍（如产房），应控制用水，特别是尽可能减少地面积水。控制冲洗地面次数和防止水管漏水。

8. 水管漏水时及时维修；产床下脏时多用刮板清理而不再冲圈；发现有积水，马上用拖布擦干。

9. 早期预防猪的胃肠病：由细菌、病毒引发的猪白痢、胃肠炎等会加大地面的湿度和空气及地面的污染。应抓住猪胃肠病的易感阶段，早期用药预防，使其少发病或不发病，可有效地控制湿度。

第五节　猪舍内有毒有害气体、尘埃及微生物对猪繁殖力的影响

猪舍内的空气卫生状况直接或间接地影响猪的健康和生产力的提高。当猪舍通风不足时，有毒有害气体、灰尘及微生物就会在舍内过多积存，可导致猪的慢性中毒，生产力下降，发病率和死亡率升高等，常常给养猪生产带来很大的危害，而人们在查找病因时却往往未顾及这些危害。

一、有毒有害气体对猪的影响

猪舍内对猪的健康和生产或对人的健康和工作效率有不良影响的气体称为有害气体。猪舍有害气体包括 NH_3、H_2S、CO_2、CO 等，主要是由猪只呼吸、粪尿、饲料、垫草腐败分解而产生。

（一）氨气对猪的危害

氨气（NH_3）是无色有刺激性臭味的气体，比空气轻，易溶于水，其水溶液呈碱性。猪舍中氨气是由粪尿、垫草、饲料等含氮有机化合物的分解产生的。其含量与猪舍通风、粪尿处理方法、垫

草种类、饲养密度等情况有关，猪舍含量一般在 5～27mg/m³。氨气溶解在呼吸道黏膜及眼结膜上，引起黏膜充血、水肿，分泌物增多，发生结膜炎和呼吸道炎症，严重时甚至可引起化学灼伤、组织坏死，导致眼失明，坏死性支气管炎，肺水肿、出血。氨气长期作用引起猪抵抗力下降，发病率和死亡率提高，生产力下降。带仔母猪舍 NH_3 的质量浓度要求不超过 15mg/m³，其余猪舍要求不高于 20mg/m³。

（二）硫化氢对猪的危害

硫化氢（H_2S）是无色、有臭鸡蛋恶臭的气体，易挥发，易溶于水，比空气重，靠近地面浓度更高。猪舍中硫化氢来自含硫有机物（粪尿、饲料、垫草等）的腐败分解；当日粮蛋白质水平高且消化不良时，可产生大量硫化氢。猪舍中硫化氢含量一般在 15mg/m³ 以下，猪舍设计不合理或饲养管理不善，可使其含量增加。硫化氢是毒性很大的神经毒剂，易溶附于呼吸道黏膜表面和眼结膜上，并与钠离子结合成硫化钠，对黏膜产生强烈的刺激作用，引起眼炎和呼吸道炎症。低浓度硫化氢长时间作用造成慢性中毒，眼睛流泪、畏光、咳嗽、心动过缓、乏力，硫化氢在肺泡内可迅速吸收入血液，与氧化型细胞色素氧化酶的三价铁离子结合，使该酶失活，造成组织缺氧；高质量浓度硫化氢（763mg/m³ 以上）可直接抑制呼吸中枢，导致猪只窒息而死；当硫化氢的质量浓度为 31mg/m³ 时，猪变得怕光、丧失食欲、神经质；浓度为 76～305mg/m³ 时，可引起呕吐、恶心和腹泻；浓度为 992～1221mg/m³ 时，猪失去知觉，继而因呼吸中枢和血管运动中枢麻痹而死。猪舍硫化氢含量要求不高于 10mg/m³。

（三）二氧化碳对猪的危害

二氧化碳（CO_2）是无色无臭带有酸味的气体，猪舍中二氧化碳主要来自猪的呼吸作用。通风良好时，一般含量为 0.06％～0.18％；换气不良时可达 0.4％（7920mg/m³）。二氧化碳本身无毒，高浓度长时间作用可造成缺氧，使猪精神不振，乏力，食欲减退，增重迟缓，体质虚弱，易感染慢性传染病。2％的浓度时猪无明显痛苦，4%时呼吸变深加快，10%昏迷，高达20%时作用超过1h，68kg的猪才有死亡的危险。猪舍中二氧化碳一般不会达到严重危害程度，常以其质量分数作为猪舍空气卫生状况评定指标，要求不得高于0.15%。

（四）一氧化碳对猪的危害

一氧化碳（CO）是无色、无味气体，难溶于水，在用火炉采暖的猪舍，常因煤炭燃烧不充分而产生。一氧化碳极易与血液中运输氧气的血红蛋白结合，它与血红蛋白的结合力比氧气与血红蛋白的结合力高200～300倍。一氧化碳较多地吸入体内后，可使机体缺氧引起呼吸、循环和神经系统病变，导致中毒。妊娠后期母猪、带仔母猪、哺乳仔猪和断奶仔猪舍一氧化碳不得超过$5mg/m^3$，种公猪、空怀和妊娠前期母猪、育成猪舍一氧化碳不得超过$15mg/m^3$，育肥猪舍不得超过$20mg/m^3$。以上值均为一次允许最高浓度。

二、空气中尘埃和微生物对猪的影响

猪舍内的尘埃和微生物少部分由舍外空气带入，大部分则来自饲养管理活动，如打扫猪舍，分发饲料，翻动垫草，猪只咳嗽、鸣叫等。

1. 尘埃：猪舍中尘埃主要包括尘土、皮屑、饲料和垫草粉尘等。这些微粒部分降落，部分飘在空气中数小时、数天或数年。尘埃本身对猪有刺激性和毒性，同时还因它上面吸附有细菌、有毒有害气体等而加剧了对猪的危害程度。尘埃降落在猪体表，可与皮脂腺分泌物、皮屑、微生物等混合，刺激皮肤发痒，引起皮炎。尘埃还可堵塞皮脂腺，使皮肤干燥，易破损，抵抗力下降。尘埃进入眼睛可引起结膜炎等眼病，被吸入呼吸道，则对鼻腔黏膜、气管、支气管产生刺激作用，导致呼吸道炎症。小粒尘埃还可进入肺部，引起肺炎。

猪舍尘埃含量，带仔母猪和哺乳仔猪舍昼夜平均不得大于$1mg/m^3$，育肥猪舍不得大于$3mg/m^3$，其他猪舍不得大于$1.5mg/m^3$。

2. 微生物：尘埃中的致病微生物，可使猪群流行疾病，通过尘埃为载体造成传染，称为灰尘传染，如炭疽等。微生物除含于尘埃外，空气中液滴也是其载体，病猪咳嗽、鸣叫喷出的小液滴含有致病微生物，可传染给健康的猪，以小液滴为载体进行传播，叫飞沫传染，如气喘病、流感等。

减少猪舍空气中的尘埃和微生物，必须正确选择猪场场址，合理布局猪舍建筑物，进行猪场绿化，改善饲养管理，及时清除和妥善处理粪尿污物，合理进行猪舍通风，定期进行消毒等，有条件的猪场可采用人工空气电离和紫外线照射等设备。

第六节　光、声、海拔等环境因素对猪繁殖力的影响

一、光照对猪繁殖力的影响

猪舍的光照因光源不同可分为自然光照和人工光照。自然光照是指太阳直射光和散射光通过门、窗等透光结构进入猪舍进行光照，人工光照则是用人工光源（白炽灯或荧光灯等）进行光照。如果繁殖猪群长期关在舍内，则应保证每天 10 小时的光照和 14 小时的黑暗。可以利用自然日光（窗户）辅以人工光照，或通过每 4m 安装一个 100W 的灯泡来满足这些要求，或直接在猪上面安装一排荧光灯管来维持光照强度在 150～200lx 之间。适宜的光照可使机体的蛋白质、脂肪及矿物质沉积，有利于生长；还可提高性激素分泌量，加强卵巢和睾丸功能，提高猪的繁殖能力。光照时间适当延长可促进猪的性成熟，光照时间和强度适当延长可促进母猪发情、配种和妊娠（表 5－3，表 5－4）。光照不足或过量对猪的生产力及健康不利，光照时间过短或过暗可使猪消化液分泌量和活性降低，食欲减退；过强过长的光照使机体代谢加强、活动多、能量消耗增加而影响增重。

表 5-3　光照强度对母猪繁殖力影响

指　　标	光照强度组别(自然光照系数,%)			
	夏　至　冬		冬　至　夏	
	Ⅰ2.20%	Ⅱ0.10%	Ⅰ1.20%	Ⅱ0.07%
母猪头数	10	10	10	10
分娩头数	8	8	10	10
出生仔猪数	81	98	108	109
其中活产仔数	81	90	106	97
平均每头母猪产活仔数	10.1	11.2	10.6	9.7
仔猪初生活重($\overline{x}\pm s$)				
初生窝重(kg)	14.3±0.5	13.6±0.4	13.2±0.4	11.6±0.3
初生个体重(kg)	1.41±0.05	1.21±0.06	1.24±0.02	1.19±0.01

表 5-4　光照时数对母猪繁殖力影响

指　　标	光照时数(h)	
	8	17
母猪体重(kg)	126.7	127.0
交配头数	69	76
分娩头数	51	61
分娩占交配的比例(%)	74.0	80.0
每窝产仔数:		
发育正常	8.6	10.0
体弱	0.8	0.3
死产	0.3	0.2
断奶时死亡率(%)	13.6	13.2
仔猪活重(kg)		
初生个体重	1.30	1.32

续　表

指　　标	光照时数(h)	
	8	17
2月龄个体重	14.40	14.70
仔猪窝重(kg)		
初生窝重	12.57	13.80
2月龄窝重	120.24	132.30

(一) 光照与母猪初情期

增加光照,使丘脑下部的兴奋性增加,促性腺激素释放激素(GnRH) 分泌和释放的量增加,作用于垂体前叶,使垂体前叶释放的促黄体素(LH)、促卵泡素(FSH) 明显增加,卵泡成熟加速,初情期相应提前,间情期相应缩短,断奶后首次发情的时间也相应提前。

短光照甚至持续黑暗,抑制母猪生殖系统发育,性成熟推迟;而延长光照则能促进生殖器官发育,性成熟提早。持续黑暗使母猪性成熟延迟。

光照强度对性成熟的影响还存在一定的阈值,若强度达不到阈值,即使长时间光照也无效。这可能是导致不少学者认为猪对光照变化不敏感的原因。密闭舍饲的后备小母猪,初情期日龄较舍外饲养的长,可能是舍饲猪的光照强度不足所致。

(二) 光照与母猪生产性能

光照时间延长,FSH 释放增加,提高了卵泡壁细胞的摄氧量和蛋白质的合成能力。LH 释放的增加刺激黄体释放孕酮的量增加,也由于促乳素(L TH) 也能促使黄体分泌大量孕酮,使子宫黏膜层明显加厚,子宫肌的兴奋性更加受抑,受精卵着床的环境更加优越,所以窝产仔数明显增多。

光照对经产和初产母猪的发情影响与它们的生理阶段有关。延长光照时间可缩短母猪重新发情的天数并减少母猪哺乳期的体重损失。特别是在热应激期间,延长光照时间对仔猪断奶前后的体重和成活都有好处。Knotek 的研究表明，母猪的平均受胎率与光照的相关为-0.90。延长光照时间(14L∶10D) 对母猪断奶至发情间隔无影响，但可提高全年的母猪产仔率，母猪在夏季卵巢功能下降、窝重也较小。Anon 发现母猪夏季繁殖机能下降，用降温方法不能改善，而人工缩短光照时间可刺激母猪繁殖能力，产后 7 天内发情率明显提高，可能是春夏长光照导致母猪“光疲劳”所致。

光照强度对母猪的繁殖也有影响。繁殖母猪舍光照强度从 10 lx 提高到 60～100 lx 其繁殖力提高 4.5%～8.5%，初生窝重增加 0.7～1.6kg，仔猪育成率增加 7%～12.1%，仔猪的发病率下降 9.3%，平均断乳个体重增加 14.8%，平均日增重增加 5.6%。光照强度每增加 10 lx，仔猪断奶窝重增加 141g，还可促使母猪断奶后同期发情。

(三) 光照与母猪泌乳性能

提高母猪泌乳量在生产中具有重要意义。它可有效地减少哺乳期仔猪的死亡，提高成活率。延长光照可提高血液中催乳素(PRL) 的水平，从而提高泌乳量。光照抑制松果腺分泌 ML T，促进下丘脑释放 PRF，PRF 刺激腺垂体分泌和释放 PRL。

延长光照可以明显促进 LH 的释放及发情高峰维持时间的延长，卵细胞受精机会增多。由于 LTH 分泌释放的增加，与雌激素、孕酮、皮质类固醇激素等一起协同作用，使乳腺管系统、腺泡系统发育加剧，激发并维持泌乳活动的全过程，提高断奶窝重。

(四) 光照与种公猪繁殖机能

4,6,8 月龄的公猪饲养在 8,16,24h 光照强度下，其 LH、睾酮的水平不受光周期的影响，在性成熟前睾丸的发育也不受光周期的影响。公猪血液中睾酮和雌激素浓度的分泌模式是由光照的季节性变化决定的。

种公猪在饲养不超过 8～10 lx 的猪栏里，氧化水平和繁殖机能均下降；当给人工光照，使其每天有 8～10h，100～150 lx 的光照强度时，物质代谢转为正常，并改善了精液品质。

二、噪声对猪繁殖力的影响

噪声是指能引起不愉快和不安感觉或引起有害作用的声音。猪舍的噪音不应超过 75dB。在畜牧生产中，噪声的主要来源有：由舍外传入的噪声，如汽车、拖拉机开动的声音，大风、雷雨等声音；舍内产生的噪声，包括机械设备运转产生的，如风机声音；还有饲养管理活动产生的，如铁锹与水泥地摩擦声；此外，猪的鸣叫、争斗、采食等活动也产生较强的噪声。声音通过听觉器官耳传入大脑，引起神经和内分泌活动，影响行为、代谢强度和各种生命活动。噪声会使猪群受到影响，但是由于猪对声音反应迟钝，所以噪声对其影响不大。

三、海拔对猪繁殖力的影响

海拔高度不同造成气压、温度、太阳辐射的垂直变化。因此，海拔高度对猪的影响实质上是气压、温度等气象因素作用的结果。海拔升高，空气温度降低而太阳辐射加强。海拔升高气压和氧分压降低，不适应高原气候的猪种，因血液中氧浓度降低（缺氧）而出现不适应表现即高山反应，猪只表现为疲倦，精神萎靡、出汗、食欲不振、腹泻、被毛无光泽、体重下降。经过一段时间后，机体可能产生适应，但是这是应激过程，对猪的健康及生产力不利。如荣昌猪和内江猪运往海拔 3000m 以上的四川阿贝地区后，出现种猪不孕、仔猪不活现象。高海拔地区引种可有计划地在不同海拔高度上设一个或几个中转点，进行饲养观察使猪逐步产生适应，若表现不好，就不能引此品种。

第七节　饲养密度对猪繁殖力的影响

集约化生产中饲养密度对猪只生产的影响已逐渐受到人们的重视，饲养密度一方面影响猪舍的空气卫生状况，另一方面，对猪的采食、饮水、睡眠、运动及群居等行为有很大影响，从而间接地影响猪的健康和生产力。

一、饲养密度对猪的影响

舍内密度越大，猪只散发的热量越多，气温较高；饲养密度越小则舍内气温较低。但舍内饲养密度越大，猪只呼吸排出的水汽量越多，粪尿量大，舍内湿度也越高；同时，舍内的有害气体、微生物、尘埃数量也越多，空气卫生状况差。

饲养密度明显影响猪的群居和争斗、采食和饮水、活动和睡眠、排粪尿等行为。每个猪群都有其特定的群体优胜序列，等级高的猪具有占据有利的采食位置、优先采食及其他优先权。饲养密度过高、猪群过大时，这种争夺社群等级地位的咬斗行为就变得频繁，以致影响其健康、增重和饲料转化率，猪的活动时间明显增多，休息时间减少，并随地排粪尿。尤其在转群、重新组群时，群体越大，引起的争斗越激烈，越持久。饲养密度和群体过大时，猪采食时争斗行为增多，采食时间延长，影响其增重。

二、适宜的饲养密度

适宜的饲养密度和群体大小对猪的生长有利。表 5－5 为推荐的完全舍饲猪舍内每头猪需要的圈栏面积。表 5－6 为带室外运动场的开放式猪舍所推荐的猪圈面积和室外场地面积。表 5－7 为减少应激问题而推荐的每个圈中可饲养猪数的最大限量。猪舍通道通常宽约 0.9m，但用于喂料车的通道宽度可定为 1.2m。

表 5－5　种猪所需的圈栏面积

种猪类型	猪的体重(kg)	实体地面总面积(m^2/头)	全漏缝或部分漏缝地板面积(m^2/头)
繁殖后备母猪	115～135	3.7	2.2
繁殖母猪	135～225	4.5	2.8

续 表

种猪类型	猪的体重(kg)	实体地面总面积(m^2/头)	全漏缝或部分漏缝地板面积(m^2/头)
公猪	135～225	5.6	3.7
怀孕新母猪	115～135	1.9	1.3
怀孕母猪	135～225	2.2	1.5

表 5-6 带运动场的开放式猪舍所需的猪舍和运动场面积

猪的种类	猪的体重(kg)	猪舍面积(m^2/头)	运动场面积(m^2/头)
培育期仔猪	13.5～34	0.28～0.37	0.56～0.74
生长肥育猪	34～100	0.46～0.56	1.1～1.4
怀孕母猪	148	0.74	1.3
公猪	182	3.7	3.7
配种母猪	148	1.5	2.6

表 5-7 每圈养猪数的最大限量

猪的种类	每圈最大限量(头)
培育前期仔猪	10～16
培育期仔猪	16～20
生长猪	15～18
肥育猪	15～18
空怀母猪	4～6
怀孕母猪(怀孕 80 天之前)	4～6
怀孕母猪(怀孕 80 天之后)	1～2
公猪	1

第八节　猪舍结构对猪繁殖力的影响

猪舍乃猪群赖以生长、繁殖的居住环境，制约着猪群的健康和生产性能的发挥。创造适宜于猪群生物学要求的猪舍内环境，是提高生产力和预防疾病的有效措施。不同的猪舍类型具有不同的猪舍基本结构，对猪的繁殖性能影响存在较大差异。猪舍的基本结构包括地面、门窗、屋顶等，这些又统称为猪舍的“外围护结构”。猪舍的小气候状况，在很大程度上取决于外围护结构的性能。

一、猪舍地面对猪繁殖力的影响

地面是猪活动、采食、躺卧和排粪尿的地方。地面太光滑，种猪易摔倒而骨折、脱臼，增加淘汰率；地面太粗糙，易造成种猪皮肤损伤，易感染链球菌、葡萄球菌、化脓杆菌等，而且不便于清洗和消毒。地面太平整，不利排水，易导致种猪风湿病的发生，会增加淘汰率；如果地面坡度太大，会增加种猪后肢负重，后肢疾病、脱肛、阴道脱的发生率会增加。由于猪腿很细，蹄部面积小，猪的体重大，过硬的水泥地面容易使种猪肢蹄受伤。每年因为肢蹄病造成的种猪特别是高瘦肉率的公猪淘汰，是各个猪场种猪淘汰的主要原因之一。

猪舍地面要求保温、坚实、不透水、平整、不滑，便于清扫和清洗消毒。地面一般应保持 2%～3%的坡度，以利于保持地面干燥。有的养猪场，在猪圈内既有水泥地面，又有砖地面或土地面，可以减轻水泥地面过硬的问题；如果是经常让猪到舍外的软地面活动，也可以减轻地面过硬的问题。

二、门与窗对猪繁殖力的影响

窗户主要用于采光和通风换气。窗户面积大则采光多、换气好,但冬季散热和夏季向舍内传热也多,不利于冬季保温和夏季防暑。窗户的大小、数量、形状、位置应根据当地气候条件合理设计。

陶志伦(2005)试验证明,设有运动场猪舍的产活仔数比设有"卷帘"封闭式猪舍多,60 日龄体重大,60 日龄育成率高。

三、限位栏对猪繁殖力的影响

现代化养猪中,母猪均采用限位栏饲养,限制了活动,不见了阳光,不能拱土,影响母猪的利用年限。

四、屋顶对猪繁殖力的影响

屋顶起遮挡风雨和保温隔热的作用,要求坚固,有一定的承重能力,不漏水、不透风,同时由于其夏季接受太阳辐射和冬季通过它失热较多,因此要求屋顶必须具有良好的保温隔热性能。猪舍加设吊顶,可明显提高其保温隔热性能,但随之也增大了投资。

五、排污沟对猪繁殖力的影响

有的猪场将排污沟建在舍内,而且采用阴沟的方式,其结果是无法彻底进行消毒,排污沟成为猪舍的主要污染源之一。

第九节　种猪舍的通风设计

猪在进行正常的代谢活动中要产生热量、水分和二氧化碳。排泄物在微生物的作用下释放出硫化氢、氨和其他有害化合物。如果任这些物质在环境中积累,会造成猪只生产性能下降甚至影响猪只健康,因此,对于大多数封闭的猪舍则必须实行某些通风措施。

通风系统可以是自然的、机械的或者二者的结合。自然通风具有花费少的优点,但较难预测,一般不是十分完美。机械通风比较可靠且易于控制。

以立方米(m^3)为单位的通风换气需要量，可以从温度、热量和沼气的产生参数等计算出来，在凉爽的条件下，能够移去水汽的通风量也可排除热量和沼气。在炎热的环境下，热量和水分二者都是决定所需通风量的重要因素。

一、自然通风

自然通风系统具有多种不同的形式，图 5-2 为单坡面房子自然通风的一个好例子。它利用暖空气上升及烟囱造成的大气压差将空气抽出屋外的物理原理。房屋坐北朝南。在夏季将后窗打开，南墙也按一定角度打开使盛行的南风吹入，气流穿过猪活动区就达到通风作用。在冬季则关闭后窗，盛行的北风从房顶吹过，在房顶的前缘造成低压区，它具有抽出屋内空气的作用。舍内猪产生的热量使空气变暖，暖空气上升到屋顶的内斜面并沿着斜面向上最终向外流出。

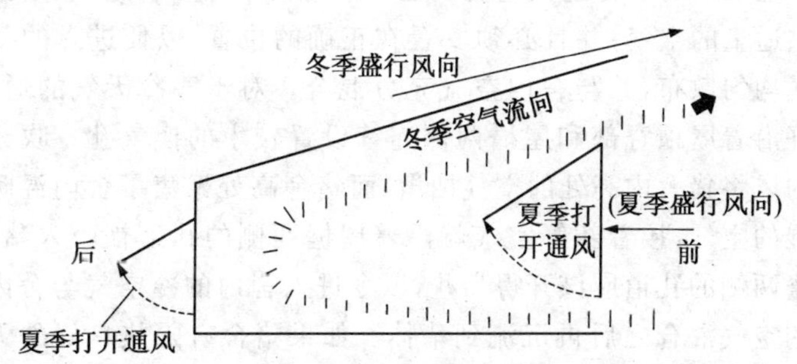

图 5-2　单斜坡猪舍

(引自代广军《集约化养猪实用技术》2000)

图 5-3 是一个更传统的建筑式样。这种建筑具有两个坡面的屋顶和开闭的侧墙，侧墙可以由塑料窗帘或者是具有铰链的窗板覆盖。同样，房子的长轴应该与盛行的风向垂直。在设计这种建筑时，特别要注意它的宽度和猪舍间的距离。房屋过宽会妨碍空气的有效移动使通风受到影响。

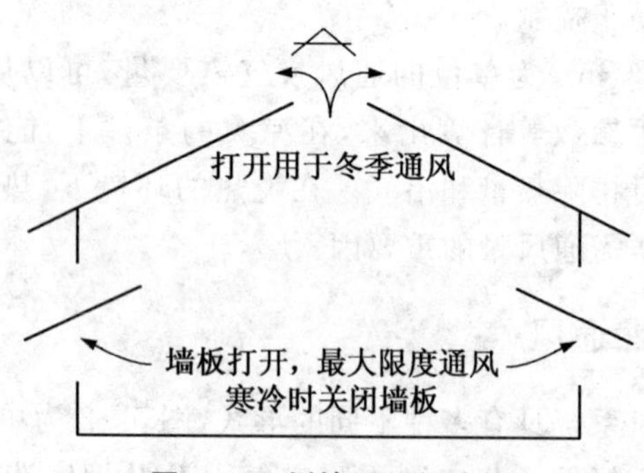

图 5-3　侧墙可开闭建筑

（引自代广军《集约化养猪实用技术》2000）

双坡面猪舍的通风是通过屋脊的开口达到的，其结构既利用了吹过屋脊空气的烟囱效应所产生低气压，又利用了空气在猪活动区受热后向上移动的原理，空气的补充和更换则通过侧墙覆盖物间的细微开口进入。

通风口的设计至关重要。通风口的大小务必合适，以给猪群提供适量的空气；并且必须安置在正确的位置，以便进入的新鲜空气均匀散布，并与舍内空气充分混合。对于寒冷天气的通风，最好沿着屋顶脊部和屋檐两侧连续设置较小的换气孔。吹经屋脊的风将猪舍内高处的空气抽出，而猪舍高处聚集了舍内温暖和潮湿的空气，接着新鲜空气就沿着屋檐两侧的孔道被吸入猪舍。屋檐两侧的孔道应该开得高些，以令进入舍内的冷空气与舍内温暖的空气混合之后再沉流到猪体。如果猪舍有隔热良好的天花板，则可不开屋脊换气孔，整个冷天的换气就只得靠屋檐侧开的孔列来实现。

对于温暖和炎热天气的换气，则由沿着两边墙壁连续开的风槽来实现。在炎热的天气里，沿着端墙开孔也很有用。应用表 5-8可设定换气孔的尺寸。屋脊和屋檐侧开孔通常没有门或其他可调节大小的关闭物。但若年幼的小猪养于自然换气的猪舍内，在冷天可能需要某些类型的关闭物，以减少寒冷和风大的日子里穿越猪舍的气流。切勿完全关闭所有的换气孔，即使在寒风凛冽的日子里。因为要移除热量、潮气和污染物,一定程度的换气总归是需要的。边墙的大开孔应该有门或幕帘,以便对开孔进行调节或关闭。

表 5-8 自然通风猪舍的最小通风开口

猪舍宽度(m)	屋脊开孔(cm)	屋檐侧开孔(cm)	边墙开孔(cm)	边墙高度(cm)
6	10～15	6	76	2.5
7	13～15	7	92	2.5
9	15	8	108	2.5
10	18	9	122	2.5
12	20	10	150	2.75
13	22	11	154	2.75
14	23	12	180	3
15	25	13	185	3

为了把新鲜的空气均匀地散布到所有的猪身上,进风口应尽可能做成连续的。像窗户之类的间断开孔,相隔较远地排列,靠近窗孔的区域会换气过度,而两窗之间的区域则通风不足。如应用窗户,所有的细纱窗都应拆除,因为细纱窗可使气流减少达50%。纱窗对猪舍控制苍蝇侵袭没有多大裨益,反倒会使猪舍过热。大网眼(1.5～2cm 方孔)纱窗常用来防止鸟类的入侵,鸟类可能携带病原体,而且这样的大网眼纱窗不会阻挡气流太多。铰链式翻窗必须能够对着猪舍的墙壁转向 180 度。如果只能转向 90 度,则它们会在相对于猪舍的某个角度阻挡风的进入。最好有围绕换气孔的光滑的圆形边缘的窗缘。可转到相反方向的窗缘(半径至少 5cm)比直角窗缘可增加穿过换气孔的气流达 35%。

为了在热天让畅通的风吹遍猪身,务必限制猪舍内的各种障碍物。温暖天气时从一侧边墙开孔流入的通风气流穿越猪舍的宽度直达对侧主墙的开孔。任何沿着猪舍长轴走向的实体圈壁或大型饲槽，都会减少靠近猪体的地面区域的气流量。

二、机械通风

机械通风系统极其有效并且具有经济效益，但必须设计合理和管理得当。经验告诉我们负压通风(即将空气排出猪舍)总是机械通风系统的选择。而运用正压系统控制空气分布是困难的，除非采用一个管道系统，要不然靠近风扇的区域通风很好而较远的地方则常常空气阻滞。

负压系统在通风的猪舍和外界之间形成一个大气压差，为达到压力平衡空气流进舍内。通过明智地布置空气进入通道，就可以在舍内使通风气流分布均匀。在通风换气量需要相对较少的地方最常用的方法就是在外墙紧靠天花板下面保留下一个开口或槽(注意：如果要使这类型猪舍工作有效，天花板是需要的)。进入的气流一开始席卷过天花板，带走水汽，然后随着速度降低而逐渐沉降并与舍内空气混合。水汽和充满废气的空气被风扇排出舍外。

机械通风系统需要适当选择风扇，以提供适合当地气候条件的通风率。风扇可以放在任何位置。事实上多个风扇可以并排放置。风扇的唯一功能就是通过空气抽提而制造负压。既然房内压力即时就能达到平衡，那么从通风的角度上讲，风扇的位置并不重要。然而，位置对于风扇操作的效率却是重要的。风扇的最大效率(即每千瓦电能所移动的空气体积)，只有当风扇安装盛行风向正对面的墙壁上时才能达到最高。图 5-4 是风扇和通风槽安放位置的示意。

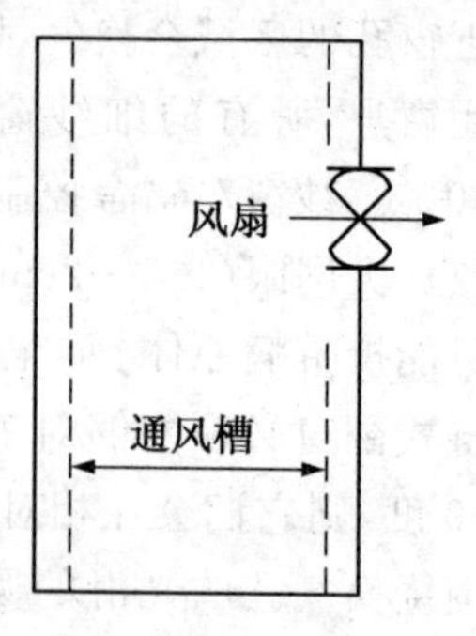

图 5-4　通风槽安放位置俯示

(引自代广军《集约化养猪实用技术》2000)

通风率必须随外界温度的变化而变动。外界气温低时，风扇或风扇组应该如表 5-9，实施最低的通风率，以移除舍内的湿气和污染物，但不至于丧失大量的热量。随着外界气温逐渐上升，需要较多的换气以使猪舍凉爽，因此应开启较多的风扇组，逐渐地将换气率从最小增至最大。通常选用1台或2台较小的风扇实施最小的换气率，全年连续运转。另需2台或更多台的温度调控电扇，其启闭由恒温自动控制装置来控制。当舍温超过所需舍温约2℃时，第一台温度调控风扇即行启动，所有其余的风扇随着舍温每升高约2℃逐一被开启。当猪舍内所有的风扇运转时，其总气流应该符合或超过表5-9所列的最大通风率。恒温自控启闭装置应放在墙上或天花板上。因为墙面或大花板表面的温度有别于猪舍内的气温。所有的风扇和控制器都需要精心设计，以对付猪舍内恶劣且具有腐蚀性的环境。对于用于贮粪区排气的风扇来说，这一点尤为重要。风扇的功能和能量转化效率可能变幅颇大，甚至是同样大小的风扇。

表5-9 机械通风系统的通风率

猪的类型	猪的体重 (kg)	最小换气率 ($m^3 \cdot h^{-1} \cdot$ 头$^{-1}$)	最大换气率 ($m^3 \cdot h^{-1} \cdot$ 头$^{-1}$)
带仔母猪	180	34	850
培育前期仔猪	5.5～13.5	3.5	43
培育期仔猪	13.5～34	5	60
生长猪	34～68	12	130
育肥猪	68～100	17	205
怀孕母猪	145	20	255
公猪及配种母猪	180	24	510

对于母猪和公猪，应有较高的通风上限，以便让这些成年猪在热天降温。对于成年母猪和公猪，若除了换气系统之外，还应提供了良好的降温系统，则表列的最大换气率可降低至如下数值：如果猪舍内安装了合理设计的空气循环风扇系统中蒸发降温系统，其最大换气率可降低至40%；对于带机械空调的局部降温

系统，其最大换气率可降低至50%。

图5－5所示进气槽分布于建筑两边侧墙上部靠近天花板的地方。图中也显示了一个空气缓冲板，它用来变更槽开口的大小。抽风扇的大小决定了通过风槽流动的空气体积，但进气速度却由开口大小决定。其目的是让空气先沿着天花板急速进入，然后随着速度降低而逐渐沉降到地面。这个过程应在猪舍的中部完成，然后这些空气再被抽风扇排出舍外。如果空气进入速度太快，空气将简单地沿着天花板流动直到被抽出。如果速度太慢，进入的空气将立即沉降到地面，使水汽和热量滞留在天花板一线。通过变化缓冲板的位置，猪舍修建人员可以控制通过猪舍的气流大小并保证有效的通风。

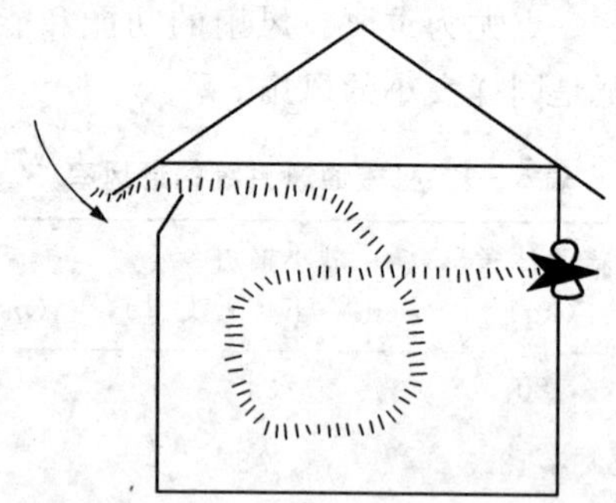

图5－5　显示空气流动的猪舍侧面

（引自代广军《集约化养猪实用技术》2000）

第十节　鼠、蝇、蚊对猪繁殖力的影响

一、老鼠对猪繁殖力的影响

鼠是弓形体的中间宿主，患弓形体病的母猪会引起流产；老鼠的粪尿中含有大量的伪狂犬病病毒，是猪伪狂犬疫病的主要传播媒介，猪伪狂犬病主要导致母猪繁殖障碍和哺乳仔猪的死亡。

为此，在全场范围内进行灭鼠，并作为一项重要措施长期坚持。

二、蚊子和苍蝇对猪繁殖力的影响

已有资料证实，家蝇和刺扰伊蚊等均可传播PRRS。蚊虫能传播乙型脑炎、丝虫病、炭疽、附红细胞体病、猪弓形体病等传染病。如猪的乙型脑炎，主要通过蚊的叮咬进行传播。病毒能在蚊体内繁殖，并可越冬，经卵传递，成为次年感染动物的来源。猪感染后主要特征为高热、流产、死胎和公猪睾丸炎。

蚊虫具有繁殖快、数量多、种类杂、分布广的特点，其生长发育受外界气温和环境因素的影响较大，因此，控制和消除蚊虫的孳生条件最为重要。对蚊虫的防控应采取综合治理的原则，以改造环境、控制和消除蚊虫孳生地为主，综合采取环境防制、化学防制、生物防制或其他有效手段，才能达到消灭猪舍蚊虫的目的。

第六章 培育高繁殖力的种猪

所谓繁殖力可概括为猪维持正常繁殖机能生育后代的能力。公猪的繁殖力高低对母猪的受胎率、产仔数等有明显的影响。要求公猪有旺盛的性欲，保证其顺利地完成交配和采精；其次，公猪精液的品质和射精量也是影响公猪繁殖力的重要因素。影响母猪繁殖力的因素主要有受胎率、产仔数和断奶仔猪数。

第一节 猪繁殖力的表示方法

表示猪繁殖力的指标通常主要有以下几种。

一、受胎率

(一) 情期受胎率

表示妊娠母猪头数占配种情期数的百分比。

$$情期受胎率=\frac{妊娠母猪头数}{配种情期数}\times 100\%$$

情期受胎率又可分为：

1. 第一情期受胎率：即第一个情期配种的母猪，妊娠母猪占配种母猪数的百分比。

$$第一情期受胎率=\frac{妊娠母猪数}{第一情期配种母猪数}\times 100\%$$

2. 总情期受胎率：即配种后妊娠母猪数占总配种情期数(包括历次复配情期数)的百分比。主要反映猪群的复配情况。

（二）总受胎率

即最终妊娠母猪数占配种母猪数的百分率。

二、配种指数

配种指数是指参加配种母猪每次妊娠的平均配种情期数。

$$\text{每次妊娠平均配种情期数}=\frac{\text{配种情期数}}{\text{妊娠母猪数}}\times 100\%$$

三、繁殖率

繁殖率是指本年度内出生仔猪数占上年度终适繁母猪数的百分比，主要反映猪群增殖效率。

$$\text{繁殖率}=\frac{\text{本年度内出生仔猪数}}{\text{上年度终适繁母猪数}}\times 100\%$$

四、成活率

成活率一般指断奶成活率，即断奶时成活仔猪数占出生时活仔猪总数的百分比。或本年度终成活仔猪数（可包括部分年终出生仔猪）占本年度内出生仔猪的百分比。

$$\text{成活率}=\frac{\text{断奶时成活仔猪数}}{\text{出生时活仔猪数}}\times 100\%$$

$$\text{成活率}=\frac{\text{本年度终成活仔猪数}}{\text{本年度内出生仔猪数}}\times 100\%$$

五、产仔窝数

产仔窝数一般指猪在一年之内产仔的窝数。

六、窝产仔数

窝产仔数即猪每胎产仔的头数（包括死胎和死产）。一般用平均数来进行比较个体和猪群的产仔能力。

第二节　猪繁殖性状的遗传与选择

猪繁殖性状包括窝产仔数、初生重、断奶仔猪数、21日龄窝重(泌乳力)、产仔间隔和初产日龄等。产仔数包括总产仔数和产活仔数两性状,是猪繁殖性状中最重要的性状。

20世纪70年代以来,对于猪的遗传改良,在全世界范围内多注重生长和胴体性状,而繁殖性状则多依赖于杂种优势的利用。过去20年中产仔数基本上保持不变,但母猪的年生产力(每头母猪年提供的断奶仔猪数)提高了许多,其主要原因是科学饲养管理水平的提高,杂优母猪的利用以及品种的更换等。因此,在现代养猪生产中,除上述性状外,人们又以母猪年产仔猪数、母猪年产断奶仔猪数、产仔间隔和死亡损失等性状来衡量母猪的繁殖性能。

一、繁殖性状的遗传力

繁殖性状属于低遗传力性状。

1. 产仔数　即总产仔数(包括木乃伊和死胎在内)和产活仔数。产仔数的遗传力低,一般只有0.1左右,其估计值的变动范围为0.05—0.30。产仔数是一个复合性状,受排卵数、受精力和胚胎成活率等三个因素的影响。在一个发情周期内,母猪所排出的卵子均多于产仔数,可达14～20枚之多。通常将母猪在一个发情周期内的排卵数称为猪的潜在繁殖力。

受精力的高低,受精子和卵子的生活力及其配合力以及配种时间和方式等因素的影响。猪的胚胎成活率一般较低,是造成实际繁殖力与潜在繁殖力之间差距较大的主要原因。猪胚胎死亡大部分发生在受精后25天内。一般认为,猪胚胎的死亡时期有3个高峰:(1)受精后第9～13天,即受精卵着床的初期;(2)妊娠后大约第3周,即器官形成期,该时期胚胎的死亡率约占合子的

30%～40%;(3) 妊娠后期约 60～70 天时,胎盘停止生长,而胎儿迅速生长,此时易引起胎儿死亡。死亡的原因,在着床前决定于合子的生活力,着床后决定于子宫条件。

2. 初生个体重与初生窝重　指仔猪出生后吃初乳前秤得的个体重和全窝重。初生个体重的遗传力估计值约 0.10,不宜作为选择指标。初生窝重的遗传力为 0.20～0.35,可作为现场繁殖记录的一项指标。除遗传因素外,初生个体重还受品种、母猪年龄、胎次和妊娠期营养等因素的影响。

3. 泌乳力　一般用(20 或)21 日龄全窝重来表示,其中包括带养仔猪数,而不包括已寄养出去的仔猪。母猪泌乳力的高低直接影响着仔猪的成活和哺乳期的生长。由于母猪排放乳汁的生理特点,很难直接准确度量排乳量,以致其遗传力估值较低。

4. 断奶性状　包括断奶时仔猪数、个体重和窝重。一般情况下,断奶性状的遗传力估值高于初生性状,但仍属低遗传力范畴。国外报道的断奶仔猪数的遗传力估值为 0.12,变动范围为 0～0.35。断奶窝重的遗传力高于断奶个体重,它与产仔数、初生窝重、断奶仔猪数和个体重等性状密切相关,因此,在实践中一般把它作为选择性状。

二、繁殖性状与其他性状间的遗传相关

1. 主要繁殖性状间存在着密切相关。产活仔数与断奶仔猪数呈强遗传相关(0.58),与断奶窝重为弱遗传相关(0.12)。

2. 繁殖性状与生长、胴体性状的遗传相关,不同的资料来源所显示的差异较大,但大多数研究表明,产仔数在遗传上与生长性状和胴体性状之间相关较弱或基本上无相关。

三、繁殖性状的选择

由于繁殖性状遗传力低,一般认为难以通过个体选择得到遗传改良。纵观所采用的选择方法,大致有多世代选择、家系指数选择、高繁殖力选择、后裔测定、母猪生产力指数、间接选择等,动

物模型BLUP法和分子标记技术的应用，大大加快了猪繁殖性状的遗传改进速度。

第三节　猪的杂交繁育

一、杂交与杂种优势

（一）杂交

杂交是指不同品种或不同品系个体之间的交配。

（二）杂种优势

杂种优势是杂种一代（F1）与纯合亲代均值间的差数。杂种优势包括父本杂种优势、母本杂种优势和个体杂种优势。父本杂种优势取决于公猪基因型，是指杂种代替纯种做父本时公猪性能所表现出的优势。表现出杂种公猪比纯种公猪性成熟早、睾丸较重、射精量较大、精液品质好、受胎率高、年轻公猪性欲强等特点。母本杂种优势取决于母猪系的基因型，是指杂种代替纯种为母本时母猪所表现出的优势。表现出杂种母猪（F1）产仔多、泌乳力强、体质强健、易饲养、性成熟早、使用寿命长等特点。个体杂种优势取决于商品肉猪的基因型，指杂种仔猪本身所表现出的优势，主要表现在杂种仔猪的生活力提高、死亡率降低、断奶窝重大、断奶后生长速度快等特点。

（三）遗传互补性

互补性指不同亲本群所具有的优点相互补充。目的在于通过杂交将两个或两个以上群体的不同优良性状结合于商品猪上，使商品猪的优点比任何两亲本群体都全面，提高其商品价值。

现代养猪生产要求瘦肉型商品猪同时具有生活力强、生长速度快、饲料利用率高、瘦肉率高和肉质好等特点，并且母猪要多产性好，但迄今几乎没有如此全面的品种，故只有依赖于杂交。繁殖性能主要依赖于母本的遗传素质，而就生产性能而言，个体的生产性能素质是决定性的。在一个杂交方案中,只有一个具有高繁殖性能的群体为母系,另一个具有特别理想的生产性能的群体作为父系时,就可以利用到遗传互补性,满足现代商品瘦肉猪的要求。

我国的许多猪种以高繁殖力而著称,这样的群体作为母系是十分适宜的,一些西方猪种具有一个高水平的生产性能,通过杂交可望实现一个持久地提高养猪生产效益的目的。

二、商品猪生产的杂交模式

商品猪生产中总会遇到的一个问题就是杂交模式的挑选。杂交模式是杂交方式和亲本群体选配的总称。杂交方式是指采用什么方法进行杂交,而亲本选配则指选择什么品种或系参与杂交。为了实现商品猪生产的获利性,挑选适宜的杂交模式是一个很重要的问题。

1. 杂交方式　杂交方式可分为终端杂交、轮回杂交以及终端轮回杂交三种类型。终端杂交包括二元杂交、回交、三元杂交和四元杂交。轮回杂交包括两品种轮回杂交(交叉杂交)、三品种轮回杂交等。终端轮回杂交主要包括纯种公猪与交叉杂交母猪的终端轮回杂交和二品种杂交公猪与交叉杂交母猪的终端轮回杂交(表 6-1)。

表 6-1　猪不同杂交方式的效应比较

杂交方式	杂种优势			互补性
	个体	母本	父本	
纯种繁育　AA	0	0	0	无
二系合成　(AB)syn	1/2	1/2	1/2	无
二元杂交　AB	1	0	0	有
回交　A(AB)	1/2	1	0	减少
(AB)A	1/2	0	1	减少

续 表

杂交方式	杂种优势			互补性
	个体	母本	父本	
三元杂交　A(BC)	1	1	0	有
四元杂交　(AB)(CD)	1	1	1	有
交叉杂交　(AB)rot	2/3	2/3	0	无
三品种轮回杂交　(ABC)rot	6/7	6/7	0	无
终端轮回杂交				
纯种公猪与交叉杂交　A(BC)rot	1	2/3	0	有
杂种公猪与交叉杂交　AB(CD)rot	1	2/3	1	有

(1) 终端杂交　二元杂交是利用两个品种或系进行杂交，F1代作为商品肉猪。这是最为简单的一种杂交方式，且收效迅速，F1个体能获得100%的个体杂种优势一般要求父本和母本要来自不同的具有遗传互补性的两个群体。在我国一般以地方品种或培育品种为母本，以引入猪种作父本。显然这种方式不能利用母本或父本杂种优势。

回交：有两种形式(表6-1)。由于母本杂种优势一般比父本杂种优势重要，因此，常用杂种母猪为母本进行回交，这时可获得全部的母本杂种优势，但只能利用50%的个体杂种优势。目前世界上只有少数国家采用回交方法生产商品肉猪。

三元杂交：这种杂交方式由于母本是二元杂种能充分利用母本杂种优势，终端产品也能充分利用个体杂交优势。另外，三元杂种比二元杂种能更好地利用遗传互补性。因此，三元杂交在商品猪生产中逐步地为世界各国所广泛采用。在我国多次试验证明，以地方猪种作母本时，采用约克夏猪或长白猪为第一父本，用杜洛克猪作为终端父本，能获得较满意的效果。

四元杂交：即用两种不同的二元杂种公母猪进行交配以生产商品肉猪。由于商品代的父、母本都是杂种，所以，从理论上讲能充分利用个体、父本和母本杂种优势。另外，四元杂交又比三元杂交能使商品代猪更好的利用互补性。这种杂交方式是一种常见的杂交商品猪生产方式。20世纪80年代以来由于四元杂交日益显示出优越性而被广泛采用。其原因（与三元杂交相比）除了成本问题以外，主要是要取得最大程度的杂种优势与遗传互补性，需要在一个杂交配套体系中有4个最适合的种群。

作为对四元杂交进一步扩大的方法是4个以上品种或系间的杂交，然后通过选育形成合成系再作为杂交亲本用。合成系的主要特点是具有较多的优良性状。

(2) 轮回杂交　这种杂交方式是利用商品肉猪生产过程中的杂种母猪作为后备种母猪，每一代轮换使用不同品种的公猪。最常用的有两品种轮回杂交（交叉杂交）和三品种轮回杂交。从管理和健康角度出发，采用这种方式，可以不从其他猪群引起纯种母本，又可以减少疫病传染的风险。轮回杂交虽能在连续世代获得杂种优势，但不能获得完整的杂种优势，达到平衡时交叉杂交的个体和母本杂种优势只有2/3，三品种轮回杂交的个体及母本杂种优势只有6/7。这种轮回杂交方式的缺点首先是各世代间的终端产品的不一致性；其次是不能很好地利用杂交中的遗传互补性，这是因为无法固定参与杂交猪种谁做父本或母本。显然，在我国不宜在猪的生产中推广轮回杂交，因为这对于选择我国地方猪种或培育猪种或系做母本是一个障碍，而这恰恰是十分必要的。

(3) 终端轮回杂交　采用轮回杂交方式生产后备母猪，然后将这些杂种母猪与终端父本公猪交配生产商品肉猪。这种方式的操作与轮回杂交相似，只不过是轮回杂交中交配是用来生产终端杂交用的杂种母猪。如前表6-1所示，纯种公猪与交叉杂交母猪的终端轮回杂交以及二元杂种公猪与交叉杂交母猪的终端轮回杂交的生产成绩与利润通常低于类似的三元及四元杂交的水平，这主要是由于母本杂种优势降低了1/3的缘故。采用这种方式，由于母猪是生产过程中的杂种母猪，生产成本较低，故可使经济效益的差异得到一部分弥补。

2. 最佳杂交模式的确定　猪最佳杂交模式应满足以下基本要求：(1) 商品猪适合市场需求，商品价值高，竞争力强；(2) 充分利用各类杂种优势，繁殖和生长性状的杂种优势得到充分表现，并要明显地利用遗传互补性；(3) 合理地利用当地的猪种资源；(4) 适应特定的管理条件和饲养水平；(5) 在生产组织操作上可行；(6)经过经济评估，综合经济效益好。

确定最佳杂交模式通常有两种方法：(1) 根据对杂交方式及品种或品系特点的了解，根据对父母本的要求及利用杂种优势的规律，参照有关经验与杂交参数以及环境条件(主要是饲料条件)来推测选择最佳杂交模式；(2) 在第一种方法作全面考虑后，选择一定数目的组合进行杂交组合试验，筛选出最佳杂交模式和最优杂交组合。

3. 我国猪的杂交模式　公猪外来良种化、母猪本地良种化、商品猪杂交化的二元杂交模式。在我国条件下三元杂交效果优于二元杂交，除屠宰率外，其他各性状均高出5%。

(1) 对二元杂交(AB)母本(B)的挑选应侧重于繁殖性能；而父本(A)则应要求有很好的生长速度和胴体品质，多产性是次要的。

(2) 三元杂交即C(AB)，纯种母本(B)应按二元杂交时母本的要求进行挑选。而对第一父本(A)的挑选应考虑到F1代母猪(AB)仍具有较好的繁殖性能。因此，A要选用与纯种母本B在生长肥育和胴体品质上能互补的且多产性较好的引进猪种。根据我国引进猪种的情况，第一父本A应首选大白猪(大约克夏猪)，其次是长白猪。终端父本C的挑选应着重考虑生长速度和胴体品质，就我国的情况应选用杜洛克作为终端父本。

(3) 四元杂交即(AB)(CD)，其中A系和B系的挑选重点是相同的，应与三元杂交时对终端父本的要求相似，即侧重于产肉性能；当然从互补的角度出发，A系和B系还应有所差别。C系的挑选同三元杂交时的第一父本，D系则同三元杂交时的纯种母本。

第四节　种猪生产指标的确定及淘汰标准

一、母猪生产指标的确定

大型集约化猪场是以生产周为单位进行流水线生产的，为了提高母猪的利用率达到满负荷生产，要求母猪的生产成绩应达到以下生产指标（表 6－2），以期取得较好的经济效益。

表 6－2　集约化猪场母猪应达到的生产指标

生产指标	初产母猪	经产母猪
情期受胎率	85％以上	90％以上
胎产活仔数	9 头以上	11 头以上
断奶窝均活仔数	8 头以上	9.5 头以上
3 周龄断奶仔猪头均重	6.0kg 以上	6.5kg 以上
达到 90kg 体重的日龄	170 日龄	155 日龄之前
母猪年产胎次	2.2～2.4 胎	

二、母猪淘汰标准

为使集约化猪场的母猪群始终保持旺盛的生产能力，使之生产出更多、更健壮的仔猪，对影响生产的母猪必须进行淘汰，使猪场母猪群保持最佳的繁殖胎次（表 6－3）。母猪淘汰原则是：

1. 无论何时获得可用于更新的优秀后备母猪，就可淘汰不合格的母猪。

2. 淘汰连续两次产仔少的母猪。即良好饲养条件下连续两胎的产仔数、育成数和断奶窝重低于同龄同期全群平均数的母猪。

3. 淘汰所产仔猪在生长速度和胴体品质方面均低于平均值的母猪。

4. 具有无效乳头的母猪。

5. 淘汰过肥和过重的母猪。肥胖母猪一般有更多的问题，产仔数较少，并且泌乳能力差。

6. 在公猪良好和配种管理工作良好的情况下，淘汰两个情期内配种不孕的母猪。

7. 尽管用激素治疗仍不发情的母猪。

8. 淘汰由于管理和营养差而导致体质过瘦难以恢复的母猪。

9. 淘汰难产母猪剖腹手术后、子宫脱、肢蹄疾患久治不愈或长期瘫痪的母猪。

10. 淘汰生产畸形后代的母猪。一般认为遗传来源的畸形有疝、隐睾和锁肛等。

11. 淘汰性格不好的母猪。它们通常母性差，且难于管理，如压死、咬仔、食仔等。

12. 淘汰年龄在 4 岁以上或乳房炎、子宫炎、习惯性流产等久治无效及其他疾患难以治愈失去种用价值的母猪。

13. 淘汰后备猪不发情或超过三个情期不发情的母猪。

在评价母猪的生产性能时，应当考虑母猪一生的平均性能。同样，选择后备母猪时，如果育种者按母猪连续两窝以上的平均性能而不是某一窝的记录来选择，则将提高选择准确性。

表 6-3 理想的繁殖胎次构成

胎次	占母猪群的比例(%)	胎次	占母猪群的比例(%)
1	17	5	13
2	16	6	11
3	15	7	10
4	14	8	小于 4

三、种公猪淘汰标准

1. 自然淘汰　自然淘汰通常指对老龄公猪的淘汰，也包括由于生产计划变更、种群结构调整、选育种的需要，而对公猪群中的某些个体(群体)进行针对性的淘汰。自然淘汰包括：

(1) 衰老淘汰：生产中使用的公猪，由于已经达到了相应的年龄或使用年限较长(3～4 年)，年老体衰，配种机能衰弱、生产性能低下，则应进行淘汰。

(2) 计划淘汰：为了适应生产需要和种群结构的调整，对在群公猪进行数量调整、品种更新、品系选留、净化疫病等，则应对原有公猪群进行有计划、有目的的选留和淘汰。

2. 异常淘汰　异常淘汰是指由于生产中饲养管理不当、使用不合理、疾病发生或公猪本身未能预见的先天性生理缺陷等诸多因素造成的青壮年公猪在未被充分利用的情况下而被淘汰。公猪异常淘汰的原因一般包括：

(1) 体况过肥：由于日粮营养水平过高或后备公猪前期限饲不当，可能造成公猪过肥、体重过大、爬跨笨拙或母猪经不住公猪爬跨，造成配种困难或不能正常配种，此时应对公猪进行限制饲喂和加强运动，降低膘情。若不能取得预期效果，应对公猪进行淘汰。

(2) 体况过瘦：由于前期日粮营养水平过低、限饲过度或疾病原因，造成公猪参加配种时体况过瘦、体质较差，爬跨困难或不能完成整个配种过程，导致配种操作不利和配种效果较差，此时应对公猪加强营养、减少配种频率或针对性治疗疾病，使其恢复配种理想体况。通过以上操作仍难以恢复的个体，则应进行淘汰。

(3) 精子活力差：已入群的后备公猪或正在使用的种公猪在连续几次检查精液品质后，死精率、畸形率过高，且后裔同胞个体数较少。通过调整营养、加强管理和治疗后，仍不能得到改善的个体，应及时淘汰。一般精子活力在 0.5 以下，浓度为 0.8 亿以下，畸形率 18%以上、配种受胎率 50%以下(统计 100 头母猪与其配种受胎数据)的公猪应予淘汰。

(4) 性欲缺乏：由于公猪过度使用或饲料中缺乏维生素 A、

维生素 E、矿物质等，引起性腺退化、性欲迟钝、厌配或拒配。这种公猪应加强饲养管理，防止过度使用，并加强饲料中维生素和矿物质的营养，注意适当运动，一般可以调整过来。但对于不能恢复的个体，应该进行淘汰。

(5) 繁殖疾病：某些疾病(如：睾丸炎、附睾炎、肾炎、膀胱炎、布氏杆菌病、乙型脑炎等)引起的公猪性机能衰退或丧失，以及由于其他疾病造成的公猪体质较差，繁殖机能下降或丧失。不能治愈的繁殖疾病和患有繁殖传染病的公猪，应立即进行淘汰。进行每年 3～4 次的血清学常规检测，每头公猪都应进行猪瘟和猪伪狂犬等检测，淘汰野毒呈阳性的公猪，避免通过配种环节感染给阴性的母猪。

(6) 肢蹄病：公猪由于运动、配种或其他原因(如裂蹄、关节炎等)，可能造成肢蹄的损伤，尤其是后肢，损伤后没有得到及时治疗，造成公猪不能爬跨或爬跨时不能支持本身重量，站立不定，而失去配种能力，这种公猪应及时进行治疗，在不能治愈或确认无治疗价值时应予以淘汰。

(7) 恶癖：个别公猪由于调教和训练不当，可能会在使用过程中形成恶癖，如自淫、咬斗母猪，攻击操作人员等。这种公猪在使用正确手段不能改正其恶癖时，应及早淘汰，以免引起危害。

(8) 遗传疾患：如脐疝、腹股沟阴囊疝等。

第七章　繁殖新技术与人工授精技术

第一节　繁殖新技术

一、繁殖控制技术

（一）同期发情

同期发情的目的在于定时输精，这样有利于组织成批生产及猪舍的周转。有以下几种方法：

1. 同期断奶：对于正在哺乳的母猪来说，同期断奶是母猪同期发情通常采用的方法。一般断奶后 1 周内绝大多数母猪可以发情，如果断奶同时注射 1000IU 的孕马血清促性腺激素，发情排卵的结果会更好。

2. 皮下埋植 500mg 乙基去甲睾酮 20 天或每日注射 30mg，持续 18 天，停药后 2～7 天内发情率可达 80%以上，受胎率 60%～70%。

（二）诱发分娩

黄体分泌的孕酮是维持妊娠所必需的，而前列腺素或其类似物可以引起黄体退化，是一种有效地引发分娩的方法。母猪妊娠的时间为 114 天，可以根据配种记录所推算的预产期前 1～3天注射前列腺素及其类似物，如果过早则会导致胎儿死亡率增加。

1. 氯前列烯醇：在预产期前 2 天肌肉注射 175μg 氯前列烯

醇，大多数母猪可在(24±6)小时产仔。36 小时内 90%～95%的母猪已自然分娩。

2. 前列腺素结合催产素或松弛素：处理后 24～30 小时后分娩开始。

由于诱发分娩反应比较准确，可以使猪产仔通过该技术的应用发生在工作时间，在猪群管理上有很多好处，如有利于改善发情控制、缩短产仔间隔、合理安排猪舍和调配人员。

（三）同期分娩

将诱发分娩技术应用于大群配种时间相近的妊娠母猪，使其在较小的时间范围内分娩，即为同期分娩。可采取下列方法：

1. 妊娠 112 天，肌肉注射氯前列烯醇 175μg，多数母猪在 30 小时内分娩。

2. 肌注(PG)F2α 8～20mg，平均为 16mg，效果也较好。

3. 肌注国产合成品 15 甲基(PG)F2α 5～10mg，也有类似效果。

4. 更严格的控制分娩时间，还可以在妊娠 112 天注射氯前列烯醇，次日注催产素 50IU，数小时后即可分娩。

5. 母猪在妊娠第 112 天于阴户旁注射律胎素 1～2mL/头，可诱导母猪分娩，缩短产程，加快产后恶露排出，减少母猪产后子宫炎-乳房炎-无乳综合征的发生，降低母猪的非正常淘汰率。

二、胚胎生物技术

（一）猪的胚胎移植

猪的胚胎移植是进行猪胚胎工程，如体外受精、胚胎切割、性别决定、胚胎克隆、基因导入、嵌合体的制作、配子和胚胎冷冻保存等多项生物技术的关键技术之一。

1. 供体猪和受体猪的选择

进行胚胎移植的猪无论是供体还是受体都应具备以下条件：

(1) 供体或受体猪都应具备在麻醉下能经受手术的体质，无全身性疾病，生殖系统未受感染。

(2) 供体猪应满足胚胎移植目标所要求的遗传学条件。

(3) 受体猪应是适合妊娠、分娩和哺乳的母猪。

2. 超数排卵和胚胎收集

(1) 超数排卵：猪是多胎动物，一次发情可排卵 10～15 个。若用激素处理则排卵数还可再增加。给供、受体母猪同时肌肉注射一针 PMSG(1000～1500IU)，72 小时后注射 500IU 的 HCG，供体在 HCG 注射后 24 小时和 48 小时两次配种输精，2～5 天可以手术采卵。受体做发情记录但不输精。

(2) 胚胎收集：胚胎的采集一般采用手术方法。胚胎的发育阶段不同，收集的部位也不一样，4 细胞期以前的胚胎可从输卵管采集，4 细胞期以后的胚胎应从子宫内采集。

3. 胚胎移植

手术移植与手术采卵一样，先进行麻醉、仰卧保定等，然后切开正中线，使子宫角等露出。把位于离子宫——输卵管接合部约 5cm 处的子宫角下方的子宫系膜用拇指和食指牢牢固定，避开子宫角背面能看到的血管，用钝针垂直于表面刺入到子宫角内腔内，移植的部位是在子宫角顶端附近，将约有 0.1～0.2mL 保存液一起把胚胎注入子宫腔，一般每头猪可移植 15～20 枚胚胎。

4. 供体和受体术后观察

供体在下次发情时(或空过一个情期)即可照常配种，或经过 2～3 个月重复作供体。受体如果发情，说明胚胎移植失败；如未发情，再继续观察，在适当时期进行妊娠检查，如确已妊娠，则应加强饲养管理。

(二) 体外受精

猪体外受精的主要内容包括：精子的获能，卵母细胞体外成熟或体内卵母细胞的采集，体外受精，胚胎体外培养，胚胎移植等，现将其程序简要叙述。

1. 卵母细胞的采集和体外成熟

卵巢卵母细胞采集，选择卵丘细胞包被紧密、细胞质均匀的卵母细胞，于含 5mg/mL 牛血清白蛋白(BSA)和 10IU/mL 孕马血清促性腺激素(PMSG)的 TCM－199 液中于 39℃、5%CO_2 空气的培养箱中培养 44～48 小时。卵丘细胞扩展者为成熟卵母细胞。

2. 精子体外获能处理

用新鲜或冷冻附睾精子解冻后,离心清洗 2 次,于含 0.9mg/mL 乳酸钙、0.1mg/mL 丙酮酸钠、0.55mg/mL D－葡萄糖和 12%胎犊血清(FCS)的 TCM－199 中,培养 4 小时。培养温度 30℃,精子含量为 2.4×10^8 个/mL。

3. 受精

在 50μL 受精液内,加入 20 枚成熟卵母细胞和 50μL 已获能的精子悬液,在与卵母细胞成熟培养相同条件下培养 8 小时,受精液的精子含量 1.2×10^6 个/mL,受精液为添加 10mg/mLBSA 和 2mmol 咖啡因的 BO 液,受精培养 8 小时后,部分受精卵经固定染色以评定受精率,卵母细胞内有膨大精子头部和尾部或出现雌雄原核即为受精卵。

4. 受精卵的培养发育

以添加 10%FCS 的 TCM－199 作为培养液,制成 150μL 的小滴,覆盖石蜡油,放入培养箱中平衡 12 小时以上。受精培养 8 小时的受精卵,经上述培养液洗 2～3 次后,移入培养小滴中,每滴放入 20 枚受精卵,置于培养箱中培养,24～48 小时后观察发育情况。

5. 胚胎移植

选择发育正常,体况健壮,体重 50kg 以上,已达到性成熟期(7～8 月龄)的母猪为受体。对受体进行处理和移植。母猪自然发情的第二天上午,每只受体静脉注射 40U 人绒毛膜促性腺激素(HCG),注射后 24～48 小时进行移植。移植后观察受体是否返情,用妊娠诊断仪对受体妊娠诊断,并观察产仔情况。

(三) 细胞核移植

细胞核移植是指借助显微镜操作和细胞融合技术把遗传型不同的细胞核和卵细胞质相结合重组成合子的过程。由此得到的胚胎称为重组胚胎,由此得到的动物个体称为核移植个体,即克隆动物。细胞核移植技术具有重要的理论和实践意义。有可能通过细胞核移植技术建立优秀动物克隆群;利用它生产转基因猪;利用它研究细胞核质关系等发育生物学领域的重要理论问题。

(四)转基因猪

转基因动物是指将特定的外源基因导入动物受精卵、胚胎或细胞中,使之能稳定地整合于动物的染色体基因组并能遗传给后代。由此生产的一类动物称为转基因动物。

在转基因猪的研究中,人们曾经将人生长激素(HCG)基因导入猪的基因组。之后,又有人将牛生长激素(HCG)基因,人生长激素释放因子(HGRF)基因和人胰岛素样生长因子(HIGF-I)基因分别导入猪受精卵,都导入成功,并且能够表达。

转基因猪的研究具有重大的理论和实践意义,人们有可能通过生产转基因猪建立人类遗传病的转基因猪模型,或建立“生物反应器”,生产人类急需的特定蛋白及生产通过转基因猪生产人类器官替代用品等。

第二节　人工授精技术

猪的人工授精即利用器具或徒手将公猪精液采取,经·系列的处理再授精到发情母猪的子宫内,以达到受孕的目的。

一、现代猪人工授精的优越性

在现代集约化养猪生产中,人工授精已经成为一种常规的配种管理手段,也是一种有价值的猪育种技术。其优点主要为:

1. 充分利用种公猪的优良基因,发挥优秀种公猪的配种能力,提高猪群的总体质量;

2. 有效解决本交传播疾病和公母猪体重悬殊造成的配种困难等问题;

3. 引入猪的新品系时可防止各种疾病的传播；

4. 可以使用计划的杂交方案来从杂种优势中获得最大利益，而不必维持两个或更多品种的大量公猪；

5. 整个猪群可在母猪群成批配种、分娩、断奶和再配种的基础上进行管理，而不需要饲养大量公猪；

6. 可以以相对低的费用购买高于平均性能并经检查质量和保存寿命的验证公猪精液。

7. 为猪场间精液(代替种公猪)的交流提供了方便。

8. 由于每份用于输精的精液都有足够的体积和有效精子数，操作方法更合理，更卫生，使现代人工授精配种的母猪受胎率大约比本交提高了7%，窝产仔数提高了0.5头左右。如果采用多头公猪精液混合对父母代母猪输精，其窝产仔数比单一来源的精液输精窝产仔数约多0.5头左右，健仔率和整齐度都有明显提高。

因此，人工授精给养猪生产带来的经济效益非常明显。但由于对现代猪人工授精的认识以及技术熟练程度的差别，不同猪场采用人工授精的效果有一定的差别。

二、公猪的调教与采精

(一) 公猪调教的方法

公猪性成熟后即可开始调教，由于各个品种不同，性成熟的年龄差异较大。外来品种7～8月龄性成熟，8～9月龄开始调教训练。国内品种4～6月龄性成熟，7～8月龄开始训练采精。调教方法有以下几种：

1. 观摩法：将小公猪赶至待采精栏，让其旁观成年公猪交配或采精，激发小公猪性冲动，经旁观2～3次大公猪和母猪交配后，再让其试爬假台畜进行试采。

2. 发情母猪引诱法：选择发情旺盛、发情明显的经产母猪，让新公猪爬跨，等新公猪阴茎伸出后用手握住螺旋阴茎头，有节奏地刺激阴茎螺旋体部可试采下精液。

3. 外激素或类外激素喷洒假母台畜：用发情母猪的尿液，大公猪的精液，包皮冲洗液喷涂在假母台畜背部和后躯，引诱新公猪接近假台畜，让其爬跨假台畜。

（二）公猪的保健

1. 合理的采精频度：青年公猪身体仍在继续发育，每周以采精一次为宜，一岁以上公猪每周采精 2 次，壮年公猪可二周五次采精。采精的频度主要依据每次射出精子总数和可利用的精子为标准（即精液质量），以保证精液的可贮存性和最高的采精力。

2. 最佳的环境：公猪舍环境要求终年凉爽，相对湿度在 70%～75%，温度在 8～20℃之间。

3. 公猪的营养：公猪营养应保证蛋白质、维生素和矿物质与微量元素的供应，营养指标除按美国 NRC 标准外，应根据精液的产量和质量调整。采用易吸收的螯合态微量元素添加剂，公猪精子外膜完整性和耐贮性可提高。

4. 公猪管理：公猪栏面积约 8～12m^2，地面不能光滑。若栏舍太小，容易造成公猪四肢和睾丸摩擦碰撞墙壁或栏杆的突起物造成外伤。

（三）采精

采精前必须剪去包皮周围的长毛，防止细菌污染精液。

采精方法：采精方法分假阴道法和徒手法两种。徒手法由于不需要器械，方法简便，可分段收集精液，因此最近几年世界各国普遍流行。猪假阴道采精法是利用假阴道模拟阴道内的压力、温度、润滑度诱使公猪射精的方法。假阴道由阴道外筒、内胎、胶管漏斗、气嘴、双连球和集精杯等部分组成。外筒有一注水孔，经过注水孔注入 45～50℃ 的温水，使假阴道内的温度维持在 38～40℃。再将内胎由外到内均匀涂布润滑剂，造成假阴道内的润滑度。最后用双连球充气，提高内胎的压力。假阴道一端为阴茎插入口，另一端装一个胶管漏斗，将公猪射出的精液及时输送到集精杯内。这种采精方法是多种家畜广泛应用的历史较长的采精方法。但由于器具较多，消毒费时，在普遍使用人工授精的情况下，已经少用。

采精时，采精员戴上双层医用塑料手套，手套外面不得使用滑石粉，采精员蹲于公猪一侧，待公猪阴茎伸出后即用右手抓住阴茎，握住螺旋头，由轻到重有节奏地紧握龟头螺旋部，并以适度压力，使公猪射精。另一手持集精杯接取公猪精液。由于公猪的射精反应对压力比对湿度更为敏感，只要掌握适当的压力，经过训练的公猪都可以采到精液。近来，发现涂抹其他公猪的分泌物如尿液、唾液、精液对徒手采精的新公猪刺激更大，利用外激素喷洒在假母台畜上也可，但成本高。假台畜的制作应结实、稳定、高度可以调节，便于公猪爬跨。假台畜用钢木结构时，外面选盖一厚层弹性泡沫塑料，中间垫一层麻布，外用厚帆布或用剥制熟化后的猪皮更好。采精场地应平坦、开阔、干净、无噪声。在采精时用录放机播放公母猪自然交配时的“哼哼”声最佳。假台畜后面垫一块 1.5m 长，1.2m 宽的弹性橡胶垫，可防滑，保护公猪四肢，又易用水冲洗消毒。采精时应固定人员，以免更换人员时，由于不良刺激导致采精失败。集精瓶，应在内部垫上一个塑料薄膜袋（可用保鲜膜代替），集精瓶应有 600mL 容积，能保持 37～38℃的双层套杯，中间充 40～42℃温水即可保温，由于精子对温度（低温）十分敏感，防止精液突然降温引起不可逆的休克。采精后精液温度不得低于 35℃。精液由窗口递给实验室人员，只要称量塑料薄膜袋内精液重量，可换算成体积、或直接记录精液重量。

训练公猪采精必须细心和有耐性，对待公猪态度要亲切、温和。采精场地外围应设有高 1.2m 相距约 30cm 的铁柱防护栏，人可侧身穿过，公猪则不能越过，避免公猪狂躁时伤人。

采精时间和频度：采精应在早晨未饲喂空腹时采精。如已饲喂必须在喂后 1 小时采精。公猪射精时卧伏在假台畜上不动，前肢拥抱假台畜，不断发出“哼哼”声，肛门不断收缩，即为射精表现。公猪射精量为 150～500mL，大约总精子数 560～1600 亿。公猪射精时间约 6～10 分钟，出现 2～4 个射精波。第一次射精

1～3 分钟，射精量少约占 5%～10%。首先射出的 10～20mL 精液中含微量尿液，细菌含量达 1000 万/毫升，精子数极少，pH 值为 8.4～9.0，此时不宜接取精液。第二次射精约为 2～6 分钟，射精量占总量的 30%～50%，乳白色含大量精子和胶状物质。第 3～4次射精时间为 3～8 分钟，射精占总量的 40%～60%；最后射出稀薄如水的液体，精子含量很少，含大量胶体物质，也不必接取。

影响公猪射精量和精液品质的因素很多，如猪的品种、体格大小、体况等。据报道，大约克公猪，采精间隔 1～3 天射精量在 150～300mL，间隔 3～4 天为200～360mL，间隔 5 天，均在 200～500mL 之间。精子质量以间隔 3 天最好。采精频度依年龄、季节和精液品质决定。成年公猪最多可隔二日采精一次，1.5～4 岁公猪每周采精 2 次。

第三节　精液品质检查

一、精液品质检查的目的及步骤

(一) 精液品质检查的目的

1. 鉴定精液品质的优劣，确定精液是否可以利用；

2. 根据检查结果，了解公猪的营养水平和生殖器官的健康状况；

3. 了解公猪的饲养管理和繁殖管理对公猪的影响；

4. 反映采精技术水平和操作质量；

5. 依据检查结果，确定稀释倍数、保存和运输的预期效果；

6. 通过检查了解外界环境对公猪生殖力的影响，如高温的影响、空气和水源污染对公猪精液品质的影响等。

(二) 精液检查前的步骤

1. 精液的初步处理：在采精的同时，集精瓶口覆盖特制的滤精纸或纱布，流入了集精瓶的精液已滤去大块的胶状物。

2. 精液的外观评定：外观评定可对精液作出初步的判断，并决定是否对精液进行下一步的检查。判定精液是否正常，先看颜色，如颜色为乳白色或灰白色属正常颜色，出现脏物如毛、血、尿、脓，说明精液污染或生殖道患炎症，应立即将精液废弃。检查气味，正常公猪精液具有一种特殊的腥味，但无臭味。精液有臭味或腐味均为异常精液。

3. 称取重量或测量体积：将精液置天平上称重，然后将精液移入 2000～3000mL 烧杯，称量集精瓶空重，即得出精液重。观察混浊度是精子数量多少（密度大小）的标志。精液像棉絮一样混浊，并滚动如云，说明混浊度好，可用"＋＋＋"表示，中等者为稀，用"＋＋"表示，稀薄不良用"＋"表示。

4. 等温第一次稀释：将精液置于 35～36℃和稀释液相同温度的水浴槽内，第一步以 1∶1 稀释。在采精后 5 分钟内进行第一次稀释。因为精清中含有刺激精子活动及损害精子生存的物质，经第一次稀释后则可保护精子免受精清中有害物质的损伤。

5. 迅速进行活力和密度评定。

6. 缓慢降温的同时，进行稀释直到最终浓度。

降温的要求是从 35℃降至 26℃，每 3～4 分钟降 1℃，从 26℃降至 16℃期间每 4～5 分钟降 1℃。

7. 精子的保护：在精液处理过程中小心保护、精心操作是十分重要的。否则精子活力迅速下降、受胎率降低。注意事项是：(1) 处理精液过程中要在无菌罩或超净工作台内进行，防止外界微生物侵入；(2) 避免精子所处环境过热过冷，防止温度突然变化；(3) 杜绝精子和水或有毒、有害化学物质接触；(4) 避免阳光、日光灯直接照射，最好在蓝色光线下操作；(5) 减少精液和空气接触，分装入瓶中，最好灌至瓶颈，以减少接触空气面积，并可在其上层覆盖一薄层液体石蜡阻断空气更好。需长期保存的精液，上层充上氮气，效果更好。(6) 搅拌精液应缓慢、均匀，不可激烈搅拌或震动;(7) 实验室内严禁抽烟和使用挥发性有害液体(如苯、乙醚、汽油、香精等)。

二、精液质量的仪器检查

显微镜检查:显微镜检查可以主观判断精子的活率(活动精子的百分率)、密度,正常形态率(或畸形率),通过染色在1500~1600倍光镜的油镜下也可检验顶体状况。

1. 显微镜检查必需的设备和用具:相差显微镜(Phase Contrast Microcopy)、显微恒温板(仪)(37.0~38.0℃)和显微恒温仪等。

生物显微镜分学生型、生产应用型和研究型三大类型。人工授精室最好用"生产应用型",因其功能适合精液检查与处理的要求,耐用,价格较低。目前我国国产显微镜性能已进入先进国家行列,价格只有同类国外产品的60%~70%。

2. 平面、凹面载玻片和盖玻片。

3. 取样的重量吸液器或白金耳(以棒代替)。

4. 血球计数板和数字计数器以及擦镜纸。

三、精子的活力检查与表示方法

精子活力表示方法有两种:一种是欧美习惯用法,由世界卫生组织(WHO)和国际动物繁殖学会推荐,日本和我国台湾也采用此法用0、+、++、+++、++++来表示,我国则沿用前苏联的方法,以0~9分表示。

按照欧美的表示方法是:取10~100μL原精液,置干净的载玻片上,用22mm^{2}的盖玻片盖上,在400倍光镜下观察10个不同视野下必须有100个以上的精子,分别记录活动的状况,以0~4级统计精子运动的速度和方向,活动力强弱,分别记录各级活动精子的百分率。

0. "0"精子无运动力,为死精子。

1. "+"精子运动较差,为颤动或摆动。

2. “++”精子运动尚可，可见向前运动，但速度很慢。

3. “+++”精子运动很好，向前运动较快。

4. “++++”精子运动极好，迅速向前运动。

精子运动力与受精力关系密切。在猪人工授精中原精活力不低于国内目前习惯评定0.7级，相当于欧美以及日本和台湾地区的“+++”，冷冻精液解冻后不低于3级(++)，即目前习惯上的0.5级。

精子运动力是生殖力的一项重要属性，没有高活性运动力的精子，其受精能力是非常低的。

四、用显微镜血球计数板测定精子密度的方法

用白血球稀释吸管吸取精液到0.5刻度(不得有气泡)，然后吸取3%盐水至稀释管膨大部上方的11刻度线，以拇指及中指紧压吸管两端摇动混匀。

稀释精液滴入计数盘：将管末端的液体去掉数滴，再将稀释均匀的精液滴入盖上盖玻片的计数板边缘，让毛细现象渗入计数室内。

精子计数是按四端和中心计数5个中方格，或按对角线连续计数5个中方格。计数时以精子头部为准(即计上不计下，计左不计右)。

1mL内精子总数$=R$(5个中方格的精子数)$\times 5$(整个计数室为25个中方格)$\times 10$($1mm^3$的精子数计数室高为0.1mm)$\times 1000$($1cm^3=1000mm^3$)$\times 200$(稀释200倍)$=R\times 10^6$个/mL，将上式化简为：1mL内精子数=5个中方格精子数×100万。

五、精子的形态学检查

取精液标本一滴与10%福尔马林液相混合均匀，盖上盖玻片在显微镜400～640倍下观察。或者取10mL试管内加伊红染液(1%浓度)1mL，加入精液0.2mL，置37℃水浴锅中恒温浸染20分钟，取一滴伊红染后的精液，再滴加一滴5%苯胺黑或苯胺蓝混

匀染色后抹片,用显微镜在 640 或 800 倍下观察,死精子染为红色,活精子不着色。每个抹片观察 200 个以上精子,得到活率。然后观察分类计数,正常头、大头、小头、梨形头、双头、双颈、双尾、无头、断尾、折尾、卷尾、颈和中段含有原生质滴以及稚形未成熟精子等。正常形态精子在鲜精中应不低于 82%(畸形精子不超过 18%),保存过精子正常形态的精子不低于 80%(畸形不高于 20%)。

六、猪的稀释精液配制技术

(一) 精液品质的检查

采集精液后,迅速置于 30℃左右的恒温水浴中,然后取样进行综合分析,确定精子是否可以用于保存或输精。

1. 感官检查

① 颜色:公猪精液正常的颜色为乳白色或淡灰白色,若为其他颜色或精液中带有血液,均为不正常颜色,说明公猪的生殖道有炎症或损伤;如果精液呈淡绿色,是混有脓汁;呈粉红色,是混有血液;呈黄色,是混有尿液。颜色异常的精液应弃之不用。

② 气味:正常的精液一般无味或略带腥味。如果精液的腥味很浓,或有臭味和尿味,属不正常精液,应弃之不用。

③ 射精量:猪正常的射精量,我国的地方品种猪为 150～300mL/次,外国引入品种为 250～400mL/次。如果公猪的射精量过少,说明公猪利用过度或饲养管理不当,应采取措施,力求在短期内恢复其正常的射精量。

2. 镜检

① 精子的活力:精子的活力是指原精液在 37℃下呈直线运动的精子占全部精子总数的百分率。由于其受环境因素的影响很大,为了得到客观、准确的结果,在检查精子活力时应在恒温(37～38℃)条件下进行,避免阳光直接照射到精液样品上,并远离易挥发的化学物质或消毒剂。为了保证获得较高的受胎率,用

于输精的精液精子活力不得低于0.4,冻精解冻后的精子活力不低于0.3。

② 精子的密度:正常精液的精子密度平均为2.5亿(1亿~3亿之间),从镜检中看到精子密度高的精液往往呈云雾状。现在大都借助于分光光度计、电脑处理机、数字显示或打印机等结合进行检查。

(二) 精液的稀释和保存

精液经检查合格后,尚需经过稀释、分装、保存和运输等过程,最后用于输精。

1. 猪精液稀释液的配制

常用的猪精液稀释液种类有很多,其配方有以下几种:

① 奶粉稀释液:奶粉9g,蒸馏水100mL。

② 葡柠稀释液:葡萄糖5g、柠檬酸钠0.5g、蒸馏水100mL。

③"卡辅"稀释液:葡萄糖6g、柠檬酸钠0.35g、碳酸氢钠0.12g、乙二胺四乙酸钠0.37g、青霉素3万IU、链霉素10万IU、蒸馏水100mL。

④ 氨卵液:氨基乙酸3g、蒸馏水100mL配成基础液,基础液70mL加卵黄30mL。

⑤ 葡柠乙液:葡萄糖5g、柠檬酸钠0.3g、乙二胺四乙酸0.1g、蒸馏水100mL。

⑥ 葡柠碳乙卵液:葡萄糖5.1g、柠檬酸钠0.18g、碳酸氢钠0.05g、乙二胺四乙酸0.16g、蒸馏水100mL,配成基础液,基础液97mL加卵黄3mL。

以上几种稀释液除"卡辅"外,抗生素的用量为青霉素1000IU/mL、双氢链霉素1000μg/mL。

2. 国外常用的3种稀释液的配制

① BL-1液(美国):葡萄糖2.9%、柠檬酸钠1%、碳酸氢钠0.2%、氯化钾0.03%、青霉素1000IU/mL、双氢链霉素0.01%。

② IVT液(英国):葡萄糖0.3g、柠檬酸钠2g、碳酸氢钠0.21g、氯化钾0.04g、氨苯磺酸0.3g、蒸馏水100mL,混合后加

热使之充分溶解，冷却后通入二氧化碳约 20 分钟，使 pH 达到 6.5。

③ 奶粉-葡萄糖液（日本）：脱脂奶粉 3.0g、葡萄糖 9g、碳酸氢钠 0.24g、α-氨基-对甲苯磺酰胺盐酸盐 0.2g、磺胺甲基嘧啶钠 0.4g、灭菌蒸馏水 200mL。

3. 精液的稀释和稀释倍数

稀释之前需确定稀释的倍数。稀释倍数根据精液内精子的密度和稀释后每毫升精液应含的精子数来确定。猪精液经稀释后，要求每毫升含 1 亿个精子。如果密度没有测定，稀释倍数国内地方品种一般为 0.5～1 倍，引入品种为 2～4 倍。

精液稀释应在精液采出后尽快进行，而且精液与稀释液的温度必须调整到一致，一般是将精液与稀释液置于同一温度（30℃）中进行稀释。

4. 精液的保存

为了延长精子的存活时间，扩大精液的使用范围，便于长途运输，稀释后的精液需进行保存。

① 常温保存：在 15～20℃室温条件下，利用稀释液的弱酸性环境来抑制精子的活动，减少能耗。而稀释液中的抗菌素类药物可以抑制微生物繁衍，减少对精子的危害，使精液得以保存，保存时间为 3 天左右。

② 低温保存：在 0～5℃条件下，精子的活力被抑制，降低代谢水平，减少能耗，精子的存活时间得以延长。在低温保存下，10～0℃温度范围对精子是一个危险的温度范围区，如果精液从常温状态迅速降至 0℃，精子就会发生不可逆的冷休克现象。所以精液在低温保存之前，需经预冷平衡。其具体做法为：每分钟降温 0.2℃，用 1～2 小时完成降温全过程。此外，在稀释液内添加卵黄、奶类等物质也可以提高精子的抗冷能力。

在农村无冰源条件下，可以采用以下方法制造冷源：

① 将食盐 40g 溶于 1500mL 冷水中，加入氯化铵 400g，装入广口保温瓶内，其温度可以降至 2℃左右。如果想长期维持低温，

每隔 2 天重新添加一次氯化铵。

② 将尿素 60g 溶于 100mL 冷水中,可以降温至 5℃。如果将其溶于冰水中,可以降温至-5℃。

③ 将贮精瓶包裹结扎盛于塑料袋内,扎好袋口。将贮精塑料袋放于竹筒或竹篮等容器中,再将容器吊沉于井底保存。

第八章　繁殖障碍疾病

所谓繁殖障碍是指猪在繁殖过程(配种、妊娠、分娩)中,由于疾病等因素造成不能发情,或发情后不能受孕,或受孕后不久胚胎发生死亡。猪的繁殖障碍是养猪生产中最难解决和直接影响养猪效率的难题。由于遗传因素如染色体的畸变而导致生殖道畸形或不全、后天的疾病、长期的营养严重缺乏等因素都可能造成生殖器官受损甚至使猪永久不育。

第一节　繁殖障碍的临床表现

一、不发情

是指母猪无性欲,拒绝接纳公猪的爬跨。

(一) 后备母猪不发情的原因

1. 同批母猪中个别不发情,可能患先天性生殖器官发育不良、畸形、激素分泌异常;

2. 同批母猪饲养在同一栏,全部或大部分母猪不发情,是饲养管理方面的原因(饲养在通风不良、湿热、环境恶劣,不能吃进充足的饲料;饲料中养分不足;过肥)。

(二) 断奶母猪不发情的原因

1. 哺乳期间营养不良,母猪体重消耗过大;

2. 哺乳期间母猪患病消瘦;

3. 夏季母猪过热不能吃进足够饲料；

4. 断奶后几头母猪饲养在一个狭小的圈内，母猪咬架争食引起个别母猪消瘦；

5. 跛行(白肌病、软骨病、肢蹄病)：慢性疼痛和应激状态对卵巢功能产生抑制作用。有时跛行母猪在发情配种期间不愿起立和不愿在圈舍内运动，这样发情易被漏掉；

6. 猪年老体衰；

7. 管理因素：高温高湿；环境温度过低，光照过弱等应激因素的影响。猪群密度大；待配栏过小；公母猪尚未发育成熟即行配种；

8. 疾病因素：生殖器官的疾患；全身性的疾病；内分泌机能失调。

二、死胎

妊娠正常或推迟若干天，分娩顺利，交替产出死亡的仔猪或产出的全部是死亡仔猪。猪胚胎死亡较常见且胚胎在发育的任何时期都有可能死亡，当母猪处于不良环境、营养缺乏、受疾病侵害等的时候，胚胎死亡更为严重。胚胎死亡的高峰期为合子附值初期 9～16 天和配种后第 3 周。影响母猪产仔死胎的因素有：

(一) 遗传因素

1. 近亲繁殖是导致家畜胚胎死亡的重要原因之一。近亲繁殖可导致受精亲合力低，胚胎生命力弱，故同种公母畜之间的差异程度越小，胚胎死亡就越大。

2. 由不良基因所组成的基因型的个体即具有遗传缺陷的胚胎在妊娠早期同样发生胚胎死亡。

(二) 营养因素

一般情况下，长期低营养水平或某些营养成分缺乏不仅会降低排卵数和受精率，而且会导致胚胎死亡。

1. 母猪配种后 1～3 天胚胎死亡最为严重。配种后 7 天内如适当限制饲喂(采食量控制在自由采食量的 50%～60%)可以减少胚胎死亡。但限饲会使妊娠母猪因饥饿而产生恶痛，而且还使消化道内容物在肠道内存留的时间延长，产生的有害气体（如H_2S）被吸收进入血液循环引起胚胎死亡。

2. 妊娠早期严重营养不足，胚胎存活率也会降低，主要是因为有一部分胚胎因得不到营养而死亡。同时，妊娠早期的高营养水平饲喂可使胚胎存活率下降5%。对于初产母猪在妊娠早期增加采食量可降低胚胎存活率。因为配种后3周内，受精卵形成胚胎几乎不需要额外的营养，给母猪以低水平的日粮（DE＜11MJ/kg，CP＜13%），喂量约2.0g/d，即能维持正常的繁殖需要。

3. 母猪的体况决定着采食量对胚胎成活率的影响。对体况良好的母猪给以高采食量会增加胚胎死亡；但对体况较差的消瘦母猪喂较多的饲料，实际上会提高胚胎成活率。因此，应按照每头母猪的体况来调整妊娠早期的采食量。初产母猪若在泌乳期间体重下降幅度较大或体况下降较大，再配种的间隔就会延长，妊娠率和胚胎存活率都会下降。

4. 维生素A（视黄酸结合蛋白RBP）是猪繁殖所必需的重要维生素之一。缺乏维生素A不仅使RNA的代谢和转铁蛋白的合成不正常，还可能导致胚胎死亡或被吸收。维生素A缺乏会使胚胎直径的变异性增加，降低了胚胎大小的整齐度和发育的同步性，促进胚胎死亡。

5. 高剂量（Che建议66IU/kg饲料）维生素E不仅可提高机体应激前后的免疫功能，而且是妊娠母猪胚胎发育所必需。缺乏维生素E会导致繁殖机能紊乱，使母猪胎盘及胚胎血管受损，引起胚胎死亡。

6. 叶酸可能对维持母猪繁殖机能和早期胚胎发育有重要作用。叶酸缺乏不仅限制DNA的合成，同时使DNA出现缺陷，进而导致胚胎死亡和胎儿畸形。在母猪日粮添加叶酸（适宜剂量10mg/kg，Matte等）可提高妊娠早期胚胎成活率，尤其是排卵数较多的母猪。

7. 有些牧草如红三叶、地三叶等含有大量与雌二醇化学结构相似，能与雌激素受体（ESR）结合的雌激素类物质（如异黄酮植物雌激素），引起内分泌系统的混乱，最终造成胚胎死亡。

（三）环境因素

环境影响来自母体的内环境（胚胎的直接环境）和母体的外环境两个方面。

1. 胚胎数目对胚胎能否存活至关重要。每一胚胎只有在一定的空间才能正常发育。猪由于胚胎拥挤而致死亡常见于母猪胚胎数过多时。胚胎数太少，不足以维持妊娠，因胚胎产生的激素不足，母体妊娠识别发生障碍，子宫的溶黄体物质继而引起黄体退化，最终导致胚胎死亡。

2. 母体的外环境对胚胎虽是间接影响，但高温、换圈、长途运输、猪舍狭窄、猪群拥挤、恐吓、追打等通过对母体的生理状态产生不良影响也会造成胚胎死亡。母猪对高温逆境最为敏感。高温应激，超过 30℃ 引起胚胎死亡率较高。舍内有害气体（CO_2、H_2S、NH_3 等）可以使妊娠前 2 周的母猪的胚胎死亡率显著升高。如果母猪配种后必须换圈，应在配种后最初 72 小时以内或在配种后 28 天进行，否则会造成胚胎着床前或混群时的应激，导致胚胎死亡。

（四）泌乳因素

母猪泌乳期内不会发情受胎，但如在泌乳期第 7 天实行早期断奶然后配种，妊娠 9～20 天，胚胎死亡严重。研究表明，胚胎成活率随哺乳期缩短而下降。因此，哺乳期不足 21 天的母猪的胚胎成活率较低。

（五）内分泌因素

母猪配种后 21 天内分泌系统处于调整状态，如此时猪受到应激因素影响，会干扰内分泌激素的分泌，从而影响胚胎附植，增加胚胎死亡。妊娠早期胚胎雌激素不仅会导致胚胎发育的不均衡而增加早期胚胎的死亡，而且强势胚胎雌激素的分泌导致弱势胚胎的死亡并被吸收。同时，母猪配种受孕后如果雌激素和孕酮分泌失调且比例失衡，则导致黄体溶解，影响胚胎的正常附植，继而胚胎死亡。

（六）公猪因素

适时配种是提高胚胎成活率的重要保证。而延迟配种，则胚胎成活率迅速降低。在站立反应期的后期进行配种，会造成胚胎死亡。对流产后的母猪立即配种会导致胚胎早期死亡，应等到下一个情期再配种。排卵时间延迟可降低胚胎整齐度，胚胎死亡率增加，窝产仔数下降。

（七）免疫学因素

已证明某些血型和血液中的子宫转铁蛋白与胚胎死亡有关。同时，免疫接种对胚胎的影响也十分明显。一般情况下，妊娠前4周的母猪禁止注射疫苗，若需免疫应在4周后补免，否则会引起胚胎死亡。

（八）母猪年龄与体重

5胎以上的母猪胚胎死亡率较高。同时，初配体重较大的母猪（150kg以上）受胎率降低，胚胎死亡严重；而体重较轻的母猪（120kg）不但胚胎死亡率低，而且在泌乳期体重损失较小。

（九）疾病因素

妊娠母猪感染某些病毒和细菌时，会导致体温升高（40～41℃）、食欲减退而引起胚胎死亡。主要疾病有猪乙型脑炎、猪细小病毒病、猪繁殖与呼吸综合征、猪肠病毒感染、钩端螺旋体病、伪狂犬病、猪脑心肌炎、猪瘟、圆环病毒感染等。

猪产仔死胎除各种内在、外在因素外，猪食用发霉、腐烂、变质、冰冻饲料及有毒物质（如棉饼中的棉酚、花生饼中的黄曲霉毒素、麦角毒素、菜饼中的硫苷分解产物、玉米中的赤霉烯酮等），亦可引起胚胎死亡。

三、胎儿干尸化

妊娠正常或大大超过妊娠期仍无分娩迹象，在产活仔或死胎过程中伴随有一个或数个木乃伊，有的全部是木乃伊。妊娠中断后，死胎长期遗留在子宫腔内，若无细菌感染，死胎中的水分被吸收而干化，棕黄色或棕褐色，干化死胎到怀孕期满后随着母猪卵巢黄体的消退和再发情期的出现而排出，这种死胎称胎儿木乃伊化；

妊娠中断后，死胎的软组织在腐败菌的作用下，发酵分解成液体，而骨骼遗留在子宫内，子宫不断排出黄褐色脓性带恶臭的液体，这种死胎称为胎儿浸溶。

四、弱仔

弱仔是指在 60 日龄前出现的体重明显低于同期正常仔猪的个体，或相关抗体水平明显低于同期正常仔猪的个体。弱仔的成因复杂，涵盖了养猪生产的方方面面，弱仔常成为猪群中不可忽视的群体。

（一）配种妊娠期弱仔形成的原因

1. 药物催情配上种的猪产出弱仔多。药物导致的超数排卵，提高了卵子受精率。母猪的子宫，特别是头胎母猪子宫的容积是相对有限的，当胎儿过多时（多于 12 个），部分胎儿的发育受到子宫容积与营养供给的制约，出现过多的弱仔。

2. 妊娠前期投料过多。妊娠前期胚胎发育缓慢，若投料过多，过剩的营养会在乳腺组织及其周围变成脂肪沉积，使乳腺发育受阻，分娩后少乳，有助于弱仔形成。

3. 妊娠第 11 周后投料不足。胎儿初生重的 2/3 是在妊娠后 1/3 阶段内发育形成的，因此，第 11 周后的投料量要逐步分阶段增加到 3.5kg，特别是第 13 周半至分娩前是胎儿增长最快的阶段，也是胎儿体能储备的关键阶段，母猪料每天的消化能决不可低于 14.23MJ。此期投料不足、能量不足均会使新生儿体能储备不足，弱仔数增加。

4. 母猪群胎龄结构不合理。随母猪胎龄的增长，窝产仔数增加，同时弱仔、死胎也会增多；母猪泌乳能力在第 6 胎以后呈下降趋势。因此，母猪群必须保持合理动态的胎龄结构才能体现最大化的整体效益。当第 6、第 7 及第 8 胎以上母猪比例超过 24％时，第 6、第 7 胎的母猪超过 20％时，弱仔会增多。

5. 母猪妊娠期感染了猪瘟病毒、圆环病毒2型、伪狂犬病病毒、猪繁殖与呼吸综合征病毒，常有少数弱仔娩出。

6. 母源抗体未达标的母猪所产出的仔猪是事实上的弱仔。

7. 妊娠期应用氟甲砜霉素引起的先天性弱仔。

（二）分娩哺乳期弱仔形成的原因

1. 滞产造成弱仔增多。破水后半小时未见胎儿娩出，或胎儿娩出间隔超过半小时均称为滞产。滞产常造成胎儿通过硬产道时间过长，形成脐带箝闭或部分箝闭，导致胎儿供血不足，由于脑缺氧出现傻胎，即出生后定向困难，不会寻觅乳头，不会吸吮，如果不能尽快地诱导恢复吸吮行为，极易在初生重合格的仔猪中形成后天性弱仔。

2. 助产不当或不及时造成弱仔。如助产时损伤了肢蹄、眼部、口鼻均可造成生活能力下降出现弱仔；未能及时撕破衣包更是造成弱仔的常见原因。

3. 有效乳腺（或乳头）过少。若第1胎仔猪数少于乳头数，又未训练少数仔猪会吮两个乳头的话，那么未被吸吮的乳腺（乳头）难以充分发育，造成后续胎次有效乳腺（乳头）过少，乳头不够分配，如果寄养不成功，极易形成弱仔。

4. 乳腺发育特别充分的大个母猪易形成弱仔。由于大个母猪在侧卧哺乳时，上排发育良好的乳头会向上翘，不少初生仔猪够不到上排乳头，吸乳不足，形成弱仔；产床狭窄，母猪躺卧时不能充分伸展，造成下排乳头不能充分暴露，也易形成弱仔。

5. 引起无乳或少乳的所有因素均会使弱仔增多，其中以产后无乳综合征、高温季节少乳的影响最明显。

6. 有分娩癔病的母猪，如不能尽快纠正拒绝哺乳的行为会造成整窝的弱仔。

7. 乳期管理不当可产生新的弱仔。例如未能有效防制仔猪腹泻、渗出性皮炎、链球菌病；诱食、补料不到位，21～25日龄断奶日采食量达不到100g的仔猪；管理粗放，造成意外伤害的仔猪；错误地应用喹诺酮类药物引起骨关节发育障碍性弱仔，应用磺胺类药物引起免疫功能不全性弱仔与贫血性弱仔,应用氟甲砜霉素引起免疫抑制性弱仔以及长期应用其他抗生素药物引起的肠道菌群失调性的弱仔。

五、产仔不足

妊娠正常,但产仔数在 5 头以下称为产仔不足。主要原因有:配种时间不当,精子与卵子结合数量有限,形成的受精卵少;母猪初配过早,性成熟不完全,体成熟不达标,导致产仔率低;母猪过肥或过瘦,排卵数少;公猪精液质量差,有效精子数少;子宫内膜炎导致受精卵无法着床;母猪饲养管理不当造成排卵数量少;受精卵在发育过程中造成胚胎早期死亡后被母体吸收。

六、流产

胚胎不能生长发育到足月称为流产。流产前无症状,或有短暂的体温升高、食欲下降。

(一) 临床表现

(1) 隐性流产(妊娠早期胚胎消失);(2) 小产(排出死胎);(3) 早产(排出未足月的活胎;提前 15 天以上产出不足月的活仔猪者。);(4) 延期流产(死胎停滞,胎儿干尸化或胎儿浸溶);(5) 习惯性流产(每次怀孕到一定时期即发生流产);(6) 全部流产(全部胎儿都流产);(7) 部分流产(只有部分胎儿流产)。

(二) 原因

(1) 营养因素:母猪采食不足,营养差。

(2) 管理因素:舍内保温差;发霉饲料中黄曲霉毒素中毒;猪舍内一氧化碳浓度高;挤压、撞击。

(3) 疾病因素:细菌、病毒感染,如伪狂犬病、蓝耳病、乙脑、细小病毒、非典型猪瘟、布氏杆菌病、沙门氏菌病、钩体病。

七、畸形胎儿

产出体形异常的仔猪,如闭肛,有的已死亡;或比常见的大

1～2倍。遗传，营养缺乏，重金属中毒，霉菌毒素，病毒感染，近亲繁殖等原因都会导致畸形胎儿的出生。

八、不孕

不孕的主要表现有：在繁殖年龄内数月不发情或分娩后虽能正常发情，但屡配不孕；或发情周期紊乱。其发生的原因主要有：

1. 营养因素：饲料质量低劣、营养不良；日粮能量过高，母猪过肥。

2. 管理因素：母猪过老，繁殖机能减退；公母猪血缘太近；公猪精液品质差。

3. 疾病因素：慢性子宫内膜炎；卵巢囊肿；蓝耳病；阴道炎等。

九、母猪产后缺奶

1. 营养因素：营养不良，氨基酸配比不平衡；维生素缺乏；妊娠母猪采食能量高，母猪过肥。

2. 管理因素：母猪过老或配种过早；产后饲喂不当；产程长；舍内环境差。

3. 疾病因素：子宫内膜炎；乳腺炎、蓝耳病等。

十、阴道垂脱

1. 营养因素：营养不良；蛋白质摄入不足；霉菌毒素中毒。

2. 管理因素：母猪过老；缺乏运动；猪舍设计不合理、地面坡度大；饲养密度大；产程过长；分娩时阴道损伤。

3. 疾病因素：阴道炎；产前截瘫等。

十一、公猪精液稀薄、质量差

1. 营养因素：日粮能量、蛋白过低，营养不良；维生素、矿物质缺乏；饲料变质。

2. 管理因素：公猪饲养管理过于粗放；公猪年龄过大。

3. 疾病因素：蓝耳病等。

第二节　引起繁殖障碍的原因

一、遗传因素

包括染色体数目异常、染色体结构变异。主要导致胚胎早期死亡、新生仔猪早期死亡、胎儿畸形等。

二、先天性不育

子宫先天性反常、子宫颈先天性闭锁、公猪的不孕、间性。

(一) 公猪的不孕

公猪在猪群中的数量虽少，但影响较大，特别是集约化饲养条件下，更应重视此问题。

1. 阴茎的缺陷：如阴茎偏向一侧，或射精的开口位置不正。这些公猪虽可以表现为正常的性行为，但往往因有关肌肉在插入时扭曲或由于阴茎位置不正不能插入，或插入后不能拔出，因此，不能正常射精，因而出现不育或低繁殖率的现象。有这类缺陷可以通过手术得到改善，但一般这类公猪应淘汰。

另一类情况是由于交配时阴茎受损而导致不育或繁殖力下降，如母猪交配时跌倒或扭转，造成公猪阴茎受伤，但不多见。

2. 隐睾：是指睾丸未降至阴囊，致使睾丸在体内高温下受损，细精管上皮受到破坏，造成无精症。这种损伤不可逆，隐睾有时是单侧也可是双侧。双侧隐睾尽管公猪也表现性欲及完整的性行为链，但无精子产生。单侧隐睾虽可育但精液产量明显少，往往造成繁殖力较低。公猪隐睾如果外观不能确定可通过触摸进行检查。一般公猪隐睾发生率高于其他家畜，且多数为双侧，应格外注意。

(二) 间性

间性是猪不育的重要原因之一。间性猪卵巢和睾丸可能是单侧,可能可以发情排卵,还可以产生后代,但窝产仔很少。间性母猪可能有较小的阴道,突出的阴蒂,其发生率一般在1%~2%,有些还有阴囊发育,有些有明显的獠牙,这样的猪应淘汰。一些公猪由于染色体异常,如多一个X染色单体,即性染色体XXY型,多数情况,这样的猪无生育能力。染色体异常只能通过核型分析的方法确定。

三、传染病

(一) 病毒性传染病

猪瘟(HC)、猪细小病毒病(PP)、猪伪狂犬病(PR)、猪繁殖与呼吸综合征(PRRS)、日本乙型脑炎(JB)和以上病毒相互交叉混合感染等。据有关部门在全国范围内调查证实,HC抗体阳性率在8%左右;PP抗体阳性率在80%以上;PR抗体阳性率在50%以上;PRRS抗体阳性率在40%以上;JB抗体阳性率在30%左右;病毒混合感染抗体阳性率在50%以上。此外,还有猪呼肠孤病毒感染、牛病毒性腹泻黏膜病、猪水泡病、猪口蹄疫、猪流感等都能引起猪繁殖障碍。

(二) 细菌性传染病

猪布鲁氏菌病(Br. suis)、猪李氏杆菌病(Li. suis)、猪链球菌病(St. suis)和猪钩端螺旋体病(Le. suis)等。这类传染病对于养猪业生产的经济损失也相当严重。据有关资料报道,其阳性率分别为10%以上、10%左右、20%以上和30%以上。此外,还有胎儿弯曲杆菌病也能引起猪繁殖障碍。

四、寄生虫病

猪弓形虫病(Toxoplasmasis)、冠尾线虫病(s. dextaus)。弓形虫通过胎盘感染胎儿的现象普遍存在,我国本病的阳性率达10%;冠尾线虫病阳性率达20%。此外,还有猪附红细胞体病也是引起猪繁殖障碍的主要寄生虫病。

五、产科病

（一）卵巢病

卵巢发育不全、卵巢机能减退萎缩硬化、卵巢囊肿、持久黄体。

卵巢失调而引起的母猪不孕，最常见的是持久黄体及卵巢单侧或双侧的卵泡囊肿、黄体囊肿，使母猪的发情受到干扰。

1. 卵泡囊肿：表现为双侧卵巢的卵泡直径大于排卵卵泡，直径为 2～4cm 或更大，且这些卵泡已丧失排卵的潜力，囊肿的卵泡壁较薄，而且细胞膨胀受损，特别是细胞染色体已固缩退化，而卵泡细胞仍具有分泌雌激素的功能，血液中类固醇水平升高，母猪表现为发情延长或间断或持续发情的现象。

2. 卵巢黄体囊肿：是指黄体化卵泡由几层黄体化细胞包裹着充满液体或血的腔，这就形成了一半卵一半黄体。黄体囊肿一般与乏情有关，但在很多情况下，两侧卵巢都有可能出现黄体或卵泡囊肿。这些囊肿是造成内分泌紊乱最经常的原因，特别是泌乳最多时概率更大，并且一般不会自愈，必须治疗。卵巢囊肿在一些近交系中出现较多，但卵巢囊肿往往也随年龄增加而加重，从而造成不育，这样的母猪应淘汰。

3. 持久黄体：往往表现为不发情。一般只能通过激素分析才能确定，而短发情周期可能是由于没有形成一个完全成熟的黄体。发育的黄体在发情的 6 天或 7 天就发生退化，使发情周期的时间仅为 9～12 天。这样的母猪即使是发情配种也会因孕酮分泌不足而导致胚胎早期死亡。

（二）子宫病

卡他性或化脓性子宫内膜炎、隐性子宫内膜炎、子宫积水、子宫积脓。

六、内科病

（一）营养缺乏

钙磷不足或缺乏时，造成猪繁殖性能受损；锌缺乏时会导致公猪睾丸发育受阻，初产母猪产仔少而小；锰缺乏会导致母猪发情异常或消失，胎儿被吸收，初生仔猪弱小；碘缺乏导致生殖器官发育受阻，妊娠母猪胎儿死亡或被吸收；硒缺乏导致繁殖母猪出现繁殖障碍，泌乳量下降。脂溶性维生素A、D、E缺乏导致繁殖障碍。水溶性维生素核黄素缺乏时会使母猪不发情、早产、胚胎死亡、胚胎被吸收等；泛酸缺乏时会导致母猪配种后出现“假妊娠现象”、不怀胎、死胎等；VB_{12}缺乏会导致妊娠母猪流产、胚胎异常、产仔率低等；叶酸缺乏会使猪繁殖障碍、泌乳紊乱；胆碱缺乏会使母猪繁殖性能和泌乳下降、仔猪成活率低、断乳体重小等。

（二）营养过剩致肥

（三）玉米或麸皮等发霉中毒、敌百虫中毒、地塞米松中毒

七、环境因素

（一）热应激

热应激导致公猪性欲减退、精液品质下降；热应激导致母猪乏情、受胎率明显降低，出现胚胎早期吸收和死亡，胎儿初生体重小、出生后生长缓慢。

（二）有害气体含量

舍内有害气体含量过高。

（三）机械性创伤

怀孕母猪拥挤、咬架、滑倒、惊吓和追赶等机械撞伤。

第三节　引起繁殖障碍主要疫病

一、猪繁殖与呼吸综合征

猪繁殖与呼吸综合征（PRRS）俗称猪蓝耳病，是近几年在我国迅速流行扩散的一种猪传染病。1987年美国第一次报道了PRRS的临床暴发式流行。1990年，德国报道了相似的临床暴发情况，至1991年PRRS迅速蔓延整个欧洲。目前PRRS已在全

世界范围内广泛流行，世界动物卫生组织(OIE)将其列为法定报告动物疫病。PRRS 于 20 世纪 90 年代中期传入我国，我国将其列为二类动物疫病。PRRS 给全球养猪业造成了巨大损失，美国每年由此病造成的经济损失约为 5.6 亿美元，我国近年来的 PRRS 疫情异常严峻。

（一）病原

PPRSV 为不分节的单股正链 RNA 病毒，归属于套式病毒目动脉炎病毒科动脉炎病毒属。PRRSV 为一种有囊膜的病毒。PRRSV 在宿主体外对温度变化比较敏感：−70℃～−20℃条件下存活时间超过 4 个月，4℃ 30 天、21℃ 6 天、37℃ 24 小时、56℃ 20 分钟病毒将失去活性。PRRSV 在 pH6.5～7.5 范围内可稳定存活，而在 pH 小于 6.0 或大于 7.65 时感染力下降。去污剂对降低病毒的感染力很有效，脂溶剂如氯仿和醚类对破坏病毒囊膜从而使病毒无法复制方面尤为有效。

（二）流行病学

PRRSV 唯一的易感动物为猪，且不分大小、性别均易感，但以妊娠母猪和 1 月龄内的仔猪最易感，并出现典型的临床症状。患病猪和带毒猪是本病的重要传染源。本病无季节性，一年四季均可发生。饲养管理不善、防疫消毒制度不健全、饲养密度过大等是本病的诱因。PRRSV 作为 RNA 病毒，易发生基因突变和基因重组，不同分离株之间基因组存在广泛变异，在猪体内持续感染过程中会出现病毒亚种或亚群。通过序列分析显示，美洲型毒株间的变异明显大于欧洲型毒株间的变异。

（三）传播途径

1. 直接传播途径

PRRSV 直接传播途径主要为病猪的直接接触及通过交配进行。血液、精液及各种猪的分泌物和排泄物如唾液、粪便、乳汁、初乳和呼出气体等均可存在 PRRSV。妊娠的中到晚期可以发生病毒的垂直传播。交配过程中公猪的精液传播。特别是在感染后的 43 天和 92 天可在实验攻毒的公猪精液中分别检测出感染性的 PRRSV 和病毒 RNA。

2. 持续性感染

持续性感染是 PRRS 流行病学的重要特征。PRRSV 在感染猪的血清、淋巴结、脾脏、肺脏等组织可以存活很长时间,并不断向外排毒。如果营养、管理、卫生较好,不会表现临床症状,呈现持续性感染。如果某一条件突变,加之有呼吸道病原(猪圆环病毒 2 型、支原体、副嗜血杆菌、巴氏杆菌、猪伪狂犬病毒、链球菌)合并或继发感染的情况下,则发生明显的呼吸道疾病综合征症状,并呈现高死亡率。

3. 间接传播途径

(1) 污染物传播:猪场工作人员的衣物、鞋、用品及场外购进的货品、饲料等污染病毒后可将病毒携带到猪场引起猪感染。不安全注射也是猪群内传播病毒的一个间接途径。

(2) 运载工具传播:当利用被 PRRS 病毒污染的运载工具运送健康猪时其明显易感。

(3) 昆虫传播:感染 PRRSV 的昆虫可将病毒携带到 2.4km 以外的区域。美国学者 J. Brman 等用 PRRSV 标准参考毒株感染 60 头猪舍中的 2000 只苍蝇,发现带毒蝇对猪有感染性。Otake S 等进一步研究证实,感染 PRRSV 蚊子和家蝇等昆虫在实验条件下可以感染健康猪。研究表明,PRRSV 可存在于昆虫的肠道内。

(4) 鸟类和其他非猪哺乳动物的传播:研究已经证明多种哺乳动物(啮齿类、浣熊、狗、猫、负鼠、臭鼬)和鸟类(麻雀、椋鸟)不能成为 PRRSV 的机械性媒介或生物学媒介。然而,人们推测迁徙的水鸟可携带 PRRSV 并造成养殖场间的病毒传播,主要原因为它们具有迁徙习性并喜欢在猪场的废水池上游或附近筑巢。由于 PRRSV 在水中可持续存活 11 天,在猪场废水池的污水中持续时间 7 天,而野鸭已被证实可感染和携带 PRRSV。

(四) 临床表现

PRRS 的暴发主要引起猪繁殖机能障碍(妊娠后期流产、早产、死产、木乃伊胎、新生仔猪死亡等)、仔猪断奶后肺炎、生长缓慢、生产性能下降和死亡率升高，其次是呼吸系统症状。

PRRS发病的剧烈程度因猪只的饲养状况、机体免疫状况、毒株毒力的强弱等的不同而存在一定的差异。PRRS对生殖机能的影响也随感染病毒分离株的不同而改变。PRRS的临床症状首先与血液和组织中的病毒含量有关，其次与毒株在宿主体内有效复制能力有关。最近的一项研究表明，易感猪感染PRRSV强毒株会引起长期的病毒血症、临床症状急剧加重、死亡率升高，且动物组织和血液中的病毒含量与感染弱毒株或细胞适应株相比也明显增高。

一些其他的因素如动物年龄、细菌的混合感染也能影响病毒的复制和临床病症。研究中还发现幼龄动物（4～8周龄）比成年动物（16～24周龄）发生病毒血症的时间更长，排泄率和巨噬细胞复制率更高。此外，支气管败血性博德特氏菌、猪肺炎支原体等可以增加PRRS诱发的肺炎和肺部病变的持续性和严重性。而且，PRRSV的感染可以增强猪对2型猪链球菌和猪霍乱沙门氏菌的易感性。

（五）病理变化

大面积肺炎，小区域变红。肺泡间隔增厚，含大量巨噬细胞，呈间质性肺炎。肺泡腔充满炎性细胞和坏死细胞碎片。肺泡巨噬细胞减少（从90%减少到35%）。眼睑、皮下水肿，体表淋巴结肿大，心包积液。流产胎儿动脉炎、心肌炎和脑炎（血管周围出现巨噬细胞和淋巴细胞浸润）。

（六）预防和控制

预防PRRS必须从提倡科学养殖入手，改善饲养环境，加强综合防控，采用合理的免疫程序。

1. 加强饲养管理

规模化养猪场采用“自繁自养”和“全进全出”的养殖模式，实行封闭管理，控制人员进出。在高温季节，做好猪舍的通风和防暑降温，提供充足的清洁饮水，保持猪舍干燥，保持合理的饲养密度，降低应激因素。冬天既要注意猪舍的保暖，又要注意通风。

要保证充足的营养，供应平衡日粮，减少饲料霉变，增强猪群抗病能力，杜绝猪、鸡、鸭等动物混养。搞好环境卫生，及时清除猪舍粪便及排泄物，对各种污染物品进行无害化处理，对饲养场、猪舍内及周边环境增加消毒次数。

2. 科学免疫接种

PRRS 目前尚无特效治疗药物，控制和根除此病主要采取疫苗免疫。猪场应建立免疫监测制度，针对不同情况（如猪只年龄、PRRSV 流行病状况等）制定科学合理的免疫方案。

血清检测的抗体 S/P 值并不能真正预测猪场感染 PRRS 毒力的强弱，而是取决于感染毒株的毒力。ELISA 检测结果阴性可能表示几种可能：猪从未感染、刚感染而未产生抗体、持续感染但已转阴或测试方法敏感度低。

PRRS 常规疫苗的种类：PRRS 病毒毒株分为美洲型和欧洲型，目前在我国流行的主要是美洲型毒株。目前世界上商品化的 PRRS 疫苗有灭活疫苗和弱毒疫苗两类。

PRRS 灭活疫苗的优点是安全性好。攻毒试验结果表明，母猪繁殖水平、产仔数、流产率、死胎数、断奶后仔猪存活数等指标都有明显改善。

灭活疫苗的缺点是免疫剂量大、免疫次数多、免疫力产生期较长，因而不适合仔猪免疫。据报道，注射灭活疫苗后进行攻毒不能保护仔猪不感染 PRRS 病毒，并且感染后病毒血症的持续时间和病毒的滴度与非免疫组无显著差异。

PRRS 弱毒疫苗的优点是接种后抗体产生快，且持续时间持久，保护力强。有研究表明，仔猪进行 PRRS 弱毒疫苗免疫后第 110 天采用同源强毒攻击，动物可得到完全保护，而且对强毒攻击的保护甚至是终生的。尽管接种 PRRS 弱毒疫苗后能引起病毒血症，但对妊娠后期的母猪是安全的，也不向未接种猪传播疫苗病毒。架子猪接种 7 天后就激发保护性免疫应答，并可持续 16 周以上。

弱毒疫苗也有缺点。Botner 等报道，在丹麦，对 1000 多头

PRRS 血清学阴性猪使用了弱毒疫苗，不久后猪群发生了 PRRS，而且从流产胎儿和死胎中分离到了疫苗病毒，表明疫苗病毒可经胎盘感染胎儿，并向未接种疫苗的母猪传播，有些猪群则表现出急性 PRRS 综合症状。也有研究者用该疫苗接种公猪，随后以强毒攻击，发现有精液排毒和精液质量下降等现象。所以 PRRS 弱毒疫苗是否安全是目前最大的争议。

3. 药物预防

选择适当的预防用抗生素类药物，并制定合理的用药方案，预防猪群的细菌性感染，提高健康水平。发病后，可以在饲料和饮水中添加敏感药物防止继发感染。方案一：每 1000L 饮水中添加"爱乐新 300g＋伊克力康 500g＋阿斯匹林 1000g＋葡萄糖 5000g"，连续饮水 7～10 天；方案二：每吨饲料中加"七青蓝圆康 1000g＋替米健 1000g＋黄金佳 500g＋葡萄糖粉 10kg＋小苏打 5kg"，连用 7～10 天；方案三：第 1 天公母猪肌注"圆蓝多抗" 5mL/头＋头孢重病克 0.1mL/kg，第 2～3 天，肌注头孢重病克 0.1mL/kg，每天一次，第 5 天，肌注圆蓝多抗 5mL/头，同时每吨饲料中添加三仙汤 2 盒或司贝林 1kg，连用 7 天。

4. 规范补栏

要选择从没有疫情的地方购进仔猪，同时，购买前要查看检疫证明，购买后一定要隔离饲养两周以上，体温正常再混群饲养。猪群封闭方法也是一个切实有效的消灭病毒的方法。其方法是在一段时期内(4～8 月)停止引进后备母猪以减少病毒残留和消除病毒携带者。

二、伪狂犬病

猪伪狂犬病(PR)是由伪狂犬病病毒引起的以发热、繁殖障碍、脑脊髓炎为主要症状的一种高度接触性传染病。

(一) 临床症状

患猪的临床症状和病程随年龄和毒株毒力不同而有很大差异。潜伏期一般 3～6 天，个别可达 10 天。新生仔猪感染 PR 后的潜伏期通常很短，大致为2～4天。在出现严重的症状之前，仔猪首先表现精神沉郁、厌食和高热、呼吸困难，流涎、呕吐、腹泻、抑郁、震颤，继而出现运动失调，间歇性抽搐、昏迷以至衰竭死亡。也能引起断乳仔猪死亡，其症状与新生仔猪相似，但整体上症状略轻。育肥猪则大多数伴有体温升高，呼吸困难，发病率通常极高，可达100%，但在无并发症的情况下，一般不发生死亡，耐过后呈长期隐性感染、带毒或排毒。怀孕母猪感染后的主要表现有流产、木乃伊胎、死胎或产弱仔；情期延长，屡配不孕等。感染PRV的种公猪则出现睾丸炎、附睾炎、鞘膜炎等，致使睾丸、附睾萎缩硬化，失去种用价值，死亡率不超过20%。

(二) 病理变化

病死猪剖检病变，上呼吸道炎症明显。可见浆液性至坏死性纤维素性鼻炎，以及咽喉炎、气管炎、坏死性扁桃体炎、口腔和上呼吸道淋巴结肿大、出血。有时还可见到下呼吸道病变，如肺水肿、弥散小坏死点、出血或肺炎。在肝、脾浆膜下散在典型的疱疹性黄白色坏死灶，大小2～3mm。肥猪或新生仔猪可见肝、脾有散在坏死灶，肺、扁桃体、肾有出血性坏死灶。流产病史结合肝、脾、肺、扁桃体散在坏死灶即可怀疑伪狂犬病毒感染。流产胎儿日龄不一致，有的刚死，有的已浸软，有的已成木乃伊，有的正常，有的为弱仔，中枢神经症状明显时，脑膜充血明显，脑脊髓液过多。

(三) 诊断

由于PR与其他许多引起猪繁殖障碍综合征的疾病存在非常类似的临床症状，加上各猪场间的临床差异极大，尤其是有细菌或病毒性的继发感染或混合感染，更增加了临床诊断工作的难度，因此，仅根据临床症状及流行病学特点很难做出诊断。该病的确诊需要进行实验室诊断，包括血清学诊断、核酸杂交DNA探针技术、PCR诊断、实时荧光定量PCR检测、基因芯片技术等。

(四) 预防与控制

一旦受到伪狂犬病毒的攻击，会给猪场(尤其是有母猪的猪场)带来严重损失，可令大量母猪流产、死胎和仔猪死亡；疫情停止后猪群可长期带毒。因此,必需加强对伪狂犬病的预防和控制,降低伪狂犬病的发病率,以降低减少经济损失。目前,PR尚无药物治疗方法,我国在学习和借鉴国外 PRV 检测、控制和防制经验的基础上,通过免疫监测、疫苗注射、逐步淘汰阳性猪、加强生产管理和加强引进种猪管理等措施,使 PR 发病率大大降低。

1. 加强饲养管理:提高饲养管理水平,提供全价饲料,搞好环境卫生,实施全进全出。积极开展防鼠灭鼠工作,严禁猪、牛、羊、犬、猫等动物混养或圈养在一起,严禁在猪场周围放牧牲畜,定期清扫与消毒,保持猪舍和环境清洁卫生,粪尿经无害化处理等。最大限度控制传染源的传入和切断其他传染途径。

2. 严把检疫关:PR 在我国之所以流行广泛、危害巨大,与种猪频繁交换有直接关系。因此,必须严把猪场引种关,严禁从疫场引进种猪。坚持自繁自养,严禁从疫区引种。

3. 做好疫群监测:猪伪狂犬病目前尚无治疗办法,虽然高免血清被动免疫适用于猪群中最初感染的哺乳仔猪,然而对已发病晚期的仔猪效果较差。隐性感染猪、患病耐过猪可长期携带病毒并排毒,所以,除了免疫预防之外,还必须加强疫情监测,特别是严格的检疫、隔离和消毒制度。

4. 免疫预防:免疫接种是预防和控制 PR 的根本措施。目前,国内外已成功研制伪狂犬病的常规弱毒疫苗、灭活疫苗以及基因缺失疫苗(包括基因缺失弱毒苗和灭活苗),这些疫苗都能有效地减轻或防止 PR 的临诊症状,从而减少该病造成的经济损失。

三、繁殖障碍型猪瘟

繁殖障碍型猪瘟是近年来猪瘟高密度免疫情况下猪瘟流行的一种非典型(温和型)形式。虽然不像典型猪瘟那样造成毁灭性危害,但也能造成妊娠母猪早产、产木乃伊胎、死胎、出生仔猪大批死亡,从而给生产造成极大危害。

(一) 临床症状和病理变化

繁殖障碍型猪瘟主要发生在生产母猪,其基本特征表现为隐性感染,无明显症状。但能通过垂直传播给下一代,导致胚胎死亡、弱胎和哺乳仔猪大批死亡,部分仔猪在哺乳时基本正常无明显的临床症状,但断奶时发生死亡。临床特征为母猪早产,产木乃伊胎、死胎、弱胎,出生仔猪和1月龄的哺乳仔猪大批死亡和部分仔猪断奶后死亡。

发病母猪一般早产7～10天左右,木乃伊胚胎在妊娠的各个阶段。妊娠后期死亡的胎儿皮下水肿,腹水,胸腔积水,头部畸形,四肢发育不全(通常腿部较短)。有的仔猪出生后精神沉郁,震颤,腹泻,腿软,行走无力。多数在出生后1～2天内死亡。剖检病变与典型猪瘟有相似之处,但病变较轻,有些仔猪在肾、膀胱黏膜上有针尖大小的出血点,淋巴结水肿、出血呈大理石状,脾脏边缘有梗死病灶,突出于脾脏表面。胃肠道有出血性炎症。

部分仔猪在哺乳期内生长良好,在断奶后出现个别死亡现象。表现为体温41.5℃左右,腹泻粪便黄褐色、恶臭,后期肛门失禁,粪便沿后腿淌下。病猪迅速消瘦,腹下、耳根皮肤出现紫红色淤血。病程1周左右。发病率低,但死亡率较高,治疗无效。剖检时可见胃肠道有不同程度的出血、充血,回肠有溃疡、坏死。全身淋巴结水肿、出血,呈大理石状。脾脏有梗死灶,大叶性肺炎。个别病例出现肾、膀胱黏膜有小点状出血。

(二) 发生原因

1. 妊娠母猪受到温和型病毒株或低毒力毒株引起慢性感染。妊娠初期感染,胎儿发生死胎、木乃伊;妊娠中后期感染,仔猪出生后带毒发病。毒株温和或致弱的原因是长期使用猪瘟兔化弱毒苗。

2. 怀孕期接种弱毒疫苗:弱毒经胎盘进入子宫,对胎猪成为猪瘟病毒的接种。

3. 上行感染:在猪瘟流行的场内,其病毒到处存在,病原通过公猪配种时消毒不严而机械地带入子宫内,造成怀孕母猪早期胚胎感染。死亡胎儿相差时间较大，早期死亡形成了木乃伊，后期者产出是死胎，有的产出是弱仔。

4. 不合理的免疫程序：无论大小猪都注射猪瘟疫苗1mL；多次重复免疫造成应答紊乱。

（三）控制措施

1. 发病猪场用猪瘟兔化弱毒疫苗进行紧急接种。公猪、后备母猪、空怀母猪用5头份疫苗接种，断奶仔猪免疫剂量4头份，哺乳仔猪免疫剂量2头份。紧急接种过后执行正常的免疫程序。仔猪出生后用2头份的猪瘟兔化弱毒疫苗作1次超前免疫。20日龄、60日龄再免疫1次，剂量都是2头份。种公猪、后备母猪1年免疫2次，剂量5头份。后备母猪配种前1个月加强免疫1次，剂量5头份。生产母猪产后免疫，剂量5头份。每次免疫后要做好记录工作，生产母猪的记录要详细准确，要登记耳号，以防止漏免。

2. 公猪、母猪、后备母猪用单抗ELISA检测强度抗体。强毒阳性的公猪、后备母猪淘汰，生产母猪根据生产性能和检验结果进行淘汰。生产性能较差的强毒阳性母猪淘汰。生产性能较好的强毒阳性母猪加强免疫。凡是产死胎2胎以上的强毒阳性母猪淘汰。在生产过程中发现大多数的强毒阳性母猪在大剂量(5～10头份)的猪瘟兔化弱毒疫苗免疫后生产性能恢复正常，只有极个别有死胎现象。

3. 加强消毒工作。产仔舍、妊娠舍、公猪舍每天消毒1次。妊娠舍内的死胎、死亡仔猪深埋，粪便堆积发酵。

四、猪弓形虫病

弓形体病又称为弓浆虫病或弓形虫病，主要以高热、繁殖障碍、呼吸及神经症状为主要特征，是一种世界性分布的人兽共患的寄生性原虫病。该病是养猪业的一大顽症，危害性很大，猪暴发弓形体病时，发病率可达100%，死亡率高达60%。目前全国各地均有本病的存在，发病后如不及时有效控制，可造成巨大的经济损失,并严重威胁人类的身体健康。

(一) 流行病学

本病无明显的季节性,有些地方以6—9月的夏秋炎热季节多发。多种动物均可感染发病,猪对弓形虫的易感性没有品种、年龄、性别的差异,以3～6月龄的仔猪发病率和死亡率较高;大猪由于抵抗力强,多呈隐性感染。

(二) 临床症状

猪弓形体病在临床上与猪瘟、猪链球菌病、猪流行性感冒症状相似。一般猪急性感染后,经3～7天的潜伏期,呈现和猪瘟极相似的症状,体温升高至40.5～42℃,稽留7～10天。病猪精神沉郁,食欲减少至废绝,喜饮水,伴有便秘或下痢。呼吸困难,常呈腹式呼吸或犬坐呼吸。后肢无力,行走摇晃,喜卧。鼻镜干燥,被毛粗乱,结膜潮红。随着病程发展,尾部、四肢下部、腹下部、耳翼出现紫红色斑或间有出血点。病后期严重呼吸困难,后躯摇晃或卧地不起,病程10～15天。耐过急性的病猪一般于2周后恢复,但往往遗留有咳嗽、呼吸困难、后躯麻痹、斜颈和癫痫样痉挛等神经症状。

怀孕母猪若发生急性弓形虫病,表现为高热、不吃、精神萎顿和昏睡,此种症状持续数天后可产出死胎或流产,即使产出活仔也会发生急性死亡或发育不全,不会吃奶或畸形怪胎。母猪常在分娩后迅速自愈。

(三) 病理变化

本病特征性病变为肺泡沫性气肿、胸腹腔积水。发病猪肺多呈大叶性肺炎,暗红色,间质增宽,含多量浆液而膨胀成为无气肺,切面流出多量带泡沫的浆液。全身淋巴结有大小不等的出血点和灰白色的坏死点。肝肿胀并有散在的针尖至黄豆大的灰白或灰黄色的坏死灶。心包、胸腔和腹腔有积水。在病的早期脾脏显著肿胀,有少量出血点,后期萎缩。肾脏的表面和切面有针尖大出血点。肠黏膜肥厚、糜烂,从空肠至结肠有出血斑点。

（四）防控措施

猪弓形体病是一种严重的人畜共患传染病，猪场内对该病的防制重点是做好预防，一旦发生，应及时治疗，并注意公共卫生安全，严防人感染弓形体。

1. 预防：加强饲养管理，搞好舍内及周边环境卫生，定期消毒，做好灭鼠工作，严禁猪猫同养，严格阻断猫类及其排泄物对猪舍及饲料、饮水的污染。平时要做好猪群防疫监管工作，对患有该病的家畜及其一切排泄物必须严格进行无害化处理，防止污染环境，杜绝公共卫生隐患。在该病的多发区域或易发季节，每吨饲料添加500g磺胺间甲氧嘧啶100g TMP，连喂1周，能有效地预防弓形体病的发生。

2. 治疗：猪场内一旦发生弓形体病，应迅速隔离发病猪，淘汰重症猪，病死猪做深埋处理，每天用20%生石灰水对猪舍内外场所进行消毒。治疗本病有效的药物是磺胺类药，而使用抗生素类药物治疗无效。对急性病例进行及时治疗，在发病3天内治疗非常有效；发病5天后，治愈率很低，即使症状消失，病猪也会成为传染源，进而威胁健康猪和饲养人员。对急性病例，每吨饲料中加“红弓链球清1000g＋氟红搭档1000g＋五毒清1000g”，同时，每吨饮水中添加“葡萄糖3kg＋电解多维500g＋人工盐1000g”。病情严重者，“链球克0.1mL/kg＋美施定0.1mL/kg＋平温开胃灵0.1mL/kg”，肌肉注射，每天一次，连用3～5天。

五、细小病毒病

猪细小病毒病是由细小病毒科的猪细小病毒引起猪的繁殖障碍病之一。该病的特点主要是受感染的母猪、特别是初产母猪产出死胎、畸形胎、木乃伊胎及弱仔猪，母猪无明显的其他症状。该病在我国较多的猪场发生，特别是在集约化猪场造成相当大的危害，应充分重视该病的防制。

（一）流行特点

母猪、公猪、仔猪均可感染本病，但以初产母猪最为常见。一般呈地方流行性或散发，无明显的季节性，母猪交配后的一段时间内多发。病毒主要侵害新生仔猪或胚胎。猪在感染细小病毒后3～7日开始经粪便排出病毒，污染环境。1周以后可测出血凝抑制抗体，21日内抗体滴定可达1∶15000，且能持续很长时间。细小病毒对外界环境的抵抗力很强，可在被污染的猪舍中生存数月之久，如果消毒不到位，易造成长期连续传播。本病可经胎盘垂直感染和经交配感染，也可通过被污染的食物、环境，经呼吸道、消化道感染。此外，鼠类也可传播本病。

（二）临床症状

在母猪怀孕早期感染时，胎儿死亡，死亡胚胎被母体迅速吸收，母猪有可能再度发情；在母猪怀孕30～50天感染，主要产木乃伊胎，如胚胎早期死亡，母猪产出小的黑色枯萎样木乃伊胎，如胚胎晚期死亡，则子宫内有较大木乃伊胎；母猪怀孕70天后感染，多能正常生产，但产出的仔猪带毒，有的甚至终身带毒而成为重要的传染源。如果公猪被感染，性欲和受精率无明显影响，但可从精液中长期排毒。

（三）病理变化

一般情况下，感染本病的母猪死亡率不高，主要影响下一代。如果对个别患病严重的死亡母猪进行剖检，病理变化主要表现为子宫内膜有轻度的炎症反应，胎盘部分钙化，胎儿在子宫内有被溶解吸收的现象。受感染胎儿表现不同程度的发育障碍和生长不良，有时胎重减轻，出现木乃伊胎和畸形、骨质溶解的腐败黑化胎儿等。大多数死胎、死仔或弱仔皮肤和皮下充血或水肿，胸、腹腔积有淡红或淡黄色渗出液。肝、肺、肾有时肿大脆弱或萎缩发暗。个别死仔、死胎皮肤出血，弱仔生后10小时先在耳尖，后在颈、胸、腹部及四肢末端内侧出现淤血、出血斑，半天内皮肤全部变紫而死亡。

（四）防制措施

目前本病尚无有效治疗药物，应以预防为主。

1. 坚持自繁自养：引进种猪时，必须从未发生过本病的猪场引进，引进种猪后隔离饲养半个月，经过 2 次血清学检查，效价在 1∶256 以下或为阴性时，再合群饲养。

2. 在本病发生地区，将初产母猪配种时间推迟到 9 月龄后，此时母猪已建立起主动免疫；也可使初产母猪在配种前获得主动免疫。将血清学阳性母猪放入后备母猪群中，或将后备母猪赶入血清学阳性的母猪群中，从而使后备母猪受到感染，获得主动免疫力。

3. 免疫接种：一般可用灭活疫苗进行注射。母猪可在配种前 4～5 周进行免疫注射，2～3 周后再加强免疫 1 次，确保在怀孕的整个敏感期产生免疫力。公猪在配种前 1～2 个月内也要进行免疫注射。

六、日本乙型脑炎

日本脑炎(JE)又称流行性乙型脑炎，简称乙脑，是由日本脑炎病毒引起的一种严重的人兽共患虫媒病毒性疾病，也是危害养猪业的重大疫病之一，是导致种猪繁殖障碍的元凶之一，并且在我国猪场中广泛存在。随着气候变暖，猪乙脑的流行将更加普遍。

（一）临床症状

仔猪感染乙脑后症状为：病猪体温升高、沉郁、卧地、减食、口渴、结膜潮红、粪呈干球状、尿少色深、少数跛行、行走不稳，部分病猪出现视力障碍、乱冲乱撞；育肥猪主要表现为持续高热。

公猪发生睾丸炎，多为一侧性，睾丸肿胀、疼痛、温度升高，数日后消退，少数病猪睾丸缩小、变硬，丧失种用能力。

母猪感染该病后主要表现为繁殖障碍：妊娠母猪发生流产、早产或延时分娩，胎儿多为死胎或木乃伊胎，流产胎儿水肿、脑膜充血、皮下水肿、淋巴结充血、肝脾有坏死灶；部分仔猪出生后几天痉挛死亡，少数仔猪生长发育良好，同窝仔猪大小、病变有明显差别。

（二）病理变化

猪流行性乙型脑炎的流产胎儿脑水肿。仔猪脑切面，脑内水肿,颅腔和脑室内积液增多,皮下水肿呈血样浸润,肌肉似水煮样,腹水增多,木乃伊胎儿从拇指大小到正常大小不等。母猪子宫黏膜充血、出血和有黏液,胎盘有水肿或见出血,公猪睾丸实质充血、出血和小坏死灶。

组织学检查:成年猪轻度的非化脓性脑炎,淋巴细胞和单核细胞浸润,血管周围有管套现象。

(三) 诊断

乙脑的诊断依靠流行病学调查、临床诊断和实验室诊断来完成。

(四) 综合防制

1. 加强饲养管理

做好日常饲养管理,在乙脑流行前完成疫苗接种,并在流行期间尽量杜绝蚊虫叮咬。发病后立即隔离治疗,做好护理工作,可减少死亡,促进健康。但目前对乙脑的治疗还没有特效药物,主要是对症治疗,为防止继发感染,可用抗生素或磺胺类药物。

2. 阻断传播媒介

乙脑属于昆虫媒介传染病,蚊虫扮演了关键的角色。蚊虫感染日本脑炎病毒呈终身感染,不能产生抗体,病毒也不会被清除,蚊虫可携带病毒过冬,并且病毒可经虫卵传代,所以蚊虫是乙脑病毒的长期保存宿主,但病毒在蚊体内不能很好地发育和繁殖,只起储存、携带和传播的作用。因此,防蚊灭蚊是防制乙脑的重要措施。最直接、有效的灭蚊方法是运用高效化学药物杀灭蚊虫;为了减少蚊虫的滋生,一定要搞好环境卫生、清理卫生死角、疏通沟渠、防止积水,同时对积水处和污水撒放药剂。

3. 免疫防制

虽然消灭蚊虫是控制乙脑的有力措施,但要完全消除蚊虫的滋生是不可能的,因此,唯有大规模地接种高质量的乙脑疫苗,才是最有效的预防和控制措施,只有这样才能最大限度地降低乙脑发病率。用乙脑活疫苗应在当地蚊虫出现季节的前 20～30 天接种,一般是在 3—4 月份免疫 1 次即可,如果间隔 3～4 周进行二免,效果更佳。热带地区必须每半年免疫1次;在乙脑重疫区,对其他类型猪群也应预防接种。

七、猪衣原体病

猪衣原体病是由衣原体感染猪而引起的一类多症状性传染病。该病一般呈慢性经过,但在一定条件下也会急性暴发,表现为急性经过。

(一) 流行病学

猪衣原体病的发生呈散发、地方流行性。病猪和潜伏感染的带菌猪是该病的主要传染源。该病的发生与卫生条件差、饲养密度过高、通风不良、潮湿阴冷、饲料营养不全、饮水缺乏等因素有关。我国从20世纪80年代发现猪衣原体病至今,猪衣原体病在我国南方和北方的规模化猪场流行比较普遍,不同年龄、不同品种的猪群均可感染本病,尤其怀孕母猪和新生仔猪更为敏感,育肥猪在本地的平均感染率为10%~50%。猪罹患衣原体病,由于大批怀孕母猪流产、产死胎和新生仔猪死亡,以及适繁母猪群不育空怀,给集约化养猪业造成严重的经济损失。猪群一旦感染该病,要清除十分困难,康复猪群可长期带菌,猪场内活动的野鼠和禽鸟可能是该病的自然散毒者;带菌的种公母猪则成为幼龄猪群的主要传染源,种公猪可通过精液传染该病,所以隐性感染种公猪危害性更大。病猪可通过粪便、尿、唾液(飞沫)、乳汁排出病原体。流产母猪的流产胎儿、胎膜、羊水更具有传染性。在大中型猪场,该病在秋冬季流行较严重,一般呈慢性经过。

(二) 临床症状

临床上表现为妊娠母猪流产,产死胎、木乃伊胎、弱仔和围产期新生仔猪大批死亡;公猪发生睾丸炎、附睾炎、阴茎炎、尿道炎;各年龄段猪肺炎、肠炎、多发性关节炎、心包炎、结膜炎、脑炎、脑脊髓炎等。

(三) 病理变化

剖检可见流产母猪的子宫内膜水肿、充血,分布有大小不一的坏死灶。流产胎儿身体水肿，头颈和四肢出血，肝充血、出血和肿大。患病种公猪睾丸变硬，有的腹股沟淋巴结肿大，输精管出血，阴茎水肿、出血或坏死。有的病猪可见肺肿大，肺表面有许多出血点和出血斑，有的肺充血或淤血，质地变硬，在气管、支气管内有多量分泌物。有的可见肠系膜淋巴结充血、水肿，肠黏膜充血、出血，肠内容物稀薄，有的红染，肝脾肿大。对多发性关节病例局部剖检，可见关节周围组织水肿、充血或出血，关节腔内渗出物增多。

（四）诊断

通过临床症状、病变特征及实验室的特异性血清抗体检测和病原分离鉴定结果进行诊断。

（五）防制

1. 建立密闭的种猪群饲养系统。由于衣原体拥有广泛宿主，采用密闭饲养系统可有效防止其他动物携带病原进入猪场。

2. 建立严格的卫生消毒制度。严格把好工作区大门通道消毒、产房消毒、圈舍消毒、场区环境消毒的质量，以有效控制发生衣原体接触传染的机会。对流产胎儿、死胎、胎衣要集中无害化处理，同时用3%烧碱等有效消毒剂进行严格消毒，加强产房卫生工作，以防新生仔猪感染该病。

3. 建立和实施猪群的衣原体疫苗免疫计划。对血清学检查为阴性的种猪场，要给适繁母猪在配种前注射猪衣原体流产灭活苗，以防感染，确保向商品猪场或市场提供无衣原体感染的健康种猪。在阳性猪场，对确诊感染了衣原体的种公猪和母猪予以淘汰，其所产仔猪不能作为种猪；未感染的种公猪和母猪应及时接种衣原体灭活疫苗：母猪群用猪衣原体流产灭活苗在每次配种前1个月或配种后1个月免疫1次；种公猪每年免疫2次。

4. 药物预防和治疗可选用药敏试验筛选的敏感药物，如四环素、强力霉素、土霉素、青霉素、红霉素、麦迪霉素、金霉素、泰乐菌素、螺旋霉素等。对出现临床症状的新生仔猪，可肌肉注射1%土霉素1mg/kg，连续治疗5～7天；对怀孕母猪在产前2～3周，可注射四环素族抗生素，以预防新生仔猪感染该病。在流行期，可将强力霉素或土霉素添加于饲料中(300g/吨)，让猪采食，进行群体预防。为了防止出现抗药性，要合理交替用药。

八、布鲁氏菌病

猪布鲁氏菌病主要是由猪布鲁氏菌引起的一种急性或慢性传染病。母猪患病后，发生流产、子宫炎、跛行和不孕症；公猪患病后，发生睾丸炎和副睾炎。

（一）流行特点

病猪及带菌猪是主要传染来源，可通过交配、消化道等途径传播；公猪精液中有病原体，人工授精可引起传染；5月龄以下的猪易感性较低，随着年龄的增长易感性增高；第一胎母猪发病率高，阉割后的公、母猪感染率较低。

（二）临床症状

母猪的主要症状是流产，多发生在怀孕的第二、三月。有的在妊娠的第二、三周即流产；早期流产的胎儿和胎衣，多被母猪吃掉，常不被发现；流产前的症状也不明显；流产的胎儿多为死胎，胎衣不下的情况较少，少数母猪可发生胎衣不下及引起子宫炎，影响其配种。新感染猪场，流产数多。

公猪主要症状是睾丸发炎和副睾发炎。一侧或两侧无痛性肿大。有的症状较急，局部热痛，并伴有全身症状。有的病猪睾丸发生萎缩、硬化，甚至性欲减退或丧失，失去配种能力。无论病公猪还是病母猪，都可以发生关节炎，多发生在后肢。偶见于脊柱关节，局部肿大、疼痛、关节囊内液体增多，出现关节僵硬、跛行。

（三）病理变化

胎儿皮下、肌间出血性浆液性浸润；胸腹腔有红色液体及纤维素，胃、肠黏膜有出血点。胎衣充血、出血和水肿，有的还见坏死灶；母猪子宫黏膜上有多个坏死小结节。公猪睾丸及副睾肿大，切开有小坏死灶。公猪还见关节炎。

（四）诊断

可作细菌检查，病料（胎水、胎衣、胎儿）作成抹片，用柯兹洛夫斯基染色法染色、镜检，可见成丛的红色球状小杆菌，即可确诊。有条件时，可作细菌分离培养。

（五）防制方法

种猪场坚持自繁自养的原则；凡经查明为病猪或阳性猪时，应立即隔离，一律淘汰，以除后患；在发病猪场，对检疫证明无病的猪，用猪布鲁氏杆菌 2 号弱毒冻干菌苗进行预防免疫，最好在配种前 1～2 个月进行，免疫期暂定为 1 年；加强一般兽医卫生管理，特别要注意产房、用具及环境的彻底消毒。妥善处理流产胎儿、胎衣、胎水及阴道分泌物。

九、猪钩端螺旋体病

钩端螺旋体病是由螺旋体引起的世界范围内各种年龄猪的疾病，简称猪钩体病，是我国 9 个法定报告的流行性传染病之一。感染猪的螺旋体血清型有：波摩那螺旋体、布拉迪斯拉发螺旋体、犬螺旋体、流感伤寒螺旋体、黄疸出血螺旋体、哈特焦螺旋体。繁殖母猪群的临床表现包括分娩率下降、不孕、木乃伊胎、死胎、弱仔和流产。近些年来，我国猪钩体病发生的报道非常多，且各地流行病学调查表明该病在我国的流行仍十分严重。

（一）流行病学

病畜和带菌动物是该病的传染源，该病在猪群中主要侵害仔猪和怀孕母猪，其他猪多呈隐性感染。传播途径主要通过皮肤、黏膜感染，特别是破损皮肤，也可经消化道感染。本病一年四季均可发生，其中以夏秋为流行高峰季节，呈散发性或地方流行性。

（二）临床症状

1. 急性型多发生于仔猪，呈小型暴发或散发，潜伏期为 1～2 周。表现为体温升高至 40℃，稽留热 3～5 天，病猪表现沉郁、厌食、腹泻、黄疸以及神经性后肢无力、震颤，皮肤干燥，后期坏死，1～2天内全身皮肤和黏膜黄染，有的病猪尿液变黄、茶尿、血红蛋白尿甚至血尿，一进猪栏就能闻到腥臭味。死亡率达50%以上。

2. 亚急性和慢性型主要侵害断奶仔猪，表现为眼结膜潮红、发黄，苍白，皮肤发红、瘙痒或泛黄；上下颌、头颈部及全身水肿，指压有凹陷，俗称“大头瘟”。尿呈浓茶色或红色，有腥臭味；粪便时干时稀，病猪消瘦无力，病程达十几天或数月不等。病死率高达50%以上，多数耐过猪变为僵猪。患病母猪则表现为流产型症状，母猪表现为发热、无乳，个别病例有乳腺炎发生，怀孕不足4～5周的母猪在感染4～7天后发生流产、死产。母猪流产率可达20%～70%不等。怀孕后期母猪感染则产出弱仔，这些仔猪不能站立，移动时呈游泳状，不会吸乳，经1～2天死亡。在波摩那型与黄疸出血型钩体感染所致的流产中，胎儿出现木乃伊化或各器官呈均匀苍白，出现或缺乏黄疸，死胎常出现自溶现象。

（三）病理变化

1. 急性型：主要病变是全身性黄疸、出血、血红蛋白尿以及肝和肾不同程度的损害。眼观可见尸体鼻部、乳房部皮肤发生溃疡、坏死。可视黏膜、皮肤、皮下脂肪、浆膜、肝脏、肾脏以及膀胱等组织黄染和具有不同程度的出血。胸腔、心包腔积有少量黄色、透明或稍浑浊的液体。脾脏肿大、淤血，偶有出血性梗死。肝脏肿大，呈土黄色或棕黄色，被膜下可见粟粒大到黄豆大小的出血灶，切面可见黄绿色散在或弥漫的点状或粟粒大小的胆栓。肾脏一般淤血、肿大，肾周围脂肪、肾盂、肾实质明显黄疸，肾皮质有出血点或出血斑。膀胱高度膨胀，积有血红蛋白尿或茶褐色尿，膀胱黏膜有散在的点状出血。结肠前段的黏膜表面糜烂，有时可见出血性浸润。肝、肾淋巴结肿大、充血、出血。

2. 亚急性与慢性型：主要表现为身体各部组织水肿，以头颈部、腹部、胸部、四肢最明显。肾脏、肺脏、肝脏、心外膜出血，肾皮质与肾盂周围出血明显。浆膜腔内经常有过量的草黄色液体与纤维蛋白。肝脏、脾脏、肾脏肿大，有时在肝脏边缘出现2～5mm的棕褐色坏死灶。成年猪的慢性钩体病，以肾脏的眼观病变最为显著，肾皮质出现大小为1～3mm的散在性灰白色病灶，病灶周围可见到明显的红晕。有的病灶稍突出于肾表面，有的则稍凹陷，切面上的病灶多集中于肾皮质，有时蔓延至肾髓质区。病程稍长时，肾脏呈固缩硬化，表面凹凸不平或结节状，被膜粘连不易剥离。胎儿流产的眼观病理学是非常特异的，包括不同组织的水肿，在体腔中有浆液性或血液样的液体，有时肾皮质有点状出血。在有些流产仔猪可以看到黄疸。

（四）诊断

通过流行病学调查、细菌学检查和血清学检查等可作出诊断。

（五）防制

1. 定期消毒，切断传染源。控制该病的关键环节是切断带菌动物向猪传播病菌，大力开展群众性的捕鼠、灭鼠工作，防止草、饲料、水源被鼠类粪尿污染。除此之外，平时应搞好环境及猪圈卫生，对污水、圈舍四周、地面、垫草和用具要定期消毒。

2. 自繁自养与严格引种。坚持自繁自养的原则，防止购进慢性或隐性病猪是预防该病的关键措施。规模大的养猪场一定要推行自繁自养、全进全出的饲养制度，严格控制外来疫病的侵入。如不具备自繁自养能力，而又不得不从外地引进猪源的，必须要进行严格的检疫检测。发现可疑病猪，立即隔离，及早治疗切勿拖延。

3. 免疫预防。该病常发地区应注射钩端螺旋体菌苗。国内外应用灭活普通菌苗和浓缩菌苗进行预防接种，获得了良好效果。推荐使用二次免疫，间隔2～6周，开始至少在配种前2和6周各注射一次疫苗。重复注射时只需一个头份剂量。

4. 治疗方法。如出现流产应立即进行治疗，但感染猪群的治疗效果不确实。给母猪按每千克体重注射双氢链霉素50mg，或在每吨饲料中添加强力霉素300g饲喂母猪。

5. 对病情严重的猪只,进行对症治疗也非常必要,要注意配合 VC 和强心利尿剂辅助治疗。

十、附红细胞体病

猪附红细胞体病是由猪附红细胞体寄生于红细胞表面引起的一种血液传染病。

(一) 流行病学

猪附红细胞体属立克次氏体目,无浆体科,附红细胞体属。该病多经吸血昆虫、污染的针头、器械等通过血液传播,也可经胎盘传播给仔猪。本病一年四季都可发生,但以夏秋多发。附红细胞体对外界抵抗力极弱, 56℃ 30min 即可灭活,一般的外界自然环境条件下无法独立生存,大多数消毒液能很快将其杀灭。

(二) 临床症状

潜伏期为 6~40 天。以高热、贫血、黄疸为主要临床症状。发病的保育猪精神委顿,皮毛松乱,食欲下降以至废绝;体温升高至 40.5~42℃且稽留不退;大便初秘结后拉稀,小便黄赤;心跳加快,呼吸急促或腹式呼吸;早期皮肤潮红,后期苍白贫血,两耳肿胀发绀,耳尖变干,鼻镜干燥,严重时可视黏膜和皮肤出现黄染或眼睑水肿;30 日龄仔猪多呈亚急性经过,可视黏膜苍白,耳尖或全身出现紫斑,手压不褪色。耐过仔猪多成为僵猪。成年猪的发病和死亡率较低且多呈隐性经过。患病母猪部分表现繁殖障碍(如发情周期不正常、产死胎或流产等),也有个别阴户出现严重水肿。当有并发症时,其临床症状显得更为复杂且死亡率更高。

(三) 病理变化

病死猪皮肤苍白或黄染,眼睑水肿;淋巴结肿大,切面流出淡黄色液汁;肝、脾肿大充血,质脆切面外翻;肺有的充血或出血,还有的表现严重水肿,切开肺组织即流出水样液体;胆囊肿大,胆汁浓稠变黄或墨绿色;肾脏和皮下脂肪及肠系膜出现黄染;血液稀薄不易凝固。

(四) 诊断

根据临床症状、病理变化和从血液检出病原即可作出初步诊断。

(五) 防制

1. 坚持自繁自养的原则,加强饲养管理,坚决采用“全进全出”的生产模式,避免不同日龄猪只混养,定期驱除猪体内外寄生虫并对猪场蚊、蝇及鼠害进行扑杀,有计划、合理地对猪群进行消毒。

2. 注射用的针头、器械,及剪牙、剪尾和阉割等过程中必须严格把好消毒关,做好注射猪只时,一头猪一个针头的工作。

3. 对氨基苯胂酸 50g/吨饲料连续饲喂或每月用土霉素 500g/吨饲料饲喂一周;分娩前母猪用土霉素 10mg/kg 体重肌肉注射,可预防母猪发病。

4. 病猪治疗:贝尼血毒清 0.1mL/kg 或血虫净 0.1mL/kg+免疫素 0.2mL/kg,肌肉注射,每天一次,连用 3～5 天;对发病猪群每吨饲料中添加“红弓链球清 1000g+氟红搭档 1000g+五毒清 1000g”,连用 7～10 天;同时,每吨饮水中添加“葡萄糖 3kg+电解多维 500g+人工盐 1000g”,连用 7～10 天。病情严重者应进行对症治疗。针对贫血症状,肌肉注射维生素 B_{12} 或内服硫酸亚铁,以促进机体造血功能的恢复;有出血表现者配合维生素 C、维生素 K_3、止血敏止血;高热者配合退热药物进行治疗。对有并发病者,应选用相关抗生素药物积极治疗并发病。

十一、口蹄疫

口蹄疫是由小核糖核酸病毒科的口蹄疫病毒引起偶蹄兽的一种急性、热性和高度接触性的传染病。临诊上以猪口腔黏膜、鼻吻部、蹄部以及乳房皮肤发生水疱和溃烂为特征。猪口蹄疫的发病率很高,传染快,流行面大,对仔猪可引起大批死亡,造成严重的经济损失。世界各国对口蹄疫都十分重视防疫,此病已成为国际重点检疫对象。

（一）流行特性

猪口蹄疫一年四季均可发生，但以冬春、秋季气候较寒冷季节多发。本病传染性极强，特别是在未曾免疫的猪场，常呈跳跃式传播（可随风播散到50～100km以外）。病猪和带毒猪是本病的主要传染源，病畜的水疱皮和水疱液中含有大量病毒，血液、肉、唾液、乳汁、精液、尿、粪等分泌物和排泄物中都含有病毒。主要传播途径是消化道和呼吸道、损伤的皮肤与黏膜，以及完整皮肤（如乳房皮肤）、黏膜（眼结膜），也可以通过尿、奶、精液和唾液等途径传播。鸟类、鼠类可机械传播本病。

（二）临床症状

潜伏期为几个小时至7天，少数可达到14天。开始时，病猪发热，可达到41℃，精神不振，食欲减少或废绝，猪蹄底部或蹄冠部皮肤潮红、肿胀，继而出现水疱，行走呈跛行，有明显的痛感，行走发出凄厉的尖叫声，很快蹄壳脱落，蹄部不敢着地，病猪跪行或卧地不起，鼻镜部出现一个或数个水疱，黄豆大或乒乓球大小不等，水疱很快破裂，露出鲜色溃疡面，如无细菌感染，伤口可在1周左右逐渐结痂愈合。母猪乳房和乳头也常见水疱和糜烂，引起疼痛而拒绝哺乳；哺乳仔猪的口蹄疫多表现急性胃肠炎、腹泻及心肌炎而突然死亡。死亡率一般可达60%～80%，部分可达100%。育肥猪发生水疱后继发细菌感染，引起败血症可导致死亡，一般可在10～15天康复。怀孕母猪感染后可发生流产、产死胎。

（三）病理变化

特征是口腔、鼻镜、乳房、乳头、蹄冠和蹄叉部上皮出现水疱。仔猪呈现典型的“虎斑心”，心肌外出现黄色条纹斑，心外膜有不同程度的出血点，个别肺有气肿现象。大猪解剖呈一般特征性病变，少数可见胃肠出血性炎症。

（四）诊断

通过临床表现和实验室检查可以确诊。

（五）防制

1. 正常生产条件下的免疫程序：种猪（种公猪，种母猪）每年接种高效苗 3～4 次，每次间隔 3～4 个月，耳后肌肉注射疫苗 3mL/头。后备猪（后备母猪、后备公猪）配种前接种高效苗 3mL/头。仔猪断奶后 10～15 天首免，肌肉注射高效苗 2mL/头，4 周后加强免疫一次，肌肉注射高效苗 3mL/头。如有必要（冬春寒冷季节）可在出栏前 25～30 天三免，耳后肌肉注射高效苗 3mL/头，预防运输途中感染。有条件的可以购买合成肽疫苗，进行免疫注射，效果较好且应激反应轻。

2. 当猪场发生疫情或周边环境出现口蹄疫疫情严重威胁到猪场安全的情况时，应采取紧急免疫程序（未曾免疫过疫苗的猪群）如下：(1) 全场各年龄段猪群紧急接种口蹄疫高效苗，25kg 体重以上的猪耳后肌肉注射 3mL/头，25kg 以下的猪耳后肌肉注射 2mL/头。先接种健康猪群，后接种可疑猪舍内的猪群。(2) 第 1 次接种后间隔 15 天，各年龄段猪群加强免疫（第 2 次接种），接种剂量与第 1 次相同或增加 1mL/头。必要时可改肌肉注射为交巢穴注射，以提高注苗效果。

3. 消毒措施：如疑为口蹄疫时，立即向上级有关部门报告疫情，并采集病料送检；对发病现场进行封锁，按上级业务部门的规定，执行严格的封锁措施，按早、快、严、小的原则处理；对猪舍、环境及饲养管理用具进行严格消毒；病猪隔离，加强护理，对症治疗，促进口腔和蹄早日康复；体重达到一定重量的病猪，经有关部门批准，可集中屠宰，按食品卫生部门的有关法规处理。一定要作好消毒工作，防止病原扩散传播。发病地区可用口蹄疫灭活疫苗注射，有一定预防效果。

4. 治疗措施：多采用对症疗法，以促进创口的愈合。

(1) 加强饲养管理和病猪护理，做好病猪隔离、及时治疗，以防止继发感染。发病期间务必做好猪舍内的保温防潮工作，同时注意通风、干燥，减少应激，以利于病患猪的康复。为减慢在场内传播速度，要严禁场内职工相互串舍、串岗、互用工具等人为的接触传播行为。

(2) 口蹄疫外源性抗体(超免蛋白-Ⅴ)用法：一次肌肉注射，按1kg体重0.1mL用药，首次量加倍，可有效控制引发的心肌炎，有效控制死亡；也可用本品做紧急免疫。(如有混感症状需要配合比较敏感的抗生素使用，如头孢噻呋钠、头孢喹肟等)配合荆防败毒散1kg拌500kg饲料，可全群治疗和预防。

(3) 口腔、蹄部、乳房先以0.1%高锰酸钾溶液冲洗，然后涂碘甘油或龙胆紫溶液。也可用1∶50百胜溶液涂擦。或患部以消毒水洗净后，用冰片5g，硼砂5g，黄连5g，明矾5g，儿茶5g研末撒布。

(4) 贯众散贯众15g、桔梗12g、山豆根15g、连翘12g、大黄12g、赤芍9g、生地9g、花粉9g、荆芥9g、木通9g、甘草9g、绿豆粉30g：共研末，加蜂蜜100g为引，开水冲服，每日一剂，连用2—3剂。

(5) 在本病发生早期要及时对全群加药。由于本病传播快，发病急，往往3天就全场传到，发病猪采食量很快下降，推迟加药往往发病猪已经不采食或采食量下降，而达不到加药的效果，并且目前发病猪场继发感染严重，加药不及时会增加猪的死亡率，为此可采用每吨饲料中添加“泰妙菌素120g＋先锋霉素300g＋维生素C 300g”，连续使用7～10天。必要时停药3天，再用5～7天。可以很好地控制继发感染，促进感染猪的恢复。个体发病较严重时要进行个体治疗，如：“美莲康＋青霉素”混合肌肉注射。但要做到尽量减少注射药物次数，必要时尽量注射一些长效抗生素，以减少应激。

(6) 由于本病对哺乳仔猪侵害特别严重，造成哺乳仔猪死亡率很高，因此发病场可尝试采用早期断奶、饲喂酸奶(人用酸奶)的方法，可以自由饮服。由于酸奶中含有微生物(如乳酸菌)等有益菌，对仔猪胃肠道有很好的作用，不拉稀且又有抗应激作用，实践证明可以明显降低哺乳仔猪的死亡率。

(7) 有条件的发病场，可以在做好以上工作时结合采用血清疗法,可以注射发病后 30 天 痊愈猪的血清,每头仔猪肌肉注射 3～5mL、大猪 1mL/kg,1 次/d,连用 2～3 天。此疗法有很好的预防和治疗效果。

十二、猪流行性感冒

猪流行性感冒(SI)简称“猪流感”,是猪的一种急性、传染性呼吸器官疾病。其特征为突发,咳嗽,呼吸困难,发热及迅速转归。猪流感是猪体内因病毒引起的呼吸系统疾病。猪流感由甲型流感病毒(A 型流感病毒)引发,通常爆发于猪之间,传染性很高但通常不会引发死亡。秋冬季属高发期,但全年可传播。猪流感多被辨识为丙型流感病毒(C 型流感病毒),或者是甲型流感病毒的亚种之一。该病毒可在猪群中造成流感暴发。通常情况下人类很少感染猪流感病毒。

(一) 流行特点

各个年龄、性别和品种的猪对本病毒都有易感性。本病的流行有明显的季节性,天气多变的秋末、早春和寒冷的冬季易发生。本病传播迅速,常呈地方性流行或大流行。本病发病率高,死亡率低(4%～10%)。病猪和带毒猪是猪流感的传染源,患病痊愈后猪带毒 6～8 周。

(二) 临床症状

本病潜伏期很短,几小时到数天,自然发病时平均为 4 天。发病初期病猪体温突然升高至 40.3～41.5℃,厌食或食欲废绝,极度虚弱乃至虚脱,常卧地。呼吸急促、腹式呼吸、阵发性咳嗽。从眼和鼻流出黏液,鼻分泌物有时带血。病猪挤卧在一起,难以移动,触摸肌肉僵硬、疼痛,出现膈肌痉挛,呼吸顿挫,一般称这为打嗝儿。如有继发感染,则病势加重,发生纤维素性出血性肺炎或肠炎。母猪在怀孕期感染,产下的仔猪在产后 2～5 天发病很重,有些在哺乳期及断奶前后死亡。

(三) 病理变化

鼻、咽、喉、气管和支气管的黏膜充血肿胀,表面覆有黏稠的液体，小支气管和细支气管内充满泡沫样渗出液。胸腔、心包腔蓄积大量混有纤维素的浆液。肺脏的病变常发生于尖叶、心叶、间叶、膈叶的背部与基底部，与周围组织有明显的界限，颜色由红至紫，塌陷、坚实，韧度似皮革，脾脏肿大，颈部淋巴结、纵膈淋巴结、支气管淋巴结肿大多汁。

（四）诊断

根据流行病史、发病情况、临床症状和病理变化，可初步诊断。

（五）防制措施

1. 加强饲养管理，提高猪群的营养需求，定时清洁环境卫生，对已患病的猪只及时进行隔离治疗。

2. 在每吨饲料添加强力霉素 300g＋金刚烷胺 200g 或荆防败毒散 1000g，混合均匀，连用 10 天；同时饮水中加入电解多维。

3. 清开灵注射液＋盐酸林可霉素注射液＋强效阿莫西林，按每千克体重 0.2～0.5mL，混合肌肉注射，每日一次，连用 3 天。

4. 对症治疗，防止继发感染。可选用：15％盐酸吗啉胍（病毒灵）注射液，按猪体重每 kg 用 25mg，肌肉注射，每日 2 次，连注 2 天。30％安乃近注射液，按猪体重每 kg 用 30mg，肌肉注射，每日 2 次，连注 2 天。如全群感染，可用中药拌料喂服。中药方：荆芥、金银花、大青叶、柴胡、葛根、黄芩、木通、板蓝根、甘草、干姜各 25～50g（每头计、体重 50kg 左右），把药晒干，粉碎成细面，拌入料中喂服，如无食欲，可煎汤喂服，一般 1 剂即愈，必要时第 2 天再服 1 剂。

十三、猪肠病毒感染症

在猪的肠管内居住，并增殖的 Picornavirus 亚群之病毒，常引起猪只的消化器障碍、呼吸器感染、胎儿感染，除了脑脊髓炎，尚有脑脊髓灰质炎、胃肠炎、肺炎、心囊炎、心肌炎等，在猪只形成不显性感染。

(一)临床症状

1. 不显性感染：由粪便经口的接触或昆虫(苍蝇或蚊子)的媒介，而造成皮肤疹或微热，常发生于夏季直到秋季，被感染的猪只均为急性反应，不会持久，虽有发热亦不持久，成猪只有略感疲倦，或一餐或一日废食后立即恢复。仔猪有时引起轻微咳嗽的呼吸道症状或下痢的胃肠道症状，但都能很快恢复，最长的轻微症状很少达一周，但排毒的时间都很长。

2. 消化器官障碍：肠病毒会引起猪只散在性发生的地方流行性非细菌腹泻，以及急性的腹泻症状，常见于夏季或冬季，其胃肠症与流行性感冒无关，急性的腹泻症状，可于1～2日内自愈，但轻微的腹泻常会持续数周，病初时常伴发寒战的发热症状，及轻微的痉挛症状，有时会发现有呕吐的现象发生。

3. 呼吸道症状：肠病毒引起的呼吸道感染，症状轻微，大部分是无症状显现，但亦有发热、咳嗽，流行性感冒的症状经过，经常伴发干呕、弓背和腹部肌肉痉挛、呼吸急促、猪只极为疲倦、胸膜疼痛、心肌炎、心囊炎及肺炎或溶血性尿毒症候群，急性经过很快，慢性者常能保有咳嗽的支气管炎症状数周之久，本病猪只除咳嗽外尚有打喷嚏、食欲不振或废食症状。

4. 胎儿感染及脑脊髓炎：肠病毒感染于母猪时，常是不显性感染，有轻微的胃肠症状或呼吸道感染，但大都很快耐过，其新生猪从母猪的移行抗体，可保护长达3～6个月，在母猪病毒血侵犯胎盘时，亦能造成胎儿死亡，尤其是母猪外表似流行性感冒期，滥用类固醇药物，其造成胎儿死亡的机会亦大，在胎儿成长末期感染时，亦会造成异常初生猪，或有心肌炎或心包炎，溶血性尿毒症候群及侵犯神经症状，如良性的猪麻痹、猪脊髓灰质炎等无菌性脑炎，亦会造成猪只疲倦、颈部僵直、发热等神经症状。

(二)处理方法

1. 本病无有效的治疗药物，主要控制方法是在配种之前至少1个月使后备母猪暴露于地方流行的猪肠道病毒，可取来自不同窝的新断奶仔猪的粪便混入后备母猪饲料使之感染。

2. 猪活毒疫苗的预防注射。

3. 隔离病猪，消灭蚊蝇。

4. 限制使用类固醇药物。

5. 营养剂的对症支持治疗，退热剂的对症使用。

6. 限制病猪的移动，流行区域的野猪扑灭。

十四、猪脑心肌炎

猪脑心肌炎又称猪病毒性脑心肌炎，是由脑心肌炎病毒感染引起的一种对仔猪致死率极高的自然疫源性传染病。以脑炎、心肌炎和心肌周围炎为主要特征。猪是感染脑心肌炎病毒最广泛、最严重的动物，以仔猪的易感性最强，20 日龄内的仔猪可发生致死性感染，成年猪多呈隐性感染。最近发现，本病毒也可引起母猪繁殖障碍。

（一）临床症状

临床上猪脑心肌炎主要是感染仔猪发病，大多数表现出两种症状类型，即最急性型和急性型。

1. 最急性型：表现为同胎或同窝仔猪常在几乎看不到任何前期症状的情况下突然死亡，或经短时间兴奋虚脱死亡。

2. 急性型：发作的病猪可见短时间的发热（41～42℃）、精神沉郁、减食或停食，有的猪表现震颤、步态蹒跚、呕吐、呼吸困难，或表现进行性麻痹。往往在吃食或兴奋时突然倒地死亡。断奶仔猪和成年猪多表现为亚临床感染。病死率以 1～2 月龄仔猪最高，可达 80％～100％。母猪在妊娠后期可发生流产、死产、产弱仔和木乃伊胎。

（二）病理变化

剖检可见到胸、腹部皮肤发绀，胸、腹腔和心包积液，并含有少量纤维蛋白。心脏软而苍白，明显的心肌炎和心肌变性，心肌有不连续的白色或灰黄白色区，在灶性病变上可见白垩中心，或在弥散区域有白垩斑点。肝充血、轻度肿胀，脾褪色，肺常见充血和水肿。脑膜轻度充血或正常。

（三）防制

目前国内对猪脑心肌炎尚无有效的治疗药物和疫苗，主要靠综合性防制措施加以预防。首先应当注意防止野生动物，特别是啮齿类动物偷食或污染饲料与水源。猪群如发现可疑病猪时，应立即隔离消毒，病死动物要迅速做无害化处理，被污染的圈舍场地应以含氯消毒剂彻底消毒，以防止人的感染。尽量避免使猪产生应激反应，可使猪的病死率降低。

十五、其他可引起繁殖障碍的传染病

墨西哥发生的蓝眼病，马来西亚的尼巴病，我国尚未发现。日本发生的盖他病毒病，我国猪群中血清学阳性率很高，但致病性尚未得到证实，因为该病主要引起夏秋季初产母猪部分胎儿早期死亡和少数初生仔猪的死亡，目前尚未引起重视。布氏杆菌病仅在极少数猪场发生，暂时不会成为全局性的病害。圆环病毒 2 型引起的初产母猪繁殖障碍，一般只发生在染病猪场引进无此病感染的大后备种猪（接近可配种的）的情况下，因此还不会大范围内发生。

十六、乳房炎-子宫炎-无乳综合征

母猪产后发生子宫炎-乳房炎-无乳综合征（MMA），泌乳量显著减少或突然无乳，仔猪出生后吸吮该患病母猪的乳汁后，于3～5日龄发生腹泻。这一现象常年发生，在高温季节尤为明显和普遍，严重影响母猪的生产、仔猪的断奶成活率和生长发育。

（一）母猪患子宫炎-乳房炎-无乳综合征（MMA）的病理过程

1. “不洁猪”与“三联症”

发病的母猪开始表现为“不洁猪”，即产后母猪因发生子宫内膜炎而自阴道不断排出脓性黄白色或红色液体，我们将这样的母猪谓之不洁猪，在一般的专业户猪场，发病率可达 3%～10%。对不洁猪不及时处理和治疗，会进而发展为母猪子宫炎-乳房炎-无乳或少乳征，即母猪产后三联症。

2. 形成原因

由于母猪产后起保胎作用的黄体没有被完全溶解，造成母猪体内孕酮水平较高，内源性 PGF2α 分泌不足造成的。母猪产后体内孕酮水平较高，内源性 PGF2α 分泌不足的不良影响：(1) 生殖道酸碱度降低使致病菌容易侵入；(2) 子宫内膜上皮对病菌和白细胞的通透性降低；(3) 母猪体内淋巴细胞活动性和巨噬细胞吞噬作用降低；(4) 母猪免疫反应延滞；(5) 使母猪子宫收缩无力，子宫恶露潴留。

子宫恶露潴留，引起病原菌感染而表现为子宫内膜炎，潴留病理炎性产物进入血液循环，病原菌突破局部防御由子宫侵入全身，造成产后母猪发热、废食、乳房炎和毒血症，大部分母猪会表现 MMA，个别症状严重的母猪发生死亡。

导致 MMA 的原因还有母猪产程过长、内分泌紊乱、缺乏运动、便秘、过肥过瘦、生殖道细菌感染、产仔应激等，其他原因还有母猪饲养环境肮脏、消毒不严格、饲料营养不够等。

母猪的子宫炎，在专业户猪场一般发病率高，治愈率低，时间长，急性则会慢慢地变成慢性、隐性，影响母猪的发情配种受孕，许多屡配不孕被淘汰的母猪，半数以上是由于子宫炎所致。该病使养猪业蒙受非常大的经济损失。

母猪无乳、少乳或乳房炎，临床上可见两种类型：一种是急性无乳综合症，母猪产后不食，体温升高至 41℃以上，呼吸促迫，阴门红肿，阴道内流出污红色分泌物，乳房红肿，趴卧不让仔猪吮乳；另一种是亚临床无乳综合症，母猪食欲无明显改变或减退，体温正常或略有升高，阴道内不见或偶尔可见污红色分泌物，乳房苍白扁平，少乳或无乳，仔猪不断地用力拱撞乳房吮乳，食后仔猪下痢、消瘦。亚临床无乳综合症常因母猪症状不明显而容易被养猪人员忽视。

3. MMA 造成的不良后果

(1) 因授乳不能或不足而造成仔猪死亡或断奶体重显著降低。

(2) 断奶后 10 日内母猪不能及时发情。

(3) 母猪发情后需要配种几个周期才能受胎。

(4) 母猪屡配不孕而被淘汰。

(5) 母猪产后奶水少,质量差,仔猪抵抗力弱,饥饿,死亡。

4. MMA 的防制

(1) 注射“律胎素”,彻底溶解残留妊娠黄体,终止内源性孕酮分泌,增强子宫收缩以排出恶露,从而确保子宫复旧过程正常,为下次妊娠创造良好的生理条件。

(2) 改善环境,减少应激:产房内要安静、清洁,通风良好,温度适宜,母猪临产不要换料和临时更换饲养管理人员。

(3) 选用优质的消毒药 如“百胜”等加强接产过程中对外阴、乳房和环境的消毒,并供应充足清洁卫生的饮水。在产后当天补液 1000～1500mL,并适当加入广谱抗生素药物。

(4) 怀孕 86 天后,增加采食量,维持母猪正常体况,不使母猪过肥或过瘦。

(5) 母猪分娩前后各 1 周,在饲料中添加“和气丰利”或“泰舒平”1000g/t。分娩母猪发生难产时,助产人员应先使用消毒液对手臂和器具进行消毒再进行人工助产,并在分娩母猪颈部肌肉注射“青霉素 800 万 IU＋美克素 15mL”,以预防乳房炎和子宫内膜炎。

(6) 产仔后最迟 8 小时以内,母猪肌肉注射有效抗生素。

(7) 夏季高温季节母猪的繁殖问题比较多,母猪乳房炎-子宫炎-无乳综合征的发生率更高,在具体的养猪生产实践中,应该调整母猪饲料饲喂时间,采用早晚喂料;调整母猪产仔分娩时间,采用季节性产仔,避开高温对母猪的伤害;做好母猪防暑降温工作,高温时采用对母猪滴水等措施,都能有效降低母猪的三联症的发生。

(8) 饲料霉变因素而导致母猪乳房炎-子宫炎-无乳综合征的情况也非常多,母猪、公猪饲料中,常年添加适量的霉菌毒素吸附剂,也能非常有效预防因饲料原因造成的对母猪的伤害。

第四节 防制猪繁殖障碍的综合措施

一、繁殖障碍病的防制原则

1. 对繁殖障碍的病猪：准确诊断，找出病因，采取相应的防制措施。

2. 做好传染性繁殖障碍疾病的检疫和免疫工作。

3. 非传染性的繁殖障碍与猪群的营养水平、管理条件、环境因素有关，特别是环境温度若长时间超过 36℃，极易导致胚胎死亡而流产。所以在炎热的夏季，控制好妊娠母猪猪舍的温度十分重要。

4. 因为性激素分泌失调所致的繁殖障碍疾病用激素治疗可获得满意的疗效。

5. 对患有难以确诊和治疗的繁殖障碍性疾病的病猪，为避免损失应及时淘汰。

二、遗传因素造成猪繁殖性能障碍的防制措施

坚决淘汰种猪，不能将有遗传疾患的猪留作种用。

三、疾病造成猪繁殖性能障碍的防制措施

1. 对有生殖器官疾病的种猪要及时进行对症治疗，经治疗不愈的予以淘汰。

2. 严禁近亲繁殖，以杜绝畸形和幼稚病的出现。

3. 严禁用霉变、有毒的饲料喂猪。

4. 建立先进的诊断和检测技术系统，及时采取以检疫、诊断为主的综合防制措施。

5. 积极引进和开展研制本地区的灭活苗和多价灭活苗，以达到有效实施预防为主的方针。

6. 制定合理的免疫程序，采取单联苗和多联苗相结合的免疫方法，严格执行操作规程。

7. 规范定期驱虫制度，防止寄生虫病的发生。

8. 严格控制种猪来源、坚持自繁自养原则，加强卫生消毒和灭鼠、灭蚊蝇等措施，以防外疫传入。

四、营养缺乏造成猪繁殖性能障碍的防制措施

1. 合理喂养怀孕母猪，维持种用膘情，防止过肥或过瘦。保证全价的配合日粮，防止饲料中毒。

2. 对于种公猪，矿物质元素铜、锌、锰、硒等和维生素 A、E，必须满足需要，并要适当增加蛋白质饲料，还要适当增加运动量，以保持旺盛的性欲。

五、热应激造成猪繁殖性能障碍的防制措施

1. 调整日粮配方，提高日粮的能量、蛋白质和维生素的水平，以缓解热应激。

2. 供给充足的饮水，增设喷雾滴淋系统，给猪体喷淋和屋顶洒水，加强通风降温措施。

3. 加强饲养管理，在早、晚气温低时喂猪，调节饲养密度，以增加其采食量，维持正常繁殖水平。

4. 采取人工授精，以避免由于热应激造成精液品质下降而对受胎率的影响。

主要参考文献

[1] 宋育.猪的营养.北京：中国农业出版社,1995.

[2] 刘海良主译,加拿大阿尔伯特农业局畜牧处等编著.养猪生产.北京：中国农业出版社,1998.

[3] 陈清明,王连纯.现代养猪生产.北京：中国农业出版社,1999.

[4] 代广军.集约化养猪实用新技术.北京：中国农业出版社,2000.

[5] 赵德明,张中秋,沈建忠主译.猪病学(第八版).北京：中国农业大学出版社,2000.

[6] 徐士清.仔猪生产手册.上海：上海科学技术出版社,2001.

[7] 王爱国.现代实用养猪技术.北京：中国农业出版社出版,2002.

[8] 赵兴绪.兽医产科学(第三版).北京：中国农业出版社,2003.

[9] 赵兴绪.猪的繁殖调控.北京：中国农业出版社,2007.

[10] 徐苏凌.动物繁殖实用技术.上海：上海交通大学出版社,2007.

[11] 张忠诚,朱捷,李素芬,等.PMSG提高初产母猪繁殖力的研究.中国畜牧杂志,1994,30(1)：5-6.

[12] 刘文编译.提高猪场生产力的关键.四川畜禽,1997(7)：38-39.

[13] 吕帆.不同情期配种和室外运动对初产母猪繁殖表现的影响.养猪,1999(4)：13.

[14] 王自恒.母猪营养与繁殖性能的研究进展.畜牧兽医杂志,1999,18(4):22-25.

[15] 刘雨田,郭中文.提高母猪繁殖性能的措施.国外畜牧学——猪与禽,2000(1):39-44.

[16] 钱晓琳,吴守成.促进小母猪发育的饲喂策略.国外畜牧学——猪与禽,2000(2):44-46.

[17] 刘建辉,洪成斌,Dale Rozeboom.搞好小母猪育成期营养,延长母猪使用年限.国外畜牧学——猪与禽,2000(5):11-16.

[18] 王文君,Sohn KS.母猪营养与管理的新技术.国外畜牧学——猪与禽,2000(1):44-50.

[19] Bob Thaler.母猪妊娠期和泌乳期的管理和营养.国外畜牧学——猪与禽,2000(6):17-20.

[20] 耿忠诚,叶建敏,丘伟波.提高繁殖母猪产仔效率的技术措施.黑龙江畜牧兽医,2000(2):10-11.

[21] 王宏,张秉慧.后备母猪的营养配置方案.国外畜牧学——猪与禽,2001(1):15-17.

[22] 冯定远,张守全.哺乳仔猪的开食料与断奶适应.国外畜牧学——猪与禽,2001(1):13-15.

[23] Mike Ellis.生长肥育猪瘦肉生长率和采食量的估测.国外畜牧学——猪与禽,2001(1):25-31.

[24] Jean Noblet.生长猪的营养:根据生长情况和环境条件进行日粮设计.国外畜牧学——猪与禽,2001(5):15-17.

[25] 崔立,陈鲁勇.哺乳母猪的营养调控措施浅探.上海畜牧兽医通讯,2001(2):26-28.

[26] 杨玉芬,卢德勋,许梓荣,等.日粮纤维对肥育猪生产性能和胴体品质的影响.福建农林大学学报(自然科学版),2002,31(3):366-369.

[27] 张雁平.母猪营养与繁殖性能.青海畜牧兽医杂志,2002,32(4):45-46.

[28] 陈婉如,曾丽莉,郭庆,等.氨基酸 Fe 络合物对妊娠母猪 Fe

营养状况、繁殖性能及新生仔猪 Fe 营养状况的影响. 福建农林大学学报(自然科学版),2003,32(2):230-233.

[29] 杨玉芬,卢德勋,许梓荣,等.日粮纤维对仔猪生产性能和养分消化率影响的研究. 江西农业大学学报 2003,25(2):299-303.

[30] 王清义,王占彬,杨淑娟.光照对仔猪和繁殖母猪的影响.黑龙江畜牧兽医,2003(8):66-67.

[31] 蒋守群.繁殖母猪的叶酸营养(综述).养猪,2003(1):3-5.

[32] 武晓红,包军,于孝军,等.不同水平粗纤维日粮对妊娠母猪行为规癖影响的研究.东北农业大学学报,2003,34(4):368-371.

[33] 王清义,王占彬,杨淑娟.光照对仔猪和繁殖母猪的影响.黑龙江畜牧兽医,2003(8):66-67.

[34] 汤泽桃.减少猪场蚊蝇的简易方法.湖南畜牧兽医,2004(4):43.

[35] 粟元文.母猪流产或产死胎的原因浅析.四川畜牧兽医,2004(8):48.

[36] 刘惠芳,周安国,吴德,等.泌乳母猪的营养.中国饲料,2004(3):30-34.

[37] 蒋守群.繁殖母猪的维生素 E 与硒营养(综述).养猪,2004(6):1-3.

[38] 张守全,冯定远,麦月仪,等.母猪背膘厚度对其繁殖性能的影响.养猪,2005(1):11-12.

[39] 梁明振,程金荣,齐广海,等.保证种公猪发挥良好繁殖潜力的营养供给.今日养猪业,2005(5):24-25.

[40] 易本驰,张汀,田冬梅.规模化猪场种公猪的管理要点.河南畜牧兽医,2005,26(10):22-23.

[41] 路燕.繁殖障碍型猪瘟的诊断及防制.今日畜牧兽医,2005(12):13.

[42] 张捷.纤维饲料在母猪的应用.国外畜牧学——猪与禽,2005,25(4):12-13.

[43] 陶志伦,张晓菊,严晗光.设有运动场猪舍与设有“卷帘”封闭式.中国畜牧杂志,2005,41(3):32-34.

[44] 姜同泉,田文儒.从遗传与生理角度看猪繁殖疾病防制.动物科学与动物医学,2005(8):16-17.

[45] 夏道伦.种猪繁殖障碍的原因及其综合防制对策.黑龙江动物繁殖,2006,14(4):16-17.

[46] 郭年成,黄继东,何荣华,等.高温季节提高种公猪精液质量的技术措施.河南畜牧兽医,2006,27(6):16-17.

[47] 殷红涛,马缨.母猪繁殖营养因素的影响与对策.畜牧市场,2006(5):41-43.

[48] 张华.哺乳母猪的营养需要.猪业科学,2007(7):30-31.

[49] 王西跃,朱学军.规模猪场提高繁殖猪群产仔数的思路.中国动物保健,2007(1):76-78.

[50] 赵彩艳,尤跃,李忠建.后备母猪的营养与饲养管理特点.饲料博览,2007(19):39-42.

[51] 雷宏俊.日粮纤维对母猪繁殖率的影响.猪与禽,2007,27(1):3-4.

[52] 童国忠.哺乳母猪采食量的重要性.动物营养学报,2007,19(Suppl):446-450.

[53] 李红丽,李媛,毕玉海.蚊虫与猪日本脑炎.猪业科学,2008(6):34-36.

[54] 姚焕军.影响哺乳母猪和仔猪健康的饲料营养因素.现代畜牧兽医,2008(5):17.

[55] 郭鹏程,吴德.妊娠期不同营养水平对经产母猪繁殖成本的影响.江苏农业科学,2009(1):216-217.

[56] 郑卫生.母猪繁殖五个阶段的饲料选择与控制.疫病防控,2009(6):47.

[57] 赵遵明,欧秀群.冬季猪舍内部环境的调控措施.猪业科学,2009(10):68-70.

[58] 廖云琼,康永刚,薛忠.动物繁殖新技术进展.江西畜牧兽医

杂志,2009(6):6-9.

[59] 张铭华.母猪繁殖性能与营养的关系.福建畜牧兽医,2009,31(6):25-26.

[60] 史开志,毛君婷,王开功,等.三带喙库蚊携带猪繁殖与呼吸综合征病毒的初步证实.畜牧兽医学报,2009,40(2):280-284.

[61] 周志平,朱生琴,胡济庆,等.提高母猪繁殖能力的措施.黑龙江动物繁殖,2009,17(6):19-20.

[62] 戴益刚,邓慧.维生素与矿物质对母猪繁殖性能的研究进展.饲料广角,2009(24):38-50.

[63] 周军.夏季猪场蚊虫的防控.当代畜牧,2009(5):54-56.

[64] 李永志.影响猪繁殖障碍的因素及防制措施.中国畜禽种业,2009(11):58-59.

[65] Longland A C, Carruthers J, Low A G. The ability of piglets 4 to 8 weeks old to digest and preform diets containing two contrast souces of non-starch polysaccharide [J]. Anim Prod, 1994,58: 405-410.

[66] Low A G. The role of dietary fiber in digestion, absorption and metabolism. Proceedings of the 3rd International Seminar on Digestive Physiology in the pig. Copenhagen, 1985: 6-18,157-179.

[67] Vahouny,Cassidy,Marie M. Dietary fiber and absorption of nutrients. Proceedings of the society of experimental biology and medicine 1985, 80: 432-446.

[68] Roth-Maier D A. Effects of pectin supplementation on the digestion of different structural carbohydrates fractions and on bacterial nitrogenturnover in the hindgut of adults sows. Anim Feed Sci Tech,1993,42: 177-191.

[69] Nelssen J L. et al. Diseases of Swine, 8th edition, Iowa State University Press, 1998: 1045-1053.